跨境 B2B 电商运营实务

张枝军　郑雪英　主编

北京理工大学出版社
BEIJING INSTITUTE OF TECHNOLOGY PRESS

内 容 简 介

本书以阿里巴巴国际交易市场（国际站）跨境贸易工作流程为基础，以阿里巴巴国际站店铺运营相关企业实际工作内容为题材进行编写。采取任务驱动式组织内容与编写，全书共9个项目，包括国际市场调研与跨境店铺开通、店铺视觉设计与制作、产品发布与管理、站内营销与推广、数据分析与优化、商机获取与管理、客户管理、交易与物流、跨境支付与结算。

读者完成本书全部项目学习后，能基本掌握阿里巴巴国际站店铺运营与管理的理论知识和基础实操技能，可以参加相应的跨境电子商务认证考试。

本书图文并茂、层次分明、重点突出，且内容翔实、步骤清晰、通俗易懂，可以作为各类院校跨境电子商务、国际贸易实务、商务英语、电子商务等相关专业必修课程与专业选修课程的教学用书或参考书，也可以作为跨境电商领域从业人员、个体从业人员的自学与培训用书。

图书在版编目(CIP)数据

跨境 B2B 电商运营实务 / 张枝军，郑雪英主编.
－－北京：北京理工大学出版社，2023.12
    ISBN 978－7－5763－3272－8

Ⅰ.①跨…　Ⅱ.①张…②郑…　Ⅲ.①电子商务－运营管理　Ⅳ.①F713.365.1

中国国家版本馆 CIP 数据核字(2023)第 248075 号

责任编辑：武丽娟　　文案编辑：武丽娟
责任校对：刘亚男　　责任印制：施胜娟

出版发行 / 北京理工大学出版社有限责任公司
社　　址 / 北京市丰台区四合庄路 6 号
邮　　编 / 100070
电　　话 / (010) 68914026 (教材售后服务热线)
　　　　　　(010) 68944437 (课件资源服务热线)
网　　址 / http://www.bitpress.com.cn

版 印 次 / 2023 年 12 月第 1 版第 1 次印刷
印　　刷 / 涿州市新华印刷有限公司
开　　本 / 787 mm×1092 mm　1/16
印　　张 / 17.25
字　　数 / 423 千字
定　　价 / 89.00 元

前　　言

互联网作为一种思维、一种手段、一种模式已经全面融入世界经济的各个领域，商品交易、商业服务等国际商务活动的信息化、网络化、智慧化已经是一种不可逆转的发展趋势。近年来，跨境电子商务作为新型国际贸易业态在全球范围内异军突起，市场交易规模高速增长，市场潜力巨大。在跨境贸易和电子商务双引擎的拉动下，跨境电子商务以开放、多维、立体的多边经贸合作模式拓宽了企业进入国际市场的路径，其小批量、多批次的"碎片化"特点有效适应了国际贸易的发展趋势。在我们国家"一带一路"战略的指引下，通过创新"互联网+中国制造+跨境贸易"商业模式，打造线上线下融合发展的"网上丝绸之路"，重构生产链、贸易链和价值链，帮助传统企业拓展海外市场，扩大利润空间，建立自主品牌，为新常态下的经济转型提供新动力。

本书旨在适应跨境电子商务产业的发展，培养具有新技能、新思想的跨境电子商务人才，满足企业与社会的实际用人需求。本书的编写立足真实环境下的实战运营与项目运作，面向阿里巴巴国际交易市场（国际站），培养掌握阿里巴巴国际交易市场（国际站）业务操作流程，具有 B2B 跨境电子商务运营能力与国际市场营销推广能力的跨境电子商务人才。本书的特点是全真实战与理论知识融合、电子商务与国际贸易融合、技能训练与认证考试融合、网络学习资源与书籍资源融合、学校资源与企业资源融合，具有很强的实用性与创新性，是一本教学资源立体化的实战教程。

本书编写思想是以实际工作应用为出发点，大量结合企业工作，以企业工作任务为主要内容构建内容体系，在总体结构上力求做到由浅入深、循序渐进，理论与实践并重，突出实践操作技能；以简明的语言和清晰的图示以及精选的工作项目来描述完成具体工作的操作方法、过程和要点，并将实际工作中处理编辑图像、营销实践、视觉设计的基本思想贯穿在每个具体的工作项目中，让学习者能通过本书内容的训练走向实战水平。

本书图文并茂、层次分明、重点突出、内容详实、步骤清晰，通俗易懂，可以作为各类学校跨境电子商务、电子商务、国际经济与贸易、商务英语等相关专业必修课程与专业选修课程的教学用书或参考书，也可以作为跨境电商领域从业人员、个体从业人员的自学与培训用书。

本书是浙江商业职业技术学院国家"双高计划"电子商务专业群/跨境电子商务专业的专业核心课程配套教材，由浙江商业职业技术学院张枝军教授策划、统稿、修正，由郑雪英、潘昀佳等编写，本书的编写得到了浙江东方集团泓业进出口有限公司、中教畅享（北京）科技有限公司等企业的支持，在这里表示感谢。

由于相关领域的发展变化较快，书中难免有疏漏或不当之处，希望读者批评指正。

作　者

目　　录

项目 1
国际市场调研与跨境店铺开通

【项目介绍】

国际市场调研与跨境店铺开通这一项目，需要我们独立完成产品的国际市场调研与定位分析，了解国际站的后台操作规范准则，完成国际站店铺的注册开通工作，以及了解国际站后台的各个板块功能。要完成这些任务，需要我们学习查找国际市场与行业市场的调研方法，学会分析产品竞争优势，从账号使用规则、产品发布规范、知识产权规则、违规处罚规则等内容出发，深入了解国际站后台规范准则。通过学习国际站入驻相关的知识内容，掌握店铺从注册到开通的完整全流程，最后熟悉国际站后台各个板块下的功能。

【学习目标】

知识目标：

1. 了解国际市场与行业市场的调研内容；
2. 了解国际站的后台规范准则；
3. 了解国际站的入驻条件与流程；
4. 了解国际站后台功能。

技能目标：

1. 掌握国际与行业的市场调研方法；
2. 掌握产品优劣势的分析方法；
3. 掌握国际站注册开通全流程操作；
4. 熟练使用国际站后台板块各项功能。

素质目标：

1. 培养信息收集、整理、归纳能力；
2. 培养互联网电商思维；
3. 培养良好的人际沟通能力；
4. 培养积极进取、严谨务实的工作态度。

【知识导图】

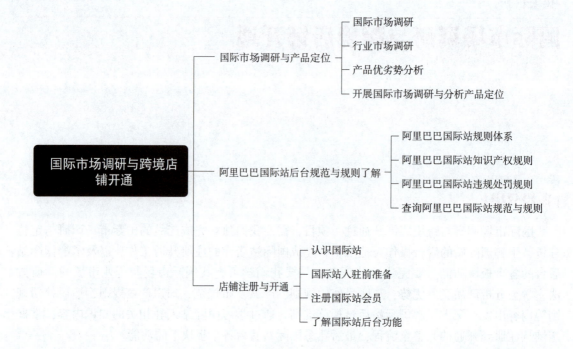

任务 1.1　国际市场调研与产品定位

【任务描述】

云海是一家以水壶为主营产品的公司，主要市场以美洲、欧洲、南非等地区为主。最近公司想开通阿里巴巴国际站，通过线上寻找开发客户，但不知道国际站的店铺应该如何定位。请你帮助公司，从国际市场、行业市场、产品竞争优劣势的角度写一份国际市场调研与产品定位分析报告。

【任务分析】

在做国际市场调研与产品定位分析报告前，首先要明确调研内容，包括国际市场调研、行业市场调研、同行竞争产品的优劣势分析，再结合自己的产品进行对比，总结得到报告。通过学习国际市场、行业市场调研的相关内容，掌握国际市场调研、产品分析的方法，将调研成果总结为分析报告。

【知识储备】

课件

1.1.1　国际市场调研

1. 国际市场调研的定义与作用

国际市场调研是指运用科学的调研方法与手段，有目的地、系统地搜集、记录、整理有关国际市场的信息和资料，以满足客户需求为中心，了解国际市场的各种基本状况及其发展趋势，帮助企业制定有效的市场营销决策，为实现企业经营目标提供客观正确的依据。通过国际市场调研，可以起到以下作用：

（1）帮助企业了解特定市场的经济实力和消费水平，为产品定位提供依据。

（2）帮助企业了解特定市场的供求关系与竞争对手的情况，优化产品的销售渠道。

（3）帮助企业及时发现特定市场的贸易政策及方式、货币汇率、消费观念等变化，调整公司的销售战略。

（4）帮助企业识别并制定正确的国际经营战略，例如抓住潜在的国际商业机会，确定相对应的目标市场的选择等。

（5）帮助企业制订正确的商业计划，确定市场进入、渗透和扩张所需要的各种必要条件。

（6）为企业进一步细化和优化商业活动提供必要的反馈。

（7）帮助企业预测未来可能发生的各种事件，采取必要的措施，并对各种即将发生的全球性变化做好充分准备。

2. 国际市场调研要素

新的参数：如关税、外币及其币值的变化、不同的运输方式和各种国际单证。国际化经营的不同模式会产生新的参数。如进行进出口业务、实行产品许可经营制度、建立合资企业，或者从事外国直接投资等。

新的环境要素：一旦进入国际市场，企业必然要面对陌生的环境，因此企业必须了解和熟悉当地诸如政治、经济、文化、法律等方面情况，特别要关注商业活动中的各种风险和机遇。

涉及要素数量：进入国际环境的企业，会遇到各种各样的新变化，所涉及的要素大量增加，如何适应和协调与有关方面的关系对企业国际商务的成败至关重要。

竞争的广泛性：在国际市场上，企业面临着比国内市场上更多的竞争对手、更多的竞争和挑战。因此，企业必须决定竞争的范围和宽度，对竞争性活动进行跟踪，评价这些活动对公司经营的实际和潜在的影响。

3. 国际市场调研的内容

企业要想进入某一新市场，往往会要求国际市场调研人员提供与此有关的一切信息，包括该国的政治局势、法律制度、文化属性、地理环境、市场特征、经济水平等。从国际贸易商品进出口的角度看，国际市场调研的内容主要包括国际市场环境调研、国际市场商品情况调研、国际市场营销情况调研、国外客户情况调研等。

● 国际市场环境调研：企业开展国际商务进行商品进出口，如同军队作战首先需分析地形、了解作战环境一样，需先了解商务市场环境，做到知己知彼，百战不殆，调研的主要内容为：

1）国外经济环境：包括一国的经济结构、经济发展水平、经济发展前景、就业、收入分配等。

2）国外政治和法律环境：包括政府机构的重要经济政策、政府对贸易实行的鼓励、限制措施，特别有关外贸方面的法律法规，如关税、配额、国内税收、外汇限制、卫生检疫、安全条例等。

3）国外文化环境：包括使用的语言、教育水平、宗教、风俗习惯、价值观念等。

4）其他：包括国外人口、交通、地理等情况。

● 国际市场商品情况调研：企业要把产品打入国际市场，除需了解国外市场环境外，还需了解国外商品市场情况，调研主要内容为：

1）国外市场商品的供给情况：包括商品供应的渠道、来源，国外生产厂家、生产能力、数量及库存情况等。

2）国外市场商品需求情况：包括国外市场对商品需求的品种、数量、质量要求等。

3）国际市场商品价格情况：包括国际市场商品的价格、价格与供求变动的关系等。

• 国际市场营销情况调研：是指对国际市场营销组合情况的调研，除上述已经提到的商品及价格外，一般还应包括：

1）商品销售渠道：包括销售网络设立、批零商的经营能力、经营利润、消费者的印象、售后服务等。

2）广告宣传：包括消费者购买动机、广告内容、广告时间、方式、效果等。

3）竞争分析：包括竞争者产品质量、价格、政策、广告、分配路线、占有率等。

• 国外客户情况调研：每个商品都有自己的销售渠道，销售渠道是由不同客户所组成的。在确定销售渠道与客户前，还要做好国外客户的调查研究，主要内容为：

1）客户政治情况：主要了解客户的政治背景、与政界的关系、公司、企业负责人参加的党派及对我国的政治态度。

2）客户资信情况：包括客户拥有的资本和信誉两个方面。资本指企业的注册资本、实有资本、公积金、其他财产以及资产负债等情况。信誉指企业的经营作风。

3）客户经营业务范围：主要指客户的公司、企业经营的商品及其品种。

4）客户公司、企业业务：指客户的公司、企业是中间商还是使用户或专营商或兼营商等。

5）客户经营能力：指客户业务活动能力、资金融通能力、贸易关系、经营方式和销售渠道等。

4. 国际市场调研的方法

国际市场调研是复杂细致的工作，必须要有系统科学性的方法，主要包括以下方法：

（1）网上调研法：明确调查主题内容，通过互联网搜索引擎，收集需要的资料。从国际贸易门户、行业门户、专业协会、大型企业公司网站以及新闻门户上获取有用的信息，将所有收集到的信息通过系统逻辑化地归纳整理后，有条理地罗列出重要资料，转而形成一份正式的调查报告。

（2）案头调查法：第二手资料调研或文献调研，它是以在室内查阅的方式搜集和研究与项目有关的资料的过程。第二手资料的信息来源渠道很多，如企业内部有关资料、本国或外国政府及研究机构的资料、国际组织出版的国际市场资料、国际商会和行业协会提供的资料等。

（3）实地调研法：国际市场调研人员采用实际调研的方式直接到国际市场上搜集情报信息的方法。采用这种方法搜集到的资料，就是第一手资料，也称为原始资料。实地调研常用的方法有三种：询问法、观察法和实验法。

企业进行国外市场环境、商品及营销情况调查，一般可通过下列渠道、方法进行：

（1）派出国推销小组深入国外市场以销售、问卷、谈话等形式进行调查（一手资料）。

（2）通过各种媒体（报纸、杂志、新闻广播、互联网等）寻找信息资料（二手资料）。

（3）委托国外驻华或我驻外商务机构进行调查。

通过以上调查，企业基本上可以解决应选择哪个国家或地区为自己的目标市场、企业应该出口哪些产品以及以什么样的价格或方法进出口。

5. 国际市场调研程序

在国际市场销售活动中，多数企业都是在对众多的市场进行评估的基础上，选择最有获利潜力的市场，采用集中型市场经营策略来经营，而评估则主要依赖于国际市场调研。

（1）在国内进行的案头调研。

国际营销市场调研首先要确定调研的任务是什么。因为任务不同调研方法也不同。在国内进行的案头调研工作主要有三项：

1）进入市场的可行性分析：即在进入国际市场可行性分析中，首先列出所有的潜在市场，然后分析研究该国必要的信息情报资料。

2）获利的可能性分析：即对国际市场价格、市场需求量等进行了解，以便和有关竞争者的产品成本做出比较。

3）市场规模分析：即对市场规模和潜力进行大致估测。

（2）在国外进行的实地调研。

在国外进行的实地调研，指在国外市场的所在地，向消费者、用户和各种工商企事业进行直接调研，取得第一手的市场和商情资料。

在国外市场调研中，对于出口初创阶段的市场、发展潜力大的市场以及售后服务要求高的市场，企业可派出人员或小组到国外当地市场做实地调查，抓到真实可靠的第一手材料。

在国外进行实地调研的初期阶段只在某些特定市场上对几个关键问题进行调研，尔后就需要进入主要实地调研。这种调研只在少数几个能提供最大成功机会的市场上进行。

1.1.2　行业市场调研

课件

1. 行业市场调研的定义与作用

市场营销活动归根结底就是将产品和服务，实现由生产者转移到消费者的过程。行业市场调研，是全面系统地调研整个行业和主要企业的发展现状及发展趋势。企业开展行业调研，可以衡量企业目前所处的行业地位，对行业和市场有更清晰的认知，推动企业未来的发展和进步，同时为企业决策提供参考。行业市场调研的意义不在于教导如何进行具体的营销操作，而在于为企业提供若干方向性的思路和选择依据，从而避免发生"方向性"的错误。

通过行业市场调研，可以帮助企业了解目标市场的行业环境、市场需求、市场容量、发展趋势和预期价格等，通过分析行业类别进行系统的调查研究，可以进一步提升公司对行业市场的认知，有利于发现并开拓新的市场，对公司评估店铺的运营方案和制订科学的产品计划起到重要作用。

2. 行业市场调研的内容

跨境电商企业的行业市场调研主要包括目标国家市场调研、买家群体画像调研、行业商机潜力调研、类目表现与关键词热度等方面。

● 目标国家市场调研：主要是帮助企业了解产品主要销往的国家及地区的市场环境，通过行业市场分析工具，分析得出行业主要买家来源地以及各个国家所占的市场份额，进而总结得出类目下的目标国际市场，更好地制定针对性的经营策略，女装行业目标国家市场分析如图1-1-1所示。

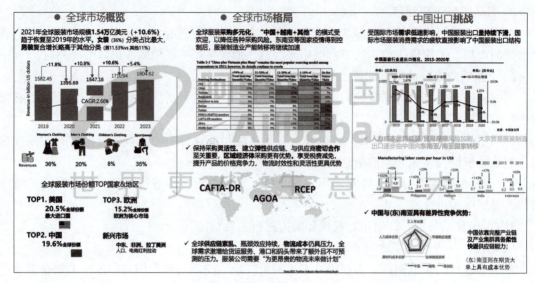

图 1-1-1　女装行业目标国家市场分析

• 买家群体画像调研：根据平台的买家采购意向偏好、关键词偏好、产品偏好、类目偏好、场景偏好等购物行为，分析得出该类目下主要客户的群体特征，了解买家的主要分布国家以及地区，帮助企业对类目买家类型有清晰的认知。买家概况与关键词偏好如图 1-1-2 所示、买家产品偏好、类目偏好、场景偏好如图 1-1-3 所示。

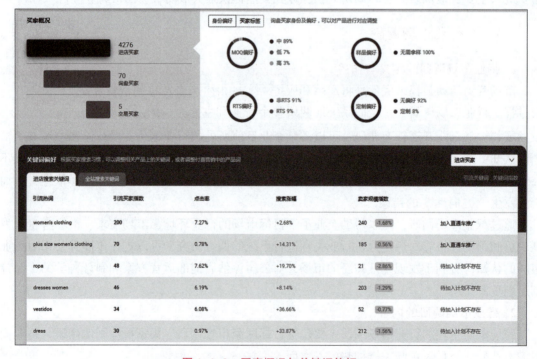

图 1-1-2　买家概况与关键词偏好

• 行业商机潜力调研：主要从市场容量、市场增速、市场供给三个角度进行评估。市场容量的评估从大到小分为超大型市场、大型市场、中型市场、小型市场和微型市场 5 个等级；市场增速从高到低分为超高速增长、高速增长、中速增长、低速增长和负增长 5 个等

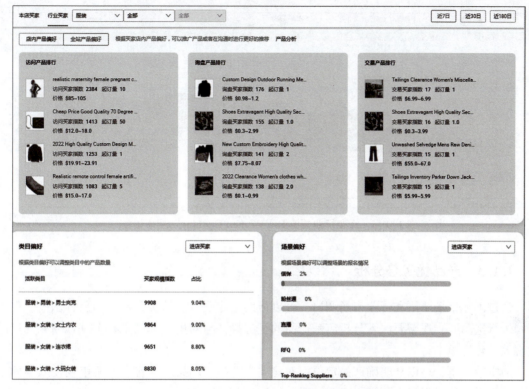

图 1-1-3　买家产品偏好、类目偏好、场景偏好

级；市场供给分为极不充分、不充分、较不充分、平衡和过剩 5 个等级。根据商机潜力来判断产品在市场上是否有供给和需求空间。

● 类目表现：帮助企业根据行业的类目表现来细分产品市场，选择市场机会大的细分市场，进行精准的店铺定位。把类目与市场潜力对比分析，可以进一步得到细分市场的商机潜力，运动服装类目表现如图 1-1-4 所示。

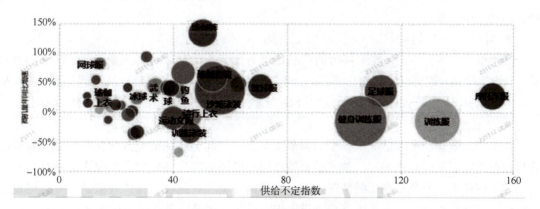

图 1-1-4　运动服装类目表现

● 关键词热度：相较于类目，关键词更能反映市场的真实情况。通过关键词指数工具，获取行业下的热门搜索词，通过分析关键词热度在时间段内的趋势变化，帮助企业深度了解客户的产品需求规律，更好地进行选品与店铺定位，女装行业关键词"Women Clothing"搜索指数如图 1-1-5 所示。

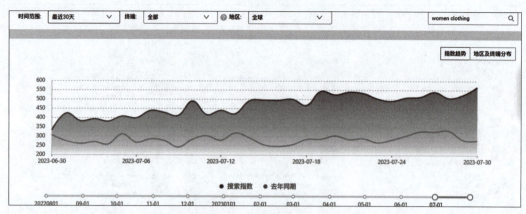

图 1-1-5 女装行业关键词"Women Clothing"搜索指数

1.1.3 产品优劣势分析

通过国际市场调研和行业市场调研，可以帮助企业确定主营类目产品与目标国家。但当店铺进行选品时，还需要深入分析店铺产品的优劣势，与阿里国际站平台上其他商家的产品实现差异化竞争。

通常情况下，可以从明确产品定位、对比同类产品、产品差异化、考察市场投入等四个方面分析产品的优劣势：

- 明确产品定位。

在产品调研中，企业需确切了解产品所提供的价值，以及为何客户会选择我们的产品。在深入了解客户使用场景和真实需求的基础上，应准确把握客户的痛点，并展示产品在解决问题方面的实际效果，突显其优势和核心价值。

例如，母婴玩具类产品，客户首先关心的是安全问题。服装服饰类产品，客户关心的是外观设计性、舒适性、性价比。通过确定自身产品的定位，基于产品定位，不断强化产品优势，弱化产品劣势。

- 对比同类产品。

在阿里巴巴国际站上，搜索同行的产品进行对比分析，对比内容主要包括产品的用料材质、特点、价格、起订量、货物交期、是否支持定制服务等，找到自身产品与同行优秀商家的产品差距，学习优秀产品做得好的地方，不断完善补充店铺的产品内容，如图 1-1-6 所示。

- 产品差异化。

在产品同质化严重的情况下，企业需要找到自己与同类店铺的差异化优势，提供良好的售后服务与定制服务。例如，同款式的服装在同行店铺的客户评价中发现很多客户反馈衣服尺码偏小或偏大、颜色不喜欢的情况，基于客户的反馈，店铺可以提供衣服的尺寸、颜色的定制服务。凸显差异化服务，为客户提供更多的选择，也是产品的一大优势体现。

- 考察市场投入。

当产品投放到市场后，企业应该持续跟进客户在产品使用中的感受。客户对产品的真实评价能直接反映出产品的优劣势。当客户反馈产品的优点时，企业应该保持并升级放大这些优点；当客户反馈产品的缺点时，企业应该对这些缺陷问题做好记录总结，并进行对应的改进，让产品在不断升级改良中，放大优点，减少缺点。

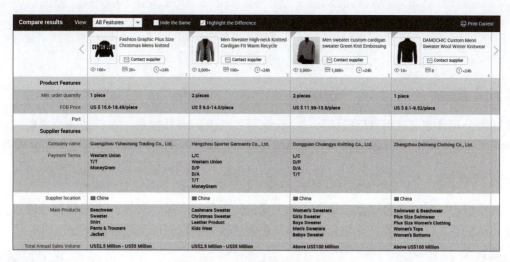

图 1-1-6 国际站同行产品对比

【任务实施】

1.1.4 开展国际市场调研与分析产品定位

（1）确定目标市场：确定希望出口产品的目标市场，可以是一个国家、一个地区或多个国家，要考虑市场规模、增长潜力、法规要求等因素。

（2）收集行业市场信息：收集关于目标市场的行业市场信息，包括市场规模、增长率、趋势、竞争格局、供应链结构等。使用行业报告、统计数据、行业协会和组织的数据、市场研究报告等来源收集数据。

（3）分析目标市场：对目标市场进行深入分析，了解其文化、经济状况、消费者行为、市场需求和趋势等。考虑市场细分，确定产品在目标市场的定位和潜在的市场机会。

（4）研究竞争对手：了解目标市场的竞争对手，包括本地和国际竞争企业。分析对比它们的产品特点、品质、价格、品牌形象、市场份额和分销渠道等，找出产品在竞争中的优势和差距。

（5）确定产品竞争优势：总结产品的竞争优势，包括产品质量、独特功能、创新性、价格竞争力、起订量、提供定制化服务，完好的售后流程等方面，确保产品在目标市场上的独特卖点和价值主张。

（6）进行市场调研：进行市场调研，包括网上调研、案头调研、实地调研等方法，以了解目标市场消费者对产品的需求、偏好和购买决策因素。收集客户反馈和意见，并进行定性和定量的分析。

（7）分析竞争优势：将产品的竞争优势与目标市场的需求和竞争对手进行比较分析。确定产品在市场上的独特价值和竞争优势，并强调这些优势对于客户的重要性。

（8）总结报告：根据收集到的市场调研数据和产品竞争优势分析，总结报告，内容包括明确的市场定位、产品定位、市场推广策略、渠道选择、定价策略等方面，以提高产品在国际市场的竞争力。

任务 1.2 阿里巴巴国际站后台规范与规则了解

【任务描述】

云海公司计划通过阿里巴巴国际站平台来寻找线上的海外客户。在店铺开通之前，你需要学习了解阿里巴巴国际站的相关后台规范与规则知识，为开展国际站运营工作做好准备。

【任务分析】

阿里巴巴国际站后台规范与规则体系主要包括账号、产品、交易、违规处罚等内容，深入学习这些规范规则内容，可避免在国际站运营过程中出现因违规而被系统处罚的情况。

【知识储备】

1.2.1 阿里巴巴国际站规则体系

阿里巴巴国际站规则包括概述、定义、购买服务、账号管理及卖方义务、信息发布、国际站交易规则和违约、违规及处理。这些规则和要求是保证商家在平台上和谐共存的基本准则，商家要在平台上遵循这些规则进行合法经营。

1. 账户管理与卖方义务

（1）账户管理：用户应严格保密并妥善保管账户及密码，并应管理及规范账户操作人的行为。同时客户需定期检查账户的安全性、不断加强对各种钓鱼网站的识别能力，应禁止离职人员继续使用账户并应及时变更密码。

（2）服务仅限自身使用：用户购买的服务仅限其自身使用，不得许可他人使用；不得擅自将服务全部或部分转让给他人。

（3）诚实信用义务：卖方应恪守诚信原则，按约定履行义务和兑现服务承诺，保证商品质量及相关售前、售中、售后服务符合双方约定或国家法律法规、政府规章、行业惯例规定。

（4）如实描述义务：卖方应如实描述商品，应当对商品的基本属性、成色、瑕疵等必须说明的信息进行真实、完整的描述。

（5）违规处罚：用户不遵守本章规定，阿里巴巴国际站有权中止或终止用户账号使用权限，或者根据阿里巴巴国际站其他相关规则予以处罚。

2. 信息发布原则

（1）用户发布的信息应与实际情况一致，禁止发布虚假或夸大的信息。

（2）用户发布的信息不得违反国家法律法规及阿里巴巴国际站规则。

（3）用户发布的信息应符合电子商务英文网站的规范及要求。

（4）未经权利人许可，不得发布含有奥林匹克运动会、世界博览会、亚洲运动会等标志的信息。

（5）卖家应尊重他人的知识产权，阿里巴巴国际站严禁发布侵犯第三方知识产权的任何信息。发布含有他人享有知识产权的信息，应取得权利人的许可，或者属于法律法规允许发布的情形。

3. 商品信息发布规范

（1）商品名称：商品名称应与商品图片、商品描述等其他信息要素相符，应尽量准确、完整、简洁，可使用商品名称、商品通称等。

（2）商品关键词：用户可设置 1~3 个与商品品质相符的关键词，便于买方搜索。

（3）商品属性：商品属性内容应与产品实际情况相符，如实填写成分、材料、尺码、品牌、型号、产地等。

（4）付款和运输方式：付款和运输方式应与供应商的实际服务能力相符，如实填写最小起订量、运输港口、包装、发货时间、付款方式、计量单位、供货总量、价格等。

（5）商品图片应与文字信息相符，应真实反映商品的实际情况。除指定情形外，图片应清晰完整，无涂抹无遮挡，包括：商品或商品包装盒上均不得有涂抹痕迹；商品或商品包装盒不能全部或部分被与商品无关的物品遮挡，但本规则另有规定的除外。

（6）商品详细描述：商品的详细描述应以商品实际情况为准，可以介绍商品的功能、特点、具体使用说明、包装信息、配件，展示产品实物全图、细节图、包装图、效果图等。

（7）商品类目：商品应放置在相关性高且最合适的最小类目下，有可匹配类目时不能放置在 others 类目下。推荐类目仅供参考，用户应根据商品的实际情况谨慎选择。

用户将商品放置在与商品类别无直接联系的类目下的行为视为错放类目。如阿里巴巴国际站发现用户存在错放类目的行为，有权退回错放类目的信息。

（8）商品组：用户应按商品的类别、属性、材质、用途等进行分类，设置商品组，便于买家浏览、选择、定位自己想要采购的商品。未经商标所有权人授权许可，不得使用他人商标作为商品组组名、公司信息。

（9）重复铺货：指于同一平台上由同一会员发布商品信息，而该商品信息跟曾经发布并仍然出现于平台上的商品信息完全相同或近似。

完全相同的商品信息指商品信息的标题、关键词、属性、描述及图片完全相同。

近似的商品信息指商品图片相同，且商品信息的标题、类目、关键词、属性、描述近似；商品图片虽不同，但是商品信息的标题、类目、关键词、属性、描述高度近似。

4. 公司信息发布规范

公司基本信息：用户应填写真实准确的公司名称、公司地址、经营模式、主营业务等信息。企业介绍信息应与实际一致，如员工人数、经营场所、企业成立时间、生产能力、研发能力等。

（1）公司名称：公司英文名称翻译应符合以下条件之一。

a. 符合法律规定，即根据"文字翻译原则"翻译注册公司名称。

b. 或与提供的对外贸易经营者备案登记表、银行开户证明一致。

当公司英文名称的使用存在争议时，国际站有权依照包括但不限于司法或执法机关的要求，或国际站相关规则和协议对公司名称或账号进行相关处置。

（2）公司详细信息：用户在公司详细信息中应描述的通过认证的公司的实际情况，可介绍公司规模、文化背景、经营范围、主营产品、服务能力等。用词宜通俗易懂。

（3）公司形象展示图：公司形象展示图可展示公司外观、厂房（办公环境）、车间、仓库（样品间）、展会图片、人物集体照（有环境）、明星产品等。不得上传与公司无关的图片、单张人物照片（类似证件照及个人写真）等。

（4）栏目：栏目中所填信息应与公司实际情况相符，上传与栏目（包括自定义栏目）对应的、真实有效的图片，不得上传产品图片。

1.2.2　阿里巴巴国际站知识产权规则

课件

若用户发布涉嫌侵犯第三方知识产权的信息，销售或允诺销售涉嫌侵犯第三方知识产权的商品，则有可能被知识产权所有人投诉或被举报，平台也会随机对店铺信息、商品信息、产品组名等进行抽查，若涉嫌侵权，则信息、商品会被退回或删除，且根据侵权类型执行处罚，知识产权侵权类型及处罚规划如表 1-2-1 所示。

表 1-2-1　知识产权侵权类型及处罚规则

侵权类型	定义	处罚规则
商标侵权	严重违规：未经权利人许可，在所发布、销售的同一种产品或其包装上使用与其注册商标相同或相似的商标	累积被记振次数，三次违规者关闭账号
	一般违规：其他未经权利人许可，不当使用他人商标的行为	1）首次违规扣 0 分 2）其后每次重复违规扣 6 分 3）累计达 48 分者关闭账号
著作权侵权	未经著作权人许可，擅自发布、复制、销售或允诺销售受著作权保护的产品（如书籍、文字、图片、电子出版物、音像制品、软件、工艺品等），以及其他未经著作权人许可不当使用他人著作权的行为。 具体场景说明如下（仅做示例，详细内容见解读）： 1）发布或销售的产品或其包装是侵权复制品 2）发布或销售的产品或其包装非侵权复制品，但包含未经授权的受著作权保护的内容或图片 3）在详情页上未经授权使用权利人图片作品 4）在详情页上未经授权使用权利人文字作品	1）首次违规扣 0 分 2）其后每次重复违规扣 6 分 3）累计达 48 分者关闭账号
专利侵权	严重违规：视专利侵权案件情节而定	累积被记振次数，三次违规者关闭账号
	一般违规：未经权利人许可，擅自发布、销售或允诺销售包含他人专利（包含外观设计专利、实用新型专利或发明专利等）的产品，以及其他未经专利权人许可，不当使用他人专利的行为	1）首次违规扣 0 分 2）其后每次重复违规扣 6 分 3）累计达 48 分者关闭账号

（1）国际站将按照侵权投诉被受理时的状态，对违规用户实施处罚。

（2）同一天内所有一般违规及著作权侵权投诉即投诉成立，扣分累计不超过 6 分。对于商标权或专利权的一般违规，此处所指的"投诉成立"指被投诉方被同一知识产权投诉，在规定期限内未发起反通知，或虽发起反通知，但反通知不成立；对于著作权侵权违规，此处所指的"投诉成立"指被投诉方被同一著作权人投诉，在规定期限内未发起反通知，或虽发起反通知，但反通知不成立。

（3）用户被首次投诉后五天之内，基于同一知识产权针对商标权一般违规及专利权一般违规的投诉，或来自同一著作权人的著作权侵权违规投诉，应视为一次投诉。

（4）用户被首次投诉成立三天内所有成立的严重违规投诉（"投诉成立"指被投诉方被某一知识产权投诉，在规定期限内未发起反通知；或虽发起反通知，但反通知不成立），应视为一次违规计算。

（5）国际站抽样检查若发现违规情况，平台将采取如下处理措施：

1）对于商标侵权、著作权侵权、专利侵权一般违规且未在 7 天整改期内做整改的，商品将做下架处理，并每次扣 2 分，一天内扣分不超过 6 分。

2）对于商标侵权、著作权侵权、专利侵权严重违规，或者故意侵权（包括但不限于规避平台监管、重复侵权、知名权利侵权等），存在监管或舆情风险，或存在其他严重违规情节的，商品将直接做下架处理，下架后商品未在 7 天整改期内做整改或删除的，平台将进一步做删除处理。对于严重违规每次扣 4 分，一天内扣分不超过 12 分。

每季度内被平台推送整改的侵权商品数量达到 500 个的商家，平台将执行 12 分/次处罚。同时平台也将视具体侵权情况，处以商品删除、记振、升级扣分、屏蔽店铺、限制会员使用网站产品功能、冻结账号直至关闭账号等的处罚权利。

（6）侵权场景包含但不限于：商品信息（标题、属性、详细描述、图片、视频等），店铺信息（店铺名称、店铺装修等），交互信息以及交易、评价、纠纷环节。若用户在上述不同场景下存在侵权行为，平台将单独处罚，且处罚将叠加。

1.2.3　阿里巴巴国际站违规处罚规则

阿里巴巴国际站目前有两种违规处罚计算方式：以积分累计扣分处罚和计次累计处罚。涉及规则包含《阿里巴巴国际站知识产权规则》《阿里巴巴国际站禁限售规则》《阿里巴巴国际站交易违规处罚规则》《阿里巴巴国际站虚假交易违规处罚规则》《商品信息滥发违规处罚规则》《不当使用他人信息处理规则》《图片盗用处理规则》，其中严重知识产权侵权行为以次数累计处罚，其他行为均统一计入 48 分扣分制。

课件

处理扣分按行为年累计计算，行为年是指每项违规行为的扣分都会被记 365 天。用户违规扣分将在该次扣分之日起一年后做对应清除处理（如 2023 年 1 月 31 日发生违规扣分，该笔扣分将在 2024 年 1 月 30 日清除），但因扣分达到 48 分以上或严重知识产权侵权行为累计致使账号关闭的除外，违规处罚扣分明细如表 1-2-2 所示。

表 1-2-2　违规处罚扣分明细

违规类型	违规行为情节/分类	扣分处罚
一般知识产权侵权行为	权利人投诉	6 分/次 首次被投诉不扣分，基于同一知识产权且发生在首次被投诉后 5 天内的投诉算一次。第 6 天开始，每次被投诉扣 6 分，一天内若被同一知识产权多次投诉扣一次分。所有时间以投诉受理时间为准
国际站抽样检查	发布知识产权侵权商品	每次扣 2 分，一天内扣分不超过 6 分；如一般侵权行为情节严重的（包括但不限于交易假货纠纷），每次扣 4 分，一天内扣分不超过 12 分

违规类型	违规行为情节/分类	扣分处罚
贸易纠纷	订单达成后不发货	协商阶段处理平台未介入扣 1 分/次；仲裁阶段提供解决方案扣 2 分/次；未提供解决方案扣 4 分/次
	延迟发货	平台判责卖方且有解决方案的扣 1 分/次，未提供解决方案的扣 3 分/次
	交付货物不符合约定	平台判责卖方且有解决方案的扣 1 分/次，未提供解决方案的扣 3 分/次
	违背承诺	卖方赔付或双方和解的不扣分，否则扣 3 分
	不履行和解约定或者阿里巴巴国际站纠纷调处决定	扣 3 分/次
	销售假冒商品	按照阿里巴巴国际站知识产权相关规则进行处罚
	恶意串通	扣 12 分/次
	提供虚假凭证	扣 12 分/次
	欺诈（卖方）	卖方提供解决有效方案的扣 6 分，否则扣 48 分
	欺诈（买方）	关闭账号
虚假交易	被平台判定虚假交易的行为，详见《阿里巴巴国际站虚假交易违规处罚规则》	一档，搜索屏蔽 3 天+禁止参加营销活动 30 天；二档，搜索屏蔽 7 天+禁止参加营销活动 90 天；三档，搜索屏蔽 14 天+禁止参加营销活动 180 天
商品信息滥发	标题描述违规、虚假价格及虚假最小起订量（MOQ）	前三次违规，每次扣 0 分；第四次及以上重复违规行为（含系统检测和成立的举报），每次扣 2 分
不当使用他人信息	信息所有人投诉	首次被投诉成立，被投诉方在响应期限内自动删除不当信息，不扣分；被投诉方过期无回应，扣 2 分第二次及以上被投诉成立，扣 6 分
图片盗用	图片所有人投诉	针对被投诉方账号，首次投诉成立 5 天内算一次，扣 3 分；第 6 天开始，被第二次投诉成立扣 3 分，被第三次及以上投诉成立扣 6 分，一天内若有多次投诉扣一次分。所有时间以投诉处理完结时间为准

48 分累计扣分处罚方式，如表 1-2-3 所示。

表 1-2-3 48 分累计扣分处罚方式

罚分累计	处理方式	备注
6 分	严重警告	邮件通知
12 分	限权 7 天	邮件通知和系统处罚
24 分	限权 14 天	
36 分	限权 21 天+全店商品退回	
48 分	关闭账号	

续表

- 分数按行为年累计计算，行为年是指每项违规行为的扣分都会被记 365 天。已被关闭账号处罚的除外。
- 限权包括但不限于旺铺屏蔽、搜索屏蔽、限制商品新发和编辑等限权动作。
- 用户累计扣分达到 24 分或以上的，阿里巴巴有权拒绝或限制用户参加阿里巴巴国际站的各类推广、营销活动，或产品/服务的使用。
- 如用户违规情节特别严重，阿里巴巴有权立即单方解除合同、关闭账号且不退还剩余服务费用；并有权作出在阿里巴巴国际站及/或其他媒介进行公示、给予关联处罚及/或永久不予合作等的处理

严重知识产权侵权行为振次处罚方式，如表 1-2-4 所示。

表 1-2-4　严重知识产权侵权行为振次处罚方式

严重侵权行为	累计被记振次数	处理方式
	1 次	限权 7 天+考试（若考试未在 7 天内通过，最长限权 30 天）
	2 次	限权 14 天+考试（若考试未在 14 天内通过，最长限权 60 天）
	3 次	关闭账号

- 针对国际站上的严重侵权行为实施"三振出局"制，即每次针对用户严重侵权行为的投诉记振一次；三天内如果出现多次针对同一用户的严重侵权行为投诉，记振一次，时间以第一次投诉的受理时间开始计算。若针对同一用户记振累计达三次的，则关闭该用户账号。
- 此处所指的"投诉"均指成立的投诉，即被投诉方被投诉，在规定期限内未发起反通知；或者虽发起反通知，但反通知不成立。
- 除被三振关闭账号外，被记振的用户需进行知识产权学习及考试。通过考试的用户可以在限权期限届满后恢复账号正常状态。
- 限权包括但不限于旺铺屏蔽、搜索屏蔽、限制商品新发和编辑等限权动作。
- 严重侵权行为的记振次数按行为年累计计算，行为年是指每项严重侵权行为的处罚会被记录 365 天。
- 如严重侵权行为的情节特别严重或者用户因侵权行为被司法/执法机关立案处理，国际站保留对用户单方面解除会员协议或服务合同、直接关闭用户账号以及国际站酌情判断与其相关联的所有账号及/或实施其他国际站认为合适措施的权利

【任务实施】

1.2.4　查询阿里巴巴国际站规范与规则

1. 查询账号使用规则

（1）打开网址：https：//rulechannel. alibaba. com/，进入阿里巴巴国际站平台规则中心首页，如图 1-2-1 所示。

（2）点击上方导航栏"规则辞典"，再点击左侧导航栏"总则"页面，进入"阿里巴巴国际站规则总则"，如图 1-2-2 所示。

（3）在规则总则页面，查看后侧导航栏的"会员行为规范"相关内容，如图 1-2-3 所示。

2. 查询产品信息发布规范

（1）打开网址：https：//rulechannel. alibaba. com/，进入阿里巴巴国际站平台规则中心首页。

课件

图 1-2-1　阿里巴巴国际站平台规则中心首页

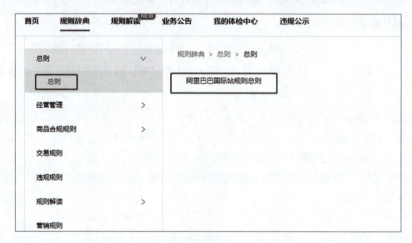

图-1-2-2　查询阿里巴巴国际站规则总则

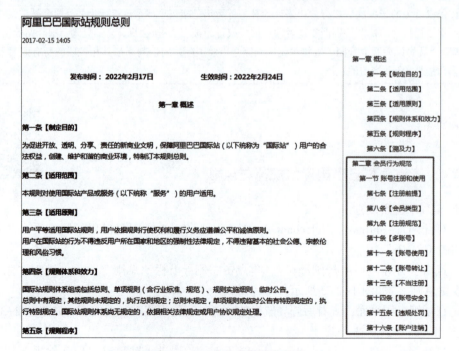

图 1-2-3　查询会员行为规范

（2）点击上方导航栏"规则辞典"，再点击左侧导航栏"经营管理"-"基础信息规则"页面。

（3）依次点击"商品信息滥发违规处罚规则""图片盗用处理规则""不当使用他人信息处理规则""公司信息填写规则""产品信息填写规则"链接，查询产品信息发布规则相关内容，如图 1-2-4 所示。

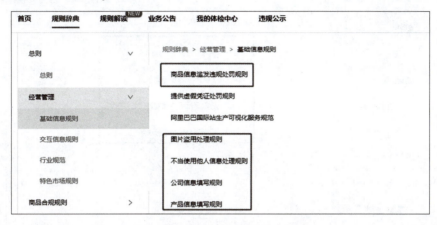

图 1-2-4　查询产品信息发布规则

3. 查询知识产权规则

（1）打开网址：https：//rulechannel. alibaba. com/，进入阿里巴巴国际站平台规则中心首页。

（2）点击上方导航栏"规则辞典"，再点击左侧导航栏"商品合规规则"-"知识产权规则"页面。

（3）点击"阿里巴巴国际站知识产权规则"链接，学习知识产权规则相关内容，如图 1-2-5 所示。

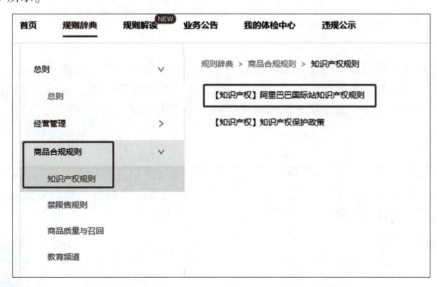

图 1-2-5　查询阿里巴巴国际站知识产权归责

4. 查询违规处罚规则

（1）打开网址：https：//rulechannel. alibaba. com/，进入阿里巴巴国际站平台规则中心首页。

（2）点击上方导航栏"规则辞典"，再点击左侧导航栏"违规规则"页面。

（3）点击"店铺数据作弊行为处罚规则"→"阿里巴巴国际站违规处罚总则"→"阿里巴巴国际站用户违规处罚节点规则"→"阿里巴巴国际站处罚扣分说明"链接，查询违规处罚规则相关内容，如图 1-2-6 所示。

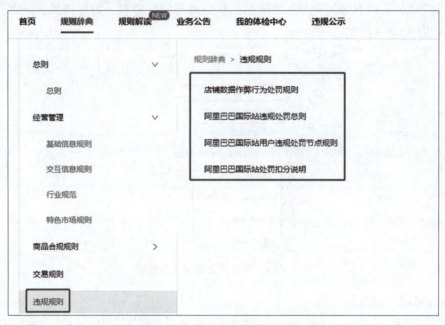

图 1-2-6　查询违规处罚规则

任务 1.3　店铺注册与开通

【任务描述】

云海公司与国际站客户经理讨论多次后最终确定开通为期一年的金品诚企服务方案，另外充值 3 万元作为外贸直通车广告推广费用。请你协助客户经理一起，完成店铺的注册与开通工作，并在店铺开通完成后熟悉国际站后台的各个板块功能。

【任务分析】

在开通店铺之前，首先了解国际站的入驻条件与会员费用，区分出口通与金品诚企的不同。学习开通店铺所需资料，包括实地认证资料、公司信息资料等。最后掌握国际站的注册、开通流程，并能熟练使用国际站后台的各个菜单功能。

【知识储备】

课件

1.3.1　认识国际站

1. 国际站商家入驻条件

阿里巴巴国际站（Alibaba）作为全球专业的国际外贸出口、海外 B2B 跨境贸易平台，目前拥有 1.5 亿的注册会员。想要入驻成为阿里巴巴国际站商家会员，公司类型需要满足以下几个条件：

（1）企业需要在工商局进行注册，并且是做实体产品的企业，生产型和贸易型企业都可以入驻。

（2）服务型公司如物流、检测认证、管理服务等企业暂不能入驻。

（3）离岸公司和个人无法办理入驻。

（4）个体经营执照在各个区域的限制不同，具体需要联系当地的客户经理判断是否能够入驻。

2. 国际站会员收费标准

国际站的入驻费用由会员年费和其他付费产品构成，不收取保证金，也不收取提佣。国际站的年费会员分为出口通（基础会员）和金品诚企（高级会员）两种，其中出口通收费为 29 800 元/年，金品诚企的收费为 80 000 元/年，如图 1-3-1 所示。其他付费产品包括问鼎、顶展、外贸直通车、品牌广告等广告资源位产品。

客户经理会根据企业的实际情况以及想要达到的推广效果，制定合适的套餐方案。企业在确定客户经理提供的方案后进行付费，付费完成后开始店铺的开通运营工作。

图 1-3-1　金品诚企与出口通的区别

3. 出口通与金品诚企

出口通是阿里巴巴国际站最基础的店铺产品，金品诚企是国际站面向平台实力商家推出的高级会员产品。它采用了线上线下结合的方式，对商家的企业资质、产品资质、企业能力等全方位实力认证验真，并在买家访问平台时，帮助企业全面展示实力，赢得买家的信任并促成交易。

金品诚企会员除享受基础会员服务外，还享有专属数字化营销工具、营销权益和营销场景等特权，如图 1-3-2 所示。

商家诉求	经营链路	权益列表	普通会员	金品会员		
				工厂	贸易公司	工贸一体
快速选择建立信任	实力彰显	实地认证	✓	✓	✓	✓
		第三方深度认证		✓	✓	✓
		360度全景看厂/验厂视频或报告/品类视频		✓	✓	✓
		全链路优商身份标识及搜索专属优商卡片		✓	✓	✓
		证书/检测报告全链路外量		✓	✓	✓
		公司介绍页实力展示		✓	✓	✓
		旺铺店招	基础版	金品特色板		
		旺铺装修模板		上百套免费模板		
商机获取转化提升	商品展示及营销推广	星级成长扶持		星级直达		
		橱窗推广位	2组	8组		
		3月新贸节/9月采购节	星等级≥2星	星等级≥1星		
		实力工厂		星等级≥2星		星等级≥2星
		找工厂频道	✓	绿通进入优先展示		绿通进入优先展示
		优质贸易专区			✓	✓
		RTS优商专区			✓	✓
		品质商品专区		✓	✓	✓
		榜单（商家榜单–研发/认证榜，商品榜单–证书品榜）		✓	✓	✓
		行业特色会场（如品证关联，海外售后，智能设备等）		✓	✓	✓
		百万美金俱乐部（金标买家4大场景–EDM定向营销）		星等级≥1星		
		RFQ优质商机		金商机专享，银商机6小时优先报价权		
		VR SHOWROOM		详情咨询客户经理		
运营管理提效	客户管理	子账号数量	5个	10个		
	数据指导	数据参谋	数据分析	四大参谋（市场参谋/选词参谋/流量参谋/产品参谋）		
	人才服务	金品专属人才双选会		✓	✓	✓
	运营护航	金品专属VIP顾问成长陪护		✓	✓	✓
		金品俱乐部学习阵地		✓	✓	✓
		店铺诊断–金品中心		✓	✓	✓
		专属人中咨询快速响应		✓	✓	✓
	交易服务	验货服务85折		✓	✓	✓
		智能报关免费+专家贴身服务		✓	✓	✓

图 1-3-2　金品诚企权益

1.3.2　国际站入驻前准备

1. 实地认证的定义

实地认证是阿里巴巴根据买家的需求，联合第三方认证公司推出的免费认证服务，是入驻阿里巴巴国际站的必要条件之一。通过对供应商信息的现场核实，帮助供应商实现信息真实性，赢得买家的信任，从而更好地服务买家。

阿里巴巴国际站为了完善供应商准入机制，对供应商的营业执照、经营场地等信息进行认证审核，以保障网站供应商的身份真实有效，为买家提供更加真实安全的交易环境，确保买家在网站上放心交易。同时会对网站前台展示的信息进行审核、监督。

实地认证是由阿里巴巴和第三方认证公司共同完成的，第三方认证公司包括中德、中诚信、CBI。阿里巴巴的客户服务人员仅仅只是实地收集和记录信息。而对于认证信息的审核，如：营业执照是否真实有效，法人代表、被授权人是否真实，产品或体系认证是否真实有效等，均通过第三方认证公司来完成认证核实。

实地认证的流程为：确认函确认→填写工商四要素→授权校验→填写企业认证资料→认证资料审核→认证通过。

2. 实地认证的资料

实地认证所需要的资料包含两部分，分别是公司需要提供的信息和客户经理上门采集的信息。

公司需要提供的信息：

（1）公司执照信息：包含公司的中英文名称、公司注册地址、注册资本、法人信息、营业执照起始与截止时间、营业执照照片。

（2）公司对公账户信息：包含公司对公账户开户行、开户名、对公账号。

（3）公司经营地址信息：包含公司经营地址及经营场地证明。

（4）认证人信息：包含认证人姓名、联系方式、身份证号码、职位、部门等信息。

客户经理上门采集信息：

签约后客户经理会上门拍摄公司的办公及生产环境照片，认证信息确认书需要公司盖章后确认。

实地认证中经营场地证明的具体要求如表 1-3-1 所示。

表 1-3-1　经营场地证明的具体要求

证明类型	具体要求
产权证	产权人若不是本签约公司或法定代表人，请提供办公场地使用说明
租赁合同	1. 合同下方需有甲乙双方盖章或签字的签署信息 2. 合同的有效期需正在执行中 3. 出租方为个人，需提供房东身份证 4. 承租方若不是本签约公司或法定代表人，请提供办公场地使用说明
水电煤等三方凭据	1. 账单需在近 3 个月内 2. 账单左上方有客户具体的经营地址，且跟 CRM 中的经营地址保持一致 3. 水电煤有国家职能部门盖章（燃气公司、自来水公司、国家电网/供电局）；物业费需有物业公司盖章，且证明上的地址与 CRM 中的地址保持一致 注：收据的规则与发票一致

产权证明或租赁证明原件的可替代证件包括其他证明材料：如：①村委会、街道办、工业园区、物业管理会开具的证明；②土地所有权证；③买地合同；④购房合同；⑤房产抵押贷款合同；⑥抵押证明；⑦产权评估报告；⑧招商引资协议等。

对于上市公司的经营场地证明，可以仅提供工商官网的信息截图或公司年报。但客户经理必须在备注中注明：该公司为上市公司，同时提供股票代码。

3. 公司信息资料

开通国际站除了需要提交实地认证资料外，还需要填写公司资料。公司信息包括七部分：

（1）基本信息：页面中"打钩"的字段为认证公司认证的信息，不支持自行修改。已经认证过的信息如果需要变更，可以联系客户经理申请信息修改，客户经理会上门完成变更内容的认证。

（2）生产能力：向买家展现生产流程、生产设备、生产线、生产线数量、年产值等内容。

（3）质量控制：向买家展示质量控制流程、质量检测设备内容。

（4）研发设计：向买家展示产品研发流程内容。

（5）外贸出口能力：向买家展示上年销售额、出口比例、主要市场及占比、客户案例、出口方式等内容。

（6）证书中心：向买家展示公司获得的认证检测、荣誉证书、软件著作权、商标、专利以及行业准入资质信息，反映公司整体实力。

（7）展示信息：整体介绍公司，包括公司标志、公司详细信息、公司形象展示图、公司视频以及展会信息等内容。

【任务实施】

1.3.3　注册国际站会员

1. 注册国际站会员

（1）打开网址：passport. alibaba. com，进入阿里巴巴登录页。

（2）点击"免费注册"按钮，进入店铺注册页面，如图 1-3-3 所示。

图 1-3-3　进入阿里巴巴国际站店铺注册页面

（3）根据注册所需信息，填写电子邮箱、登录密码、手机号码、公司名称、公司地址、注册人英文名等信息，完成验证后，勾选"我已阅读并同意"，点击"同意并注册"完成国际站的账号注册操作，如图 1-3-4 所示。

2. 开通国际站店铺

（1）进入实地认证页面。

在签约国际站方案并完成付款后，登录国际站账号。在后台首页点击"实地认证"下的"去查看"按钮，进入实地认证信息页面，如图 1-3-5 所示。

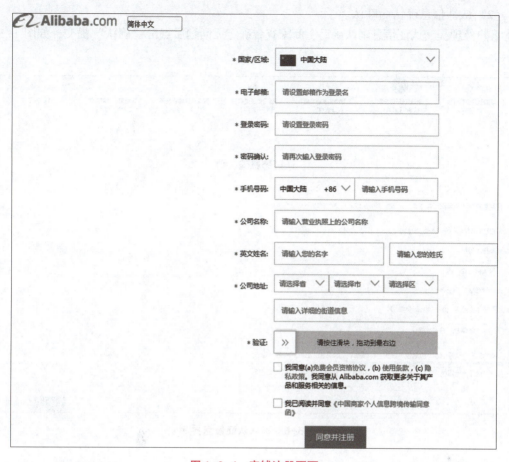

图 1-3-4　店铺注册页面

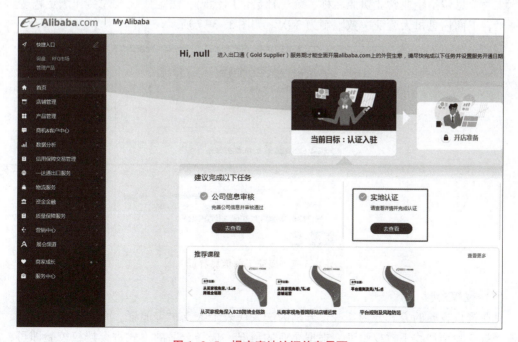

图 1-3-5　提交实地认证信息界面

（2）认证信息确认函确认。

客户经理提交认证信息确认函后，商家查看确定无问题后点击"确认"提交，如图 1-3-6 所示。

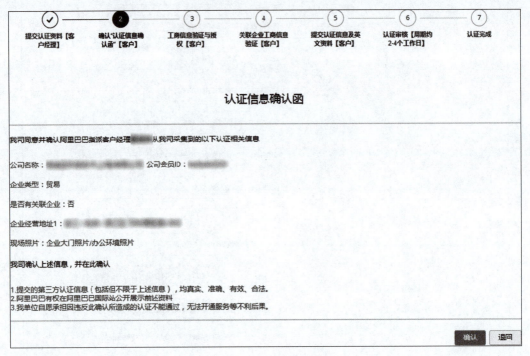

图 1-3-6　确认认证信息界面

（3）验证工商信息。

工商信息包括企业营业执照名称、统一社会信用代码、法定代表人姓名和法定代表人身份证号，工商信息每天验证次数限制为 3 次。如图 1-3-7 所示。

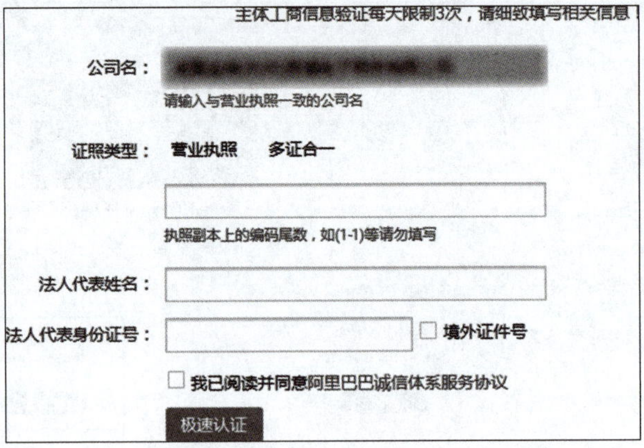

图 1-3-7　提交工商信息界面

（4）授权校验。

企业授权校验的方式分为 4 种，分别为法人代表个人支付宝验证、企业支付宝验证、对公账号打款验证和线下授权验证。根据企业的情况，选择合适的方式进行授权校验即可，如图 1-3-8 所示。

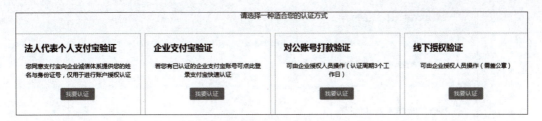

图 1-3-8　企业授权验证校验方式

（5）填写企业认证信息及英文资料。

认证资料页面需要填写企业营业执照信息、企业经营地址信息和认证人信息。企业营业执照信息包括企业的中英文名称、企业注册地址、注册资本、法人姓名、营业执照的起始与截止时间以及营业执照的照片。企业经营地址信息包括企业经营地址、企业经营地址证明。认证人信息包括认证人的中英文名、性别、职位、身份证件、联系电话和电子邮箱。根据实际内容填写，填写完成后提交，如图 1-3-9 和图 1-3-10 所示。

图 1-3-9　填写企业认证信息页面 1

（6）实地认证资料审核。

实地认证周期：客户经理提交+客户提交+认证审核（1~2 个工作日），若客户选择人工认证，则需认证公司核实（1~2 个工作日）。

（7）实地认证通过。

实地认证通过后，将会展示在国际站店铺前台，增加买家对企业的信任度。

（8）提交公司信息。

进入后台首页，点击"公司信息审核"下的"去查看"按钮，进入管理公司信息页面，如图 1-3-11 所示。根据页面要求，如实、完整地填写公司信息，完成后提交，如图 1-3-12所示。

公司英文名称凭证	上传文件

请上传对外贸易经营者备案登记表或公司银行外汇账户开户凭证。

*公司营业执照	上传文件

请上传工商最新核发的营业执照照片。

异地经营备案凭证	上传文件

为了您更好的享受平台的相关服务，如果您的经营地和注册地不同，建议您提供您在工商部门的相关备案凭证或者分支机构凭证。

企业经营地址1 (中文)

*企业经营地址1 (英文)　China (mainland)　province　city　area

detailed address

*企业经营场地证明类型　请选择

场地证明如何提交？

*网站展示地址　◉ 企业经营地址1

*认证联系人姓名　请输入名　请输入姓

*性别　○ 男 ○ 女

*所在部门

*职位

电话号码　86　区域代码　电话号码

*手机号码

*邮箱地址

提交　暂存

图 1-3-10　填写企业认证信息页面 2

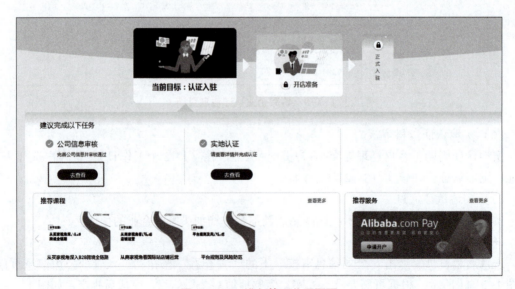

图 1-3-11　进入管理公司页面

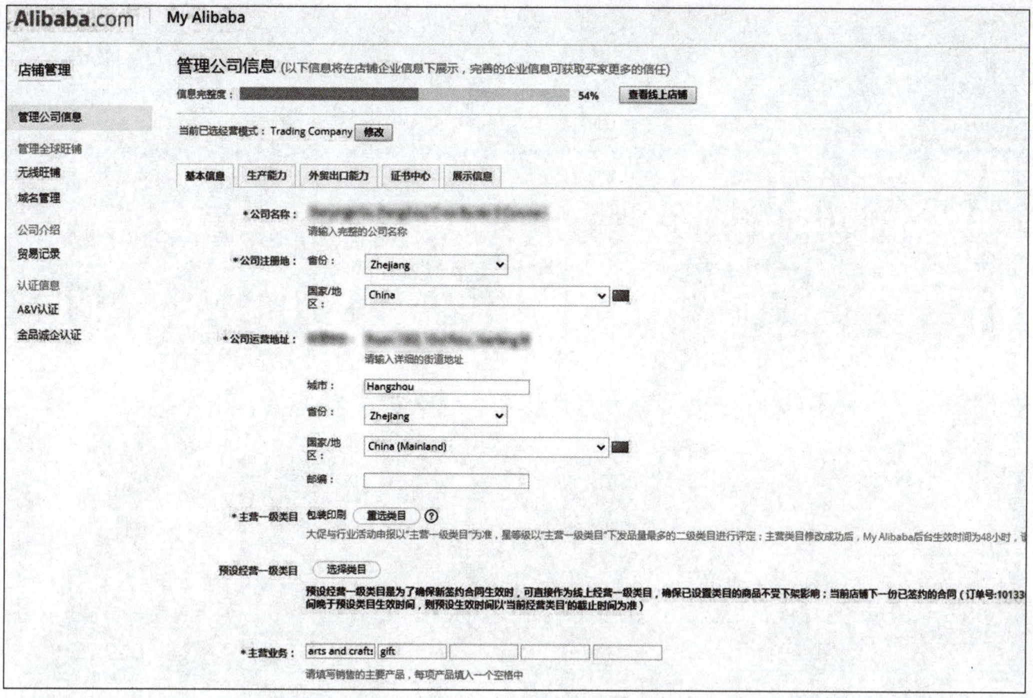

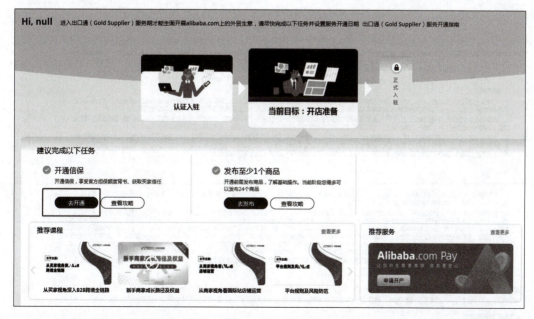

图 1-3-12　填写公司信息页面

（9）开通信保。

实地认证信息与公司信息填写完成后，后台首页进入"开店准备"任务。点击"开通信保"下的"去开通"按钮，如图 1-3-13 所示，进入开通信保页面，如图 1-3-14 所示。

图 1-3-13　进入开通信保页面

点击左侧信用保障板块的"申请开通"，进入签署信用保障合作协议页面，如图 1-3-15 所示。点击"立即开通"，成功开通信保服务，如图 1-3-16 所示。

图 1-3-14　开通信保页面

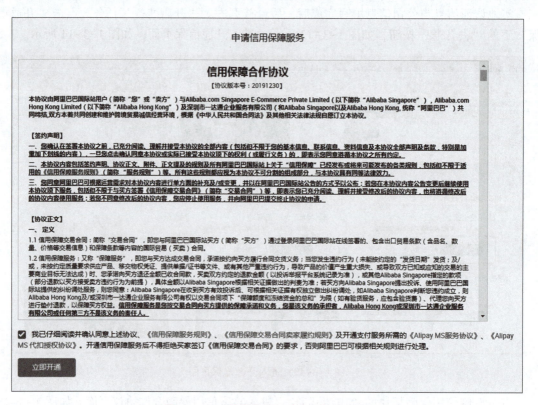

图 1-3-15　签署信用保障合作协议页面

图 1-3-16　信保服务开通成功页面

（10）发布店铺首个产品。

打开后台首页，点击"发布至少一个产品"下的"去发布"，进入产品发布页面，如图 1-3-17 所示。选择产品类目，填写产品标题、产品关键词、产品属性、商品描述、交易信息、包装及发货信息、物流信息、特殊服务及其他信息。填写完成后，检测信息质量，满足发布要求即可提交发布，如图 1-3-18 所示。

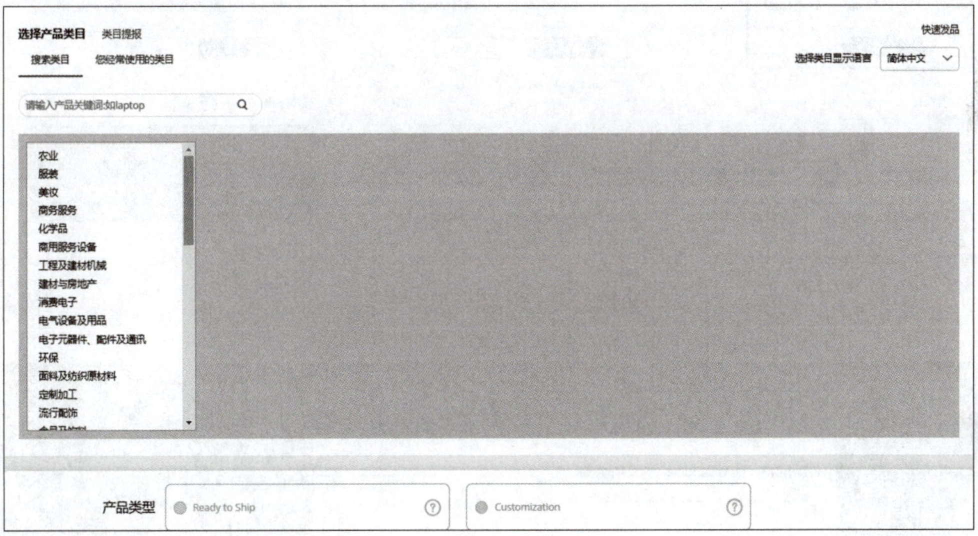

图 1-3-17　产品发布部分页面

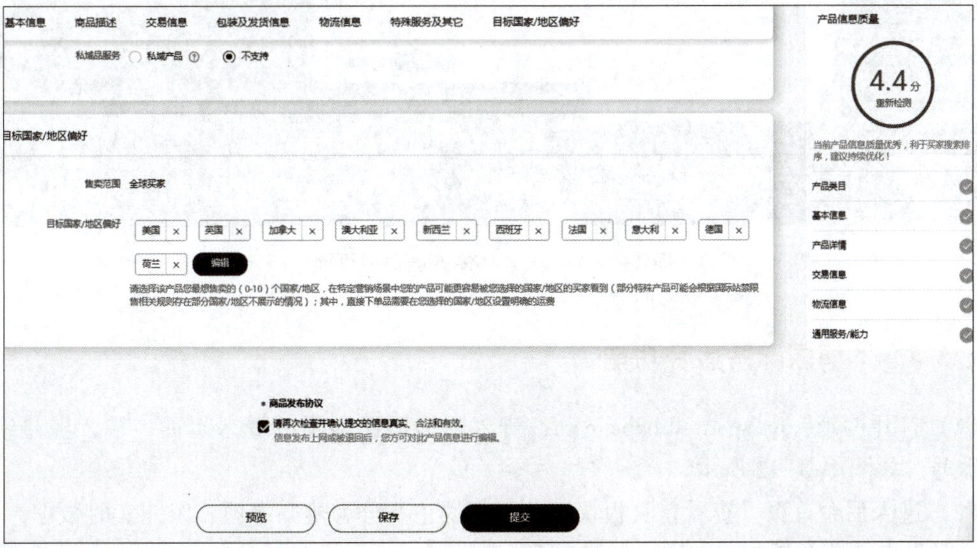

图 1-3-18　提交产品发布部分页面

（11）设置店铺开通时间。

完成信保开通与店铺首个产品任务后，后台首页会出现设置开通时间选项，如图 1-3-19 所示。点击"去设置"，选择服务开通时间日期，点击"确定"，如图 1-3-20 所示。设置完成后，等待店铺到达开通时间，正式开通上线，如图 1-3-21 所示。

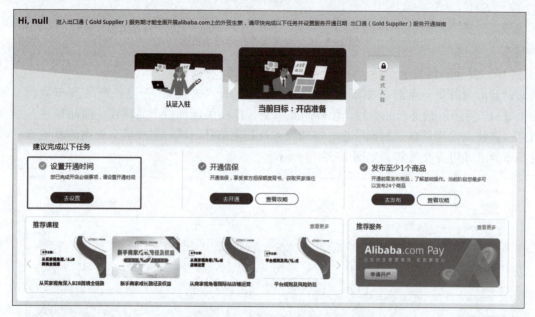

图 1-3-19　设置开通时间页面

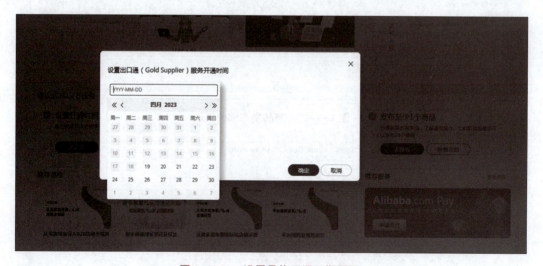

图 1-3-20　设置具体开通日期页面

1.3.4　了解国际站后台功能

（1）打开网址：passport. alibaba. com，进入阿里巴巴国际站登录页面，输入账号密码，登录账号，如图 1-3-22 所示。

（2）进入后台首页，查看首页板块。首页板块主要分为待办事项、店铺实时数据、营销中心、身份卡片四个板块，如图 1-3-23 所示。

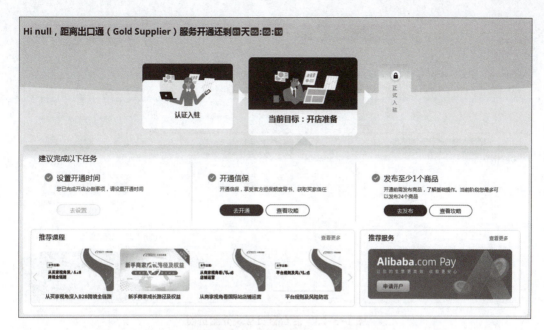

图 1-3-21　等待店铺开通上线

图 1-3-22　阿里巴巴国际站登录页面

（3）My Alibaba 是商家日常运营的核心工作台，为了简化商家操作，阿里巴巴对菜单布局进行了：一级菜单按商家经营链路"获客-转化-交付-合规"重新归类，分类后运营和业务都能快速找到自己领域菜单，如图 1-3-24 所示。新增"常用"菜单，按照商家使用习惯高效定位，筛出了商家核心运营的菜单，无需在众多菜单中寻找，如图 1-3-25 所示。

获客：商家获取买家相关菜单，主要为运营人员常用菜单。包括：店铺管理、商品管理、媒体中心、数据参谋。

转化：买家进店后，跟进转化买家相关菜单，运营和业务可能都会涉及。包括：营销中心、活动中心、商机沟通、客户管理。

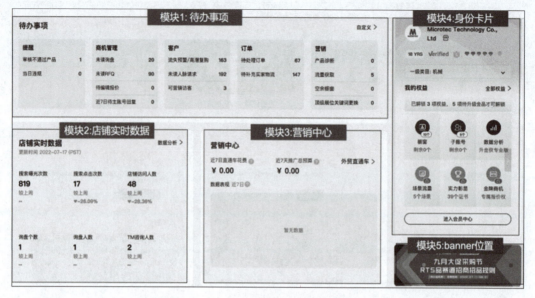

图 1-3-23　后台首页板块介绍页面

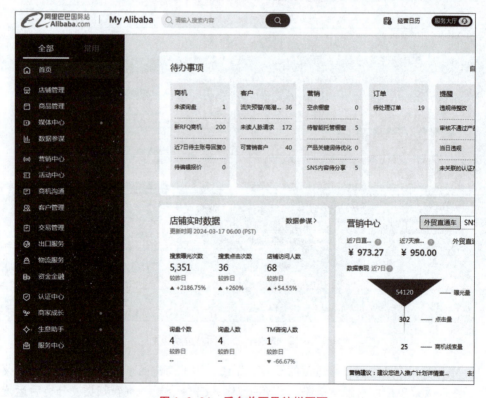

图 1-3-24　后台首页导航栏页面

交付：买家下单后，交付货物过程相关菜单，运营和业务可能都会涉及。包括：交易管理、出口服务、物流服务、资金金融。

合规：认证相关、合规相关和商家运营规则相关菜单，运营和业务都可能涉及。包括：认证中心、会员中心、商家成长、服务中心。

图 1-3-25　后台常用菜单页面

【项目评价】

市场调研是运用科学的方法，有目的、有计划地收集、整理、分析有关供求、资源的各种情报、信息和资料。通过学习国际市场调研与行业市场调研的内容与方法，为公司制定营销策略和决策提供正确的数据支持。通过分析竞争同行产品的优缺点，总结自身产品的不足，进一步提升产品的优势，同时提供额外的附加服务，实现差异化竞争。

学习阿里巴巴国际站的各项规则与规范内容，包括账号使用规范、商品信息发布规范、公司信息发布规范、知识产权规则、违规处罚规则等基础内容，掌握查询方法，帮助商家规避各项风险，保障账号与店铺的安全，遵守阿里巴巴国际站各项规定规则，诚信经营，稳定发展。

入驻阿里巴巴国际站，必须是在中国大陆工商局注册的实体产品企业，包括生产型与贸易型企业。国际站会员分为出口通与金品诚企，了解它们之间的区别。开通国际站店铺，需要经过账号注册、提交实地认证信息、提交公司信息、开通信保服务、发布首个店铺产品、设置开通时间等多个步骤。

国际站后台首页包含了店铺管理、商品管理、媒体中心、商机沟通、数据参谋、客户管理、营销中心、交易管理、出口服务、物流服务、资金金融等多个菜单栏目，每个栏目下又有多个功能。熟悉每个板块，精通运用各项功能，是每个运营人员的必修课之一。

项目 1 习题　　　　　　　　　项目 1 答案

项目 2
店铺视觉设计与制作

【项目介绍】

在店铺视觉设计与制作这一项目中，需要独立完成旺铺模板设计、店招和店铺 Banner 的设计制作，产品主图和详情页的制作以及主图视频、旺铺视频、Tips 视频的拍摄制作等任务。在完成这些任务前，需要学习旺铺装修、店招、店铺 Banner、产品主图与详情页、主图视频、旺铺视频、Tips 视频的相关理论知识内容与理念，掌握它们的设计与制作方法。

【学习目标】

知识目标：

1. 了解旺铺装修的定义、作用等相关内容；
2. 了解店招与店铺 Banner 的定义、设计理念原则等相关内容；
3. 了解产品主图的定义与要求等相关内容；
4. 了解主图视频、旺铺视频、Tips 视频的相关内容。

技能目标：

1. 掌握旺铺模块的设计与添加操作；
2. 掌握店招与店铺 Banner 的制作与上传操作；
3. 掌握产品主图的拍摄与设计操作；
4. 掌握产品详情页的制作流程；
5. 掌握主图视频、旺铺视频、Tips 视频的拍摄与制作流程。

素质目标：

1. 培养个人审美能力，提升视觉和艺术修养；
2. 提升个人的自学能力，培养独立思考和探索的习惯；
3. 培养电商互联网逻辑思维，加深对互联网视觉营销的认知。

【知识导图】

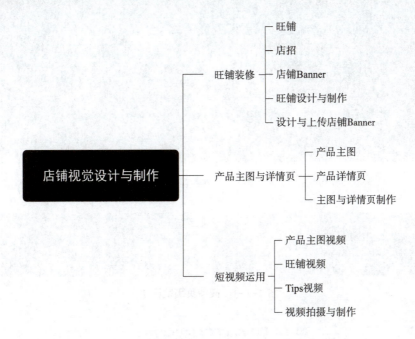

任务 2.1　旺铺装修

【任务描述】

云海公司的国际站注册开通完成后，除了需上传产品外，还需要对旺铺首页进行简单的装修，包括旺铺模块的添加，店招与店铺 Banner 的设计与上传工作，这样做是为了提升店铺访客的交易转化率。请你协助公司，完成上述装修工作。

【任务分析】

在进行旺铺装修工作之前，首先需要了解旺铺的定义以及旺铺装修的作用所在，通过认知旺铺模块组件的内容，做好旺铺装修前的准备，才能更好地进行旺铺装修工作。其次，学习店招与店铺 Banner 的定义，掌握两者的设计理念与原则，有助于掌握店招与店铺的设计制作。最后熟练掌握旺铺模块添加设置操作、店招与店铺 Banner 的上传流程。

【知识储备】

2.1.1　旺铺

1. 旺铺的定义

全球旺铺是阿里巴巴国际站平台提供给卖家的全球企业展示和营销网站，对比传统的企业网站，全球旺铺不仅优化了企业及产品的信息展示，更着重突出企业自身的营销能力，提供更多可自定义的内容、更灵活的页面结构，如图 2-1-1 和图 2-1-2 所示。

课件

图 2-1-1　旺铺页面截图 1

图 2-1-2　旺铺页面截图 2

2. 旺铺装修的作用

（1）塑造企业形象：积极树立企业形象，以提升公司知名度和客户印象为目标。

（2）优化用户体验：提供出色的用户体验是评估店铺质量的关键标准，能够有效赢得顾客的好感和满意度。

（3）强调店铺吸引力：注重店铺的吸引力，以吸引更多顾客关注和提升店铺点击量。

（4）提升转化率：好的店铺可以提高转化率，获得更多询盘，有效提升平台的反馈率。

3. 旺铺装修前的准备

（1）确定目标客户群体：目标客户群体是企业产品和服务的受众。通过市场细分和目标市场调研，深入了解潜在客户的消费行为、购买动机和偏好。通过人群画像分析，细致了解目标客户群体的性别、年龄、收入、地区、消费水平等特征，以精确洞察目标客户群体。

（2）确定店铺核心产品：根据目标客户群体选择店铺核心产品。核心产品应具备独特优势或卖点，与同行具有竞争力，并满足目标客户群体的需求，除此之外还需要评估市场需求、竞争环境和趋势。

（3）确定店铺定位与风格：店铺的定位与风格应该与目标客户群体的喜好和价值观相一致，不同定位展现不同风格特点。面向高端消费群体，店铺注重展示公司实力和品牌形象，页面简洁大方；面向中端消费群体，店铺注重性价比，页面贴近生活；面向低端消费群体，店铺侧重价格折扣，页面展示促销等风格。同时，根据定位选择合适的装修风格和视觉设计元素，以打造与品牌形象和定位相符的店铺外观和用户体验。

（4）店铺首页装修规划：店铺首页是吸引客户注意力和引导其浏览的重要入口，店铺首页装修规划涉及内容选择和排版思路，要考虑导购方式、主推产品和公司实力等因素。导购方式、产品分类和展现形式需根据店铺情况确定。主推产品从新品、爆款和折扣产品中选择，公司实力展现方式和竞争优势要与店铺定位相匹配。

首页内容一般包括店招、Banner 海报、多语言工具栏、主推产品、橱窗产品、热门产品、认证报告、公司介绍、公司视频和客户案例等。在确定内容后，可选择以展示产品为主或展示公司实力为主的排版思路，对各个内容板块进行布局规划。

（5）持续优化细节：定期评估和优化店铺装修效果，包括统计店铺访问数据、用户行为和反馈，以及与客户的互动。根据数据和反馈，调整和改进店铺内容、布局和用户体验，以提升店铺的吸引力、可信度和转化效果。

4. 旺铺模块组件

目前旺铺模块分为产品、图文、视频、营销、公司五大类型板块。金品诚企用户会增加一个金品专享板块，如果商家购买了第三方模板，旺铺装修后台还会增加一个设计师模块。每个板块类型包含了多个内容展现模块，如表 2-1-1 所示，商家可根据自己的需求添加模块，每个模块添加的次数上限不同。

表 2-1-1　旺铺模块组件内容

板块类型	内容展现模块
金品专享	图片化类目、里程碑、品牌故事、展会、公益活动、商家实力标签、金品 360 全景和 VR 展厅
产品	双排产品、橱窗产品、类目带产品、重点推荐、爆品专区、主营类目、类目模块、主营认证产品、图形化类目导购、RTS 现货品专区、样品专区、新品专区
图文	行业化海报、全屏通栏横幅、横幅、热区切图、自定义内容
视频	视频模块、视频带货、视频导购
营销	店铺优惠券、限制折扣、3D 家居场景购
公司	公司介绍、多语言站点、询盘直通车、公司名片、企业链路流程、证书导购

2.1.2　店招

1. 店招的定义

店招，是品牌给予客户公司形象的直观印象，代表着品牌的风格、产品的特性，也是店家宣传自身的一种重要方式。店招一般放置在页面的顶端，

课件

在旺铺的各个页面会重复显示，如图 2-1-3 所示。

从内容上讲，店招通常包括店铺名称、LOGO、广告语、认证、广告促销等信息。作为店铺中流量最大的一个模块，店招在不影响视觉体验的情况下可以尽可能多地添加有益信息。国际站店招图片建议尺寸为 1 200 像素×280 像素，但图片下方有 44 像素被导航条遮挡。

图 2-1-3　店招示例

阿里巴巴国际站对 PC 端的店招按照客户关注的点进行了结构化升级，让客户能快速对店铺产生初步印象；升级主要包括以下三个方面：公司的主营产品、公司类型，以及商家的服务标签的强化，强化买家和商家直接联系的入口，强化关注功能，如图 2-1-4 所示。商家可以根据自己的需求来选择使用新版或旧版店招。

图 2-1-4　新版店招示例

2. 店招的种类

（1）品牌宣传类店招：首先，在设计时要考虑店铺名称、LOGO 和广告语等品牌宣传的基本元素。店铺名称应简洁明了，易于记忆，并与品牌形象相匹配。LOGO 应具有独特性和识别性，能够准确传达品牌的特点和价值。广告语则应精炼、有吸引力，能够吸引潜在客户的注意。这些元素共同构建品牌形象，增强品牌的辨识度和影响力。其次，联系方式也是设计时需要考虑的重要内容之一，让客户能够方便地与卖家进行沟通和交流，增加客户建立信任和合作关系的可能性。

（2）活动促销类店招：首先在设计时要考虑活动名称、优惠券、促销产品等活动信息，这些信息在店铺中需要得到突出展示，以吸引顾客的注意力和参与度。通过精心设计活动页面和内容展示，营造活动氛围，提升活动的吸引力和参与度。其次是店铺名称、LOGO、广告语等品牌宣传为主的内容，通过恰当展示这些品牌元素，提升店铺的专业形象和品牌认知度。在气氛设计和内容展示上，活动信息占据较大的篇幅。这类店招在平台举行大型活动时商家使用得较多。

3. 店招的设计原则

阿里巴巴国际站店铺店招可以由文字和图案组成，表现形式千变万化。实体店铺的店招主要起到吸引顾客进店的作用，因此注重在视觉上吸引人群的注意力。而网店店招的作用主要体现在留客环节，即顾客进入店铺后的停留时间和购买决策。因此在设计和制作店招时，需要更多考虑如何留住顾客。主要设计原则包括：

（1）视觉重点：避免过多无意义的元素，保持简洁和清晰，以便顾客能够快速理解和获取关键信息。色彩选择也应简洁明了，一般不超过 3 种主要色彩，以确保整体视觉效果的统一性和协调性。

（2）强调品牌特征：店招设计应能凸显品牌的独特特点和形象，让顾客能够迅速识别和联想到品牌。使用品牌标志、标语、颜色等元素，帮助建立品牌的辨识度和认知度。

（3）综合店铺情况：店招设计应结合店铺当前的营销策略、配色方案、主推商品等情况进行设计。与店铺整体风格和定位相一致，能够更好地传达店铺的特色和价值。

2.1.3　店铺 Banner

1. 店铺 Banner 的定义

当客户进入旺铺页面第一眼看到的就是阿里巴巴国际站店铺 Banner，店铺 Banner 的设计决定着客户对商家的第一印象，如图 2-1-5 所示。

店铺 Banner 主要由产品图或模特、文案、背景和点缀物组成。其中，主体部分一般是产品、模特或文案，背景和点缀物则用于烘托主题、营造氛围并突出主体内容。通过店铺 Banner 快速传递信息，引导和激发消费者的购买欲望。

阿里巴巴国际站 PC 端图片高度有三种，即 250 像素、350 像素和 450 像素，建议上传尺寸为 1 200×350 像素的，图片仅支持 JPG 和 PNG 格式。

图 2-1-5　店铺 Banner 示例

2. 店铺 Banner 的布局方式

（1）左右布局：产品和文案采用左右布局方式，清晰、直观、容易分辨。

（2）左中右布局：一般文案放在中间，两边是远近搭配的模特或者产品，增加画面层次感。

（3）上下布局：此类布局适合产品和文案的结合，适合大促风格中产品较多的情况。

（4）居中辐射式布局：以中心开始布局向外扩张，此类布局一般将文字作为中心，突出主标题，把其他主题元素环绕在文字周围，构图自然稳定、空间感强。

3. 店铺 Banner 的设计理念

（1）简洁有序，细节点缀：在店铺首页 Banner 设计中，避免过多的主体商品，以免画面显得杂乱。在细节上，注重前后呼应，避免不必要的添加。

（2）有序排列，分主次：合理排列店铺 Banner 元素，包括背景、商品和文案，进行有条理的分类整理和提炼，突出主要信息。同时，注意划分主次，确保背景不过于突出，促销信息明显可见。

（3）合理留白：在店铺首页 Banner 设计中适当留白，为客户提供简洁舒适的视觉体验，减轻视觉负担，营造好的印象。

（4）精选配色：配色方案要考虑背景、标题、元素和产品素材的配合关系。优秀的配色方案能够带来愉悦的感官体验，并激发用户的情感。配色要与品牌风格相符，例如，美妆行业可避免深色背景，除非是高端品牌，深色背景能够传达奢华感；电器行业常使用科技蓝色；食品行业可运用橙色增加食欲或绿色展现健康感。常用的对比色原则是选择三种颜色，其中一种作为主色，其他两种作为辅助色，以实现明暗对比，突出产品与背景的差异。

【任务实施】

2.1.4　旺铺设计与制作

1. 旺铺模块添加

（1）进入阿里巴巴国际站后台"店铺管理"板块的"全球旺铺"页面，点击"装修页面"按钮，新建旺铺模板，如图 2-1-6 所示。

图 2-1-6　新建旺铺模板页面

（2）版本创建好后，可进行编辑、设置、复制、删除、预览等操作；选择需要装修的版本，点击"编辑"，进入该版本的编辑器，如图2-1-7所示。

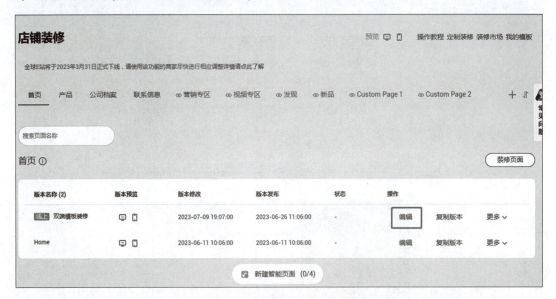

图 2-1-7　进入装修页面编辑器

（3）在编辑页面中，选择左侧模块区域中的任一模块，拖动到右侧的店铺展示区，完成模块添加，如图2-1-8和图2-1-9所示。

图 2-1-8　选择模块页面

（4）点击模块可进入模块内容编辑页面，根据装修需求来设置模块内的展示内容，设置完成后点击保存即可，如图2-1-10所示。

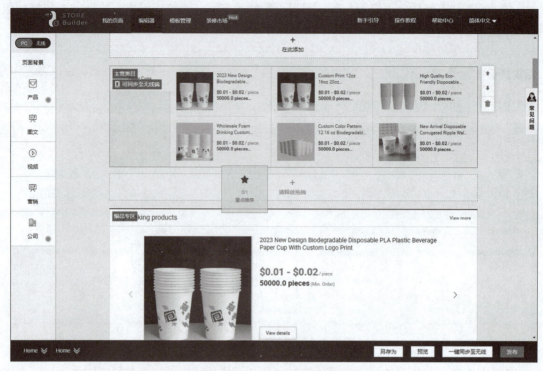

图 2-1-9　拖动添加模块页面

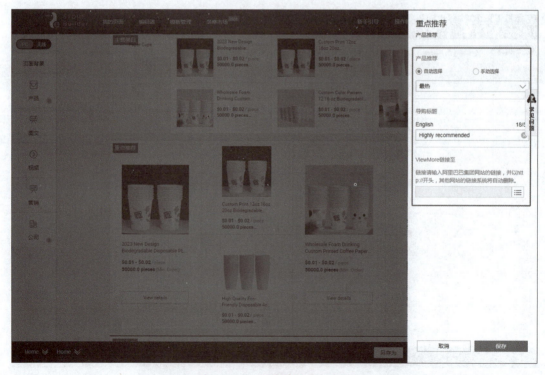

图 2-1-10　设置模块展示内容

（5）旺铺模块添加设置完成后，点击页面右下角的发布按钮，将装修好后的旺铺模板同步到店铺首页，如图 2-1-11 所示。

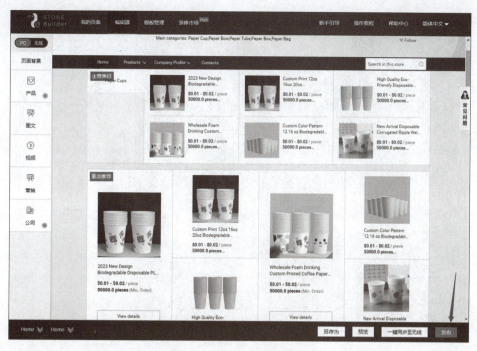

图 2-1-11　发布旺铺模板页面

2. 设计与上传店招

（1）打开 Photoshop 软件，新建一个 1 200×280 px 的画布，导入已经设计好的 LOGO、文案、图片等内容，根据店招设计规范进行设计排版，如图 2-1-12 所示。

图 2-1-12　Photoshop 新建画布

（2）进入国际站后台"店铺管理"板块的"全球旺铺"页面，选择需要装修的旺铺版本，进入版本编辑页面。点击首页上方的"店招"模块，进入店招设置页面，如图 2-1-13 所示。

（3）上传制作好的店招，公司简介可设置为"显示"或"隐藏"。若店招底图已经包含公司简介，则设置为"隐藏"。店招底图设置为"显示"，店招图片建议尺寸为 1 200×280 px，但图片下方实际是有 44 px 被导航条遮挡的，请注意给店招的内容留出空间。上传完成后点击保存。

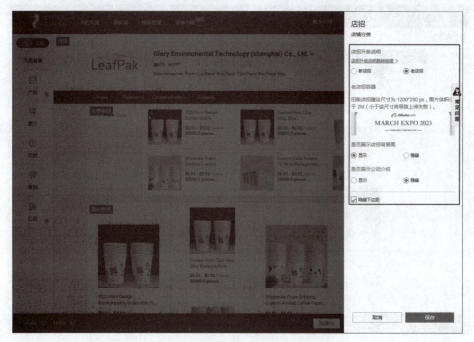

图 2-1-13　设置旧店招

（4）如需使用新店招，在店招模块设置中，选择"新店招"，上传公司品牌形象图，建议尺寸为 400×240 px，图片体积须小于 2 M，上传完成后保存即可，如图 2-1-14 所示。

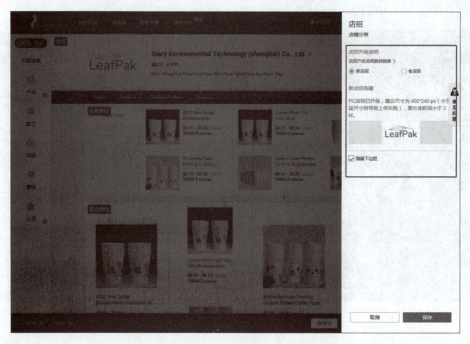

图 2-1-14　设置新店招

2.1.5　设计与上传店铺 Banner

（1）在设计店铺 Banner 前，需要明确设计目的和目标，了解目前客户的需求与偏好。

收集与 Banner 主题相关的素材，包括产品图片、品牌标识、文案和背景图片等。根据目标和受众，确定 Banner 的整体设计概念，包括布局、配色、字体等要素。

（2）利用 Photoshop 软件或在线设计网站，根据设计理念和准备好的素材进行海报设计。在线设计的网站包括创客贴（www.chuangkit.com）、稿定设计（www.gaoding.com）、懒设计（www.fotor.com.cn）等，如图 2-1-15 所示。

图 2-1-15　创客贴在线设计网站页面

（3）进入国际站后台"店铺管理"板块的"全球旺铺"页面，选择需要装修的旺铺版本，进入版本编辑页面。在左侧的"图文"模块中，找到横幅模块，拖动到需要展示的位置，如图 2-1-16 所示。

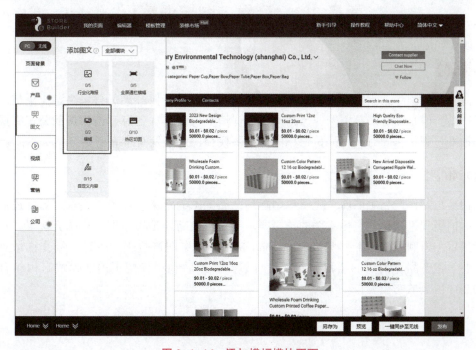

图 2-1-16　添加横幅模块页面

（4）在横幅模块设置中，选择横幅高度，上传设计好的店铺 Banner 图片。店铺 Banner 图可上传多张，上传完成后设置图片展示顺序和轮播时间，点击"保存"，完成店铺 Banner 的上传工作，如图 2-1-17 所示。

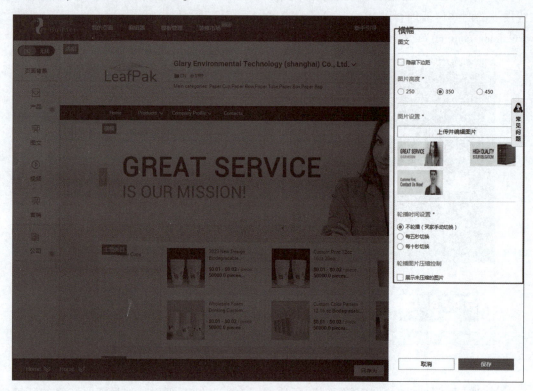

图 2-1-17　横幅模块设置页面

任务 2.2　产品主图与详情页

【任务描述】

云海公司的国际站刚刚完成注册开通，网站上还没有任何产品。公司决定先上传一批运动水壶产品，但是没有产品主图，另外产品的详情页也没有准备好。请你帮助公司完成产品主图的拍摄与制作，同时制作一份通用的详情页模板，用于发布水壶产品。

【任务分析】

在拍摄与制作产品主图前，先了解国际站产品主图的定义、规范与要求，另外还需要学习相关的拍摄理论知识，包括主图的拍摄要求、拍摄技巧、拍摄角度、构图方法等。在完成主图拍摄后，再利用修图工具例如 Photoshop 软件，对主图进行美化处理。制作详情页模板前，需要学习产品详情页的组成，熟悉设计思路，最后利用详情页内的模块自由组合定制化，完成详情页的制作工作。

【知识储备】

2.2.1　产品主图

1. 产品主图的定义

产品主图，指的是在发布或编辑产品时，在产品详情信息中展示的主要产品图片。在客户搜索目标产品时，主图是客户首次接触到的视觉元素，重要性不言而喻。它直接影响客户对产品的第一印象，并在很大程度上决定客户是否愿意进一步了解和购买产品，如图 2-2-1 所示。因此，在制作产品主图时，需要以美观和突出产品特点为目标，通过吸引人的形象和视觉效果，激发客户的购买欲望和兴趣。每个产品最多可上传 6 张产品主图，卖家可以通过多角度展示产品的细节、卖点、使用效果等。

课件

图 2-2-1　产品主图展示

2. 产品主图的规范要求

（1）图片背景：主图建议采用浅色底或虚化素色自然场景，推荐使用白底，不建议深色背景、彩色背景及杂乱的背景。

（2）图片主体：建议重点展示单个产品，凸显产品的特点。另外，产品主体展示不宜过大过小、不完整。若产品包含多个物体时，展示不可超过 5 个物体。如需多图拼接，主体应突出，小图不宜过多，建议 5 个以内。

（3）图片 Logo：统一摆放在图片左上角。产品图片为深色底时，Logo 反白；产品图片为浅色底时，Logo 正常展示。在非必要情况下，不建议在产品主图上添加 Logo。

（4）图片尺寸：建议图片尺寸大于 640×640 px，建议图片正方形，图片要求清楚不模糊、主题鲜明、图片清晰，单张不超过 5 M，支持 jpeg、jpg、png 格式。

（5）图片文字与边框：主产品图片上不允许出现文字、水印、促销类文字、二维码、认证标识等，干扰产品展示的信息。另外，不建议给主图加上边框，影响美观。

3. 产品图片的拍摄要求

（1）高清晰度：确保照片清晰、细节可见，避免模糊或像素化的情况。

（2）良好的光线：选择适当的照明条件，避免过暗或过亮的影响。自然光或专业灯光都可以提供均匀和柔和的照明效果。

（3）色彩准确性：确保照片中的颜色真实，与实际产品一致。避免过度的色彩饱和或色差。

（4）产品细节突出：通过合适的角度和拍摄距离，突出产品的关键细节和特点。这可以帮助客户更好地了解产品的外观、质感和功能。

（5）背景简洁：根据产品的风格和特点选择合适、简洁、清晰的背景，以凸显产品为主体。通常在国际站中，都是以白色底图为背景图，这样可避免出现与产品无关的杂乱元素。

（6）多角度展示：提供多个角度的照片，让客户可以全面了解产品，包括正面、背面、侧面、细节等不同角度的照片。

4. 产品图片的拍摄技巧

在拍摄照片之前，要为拍摄时的产品构图和取景做好前期准备工作。将所要拍摄的产品、道具、外包装等进行合理的组合，设计合适的摆放角度来体现产品的特点和价值。当产品正对着镜头时，会显得过于呆板，无法展示出产品个性。建议在拍摄时将商品倾斜 30°~45°摆放，在拍摄出的效果会更好。另外，一些扁平的商品可以竖立摆放，在提升产品档次的同时又一目了然，更加直观。

对于个体展现难以吸引顾客目光的产品，可以尝试把多款相同产品错落有致地摆放，通过巧妙的图片内容设计展现商品的独特美感。在摆放多件产品时，需要同时考虑造型美感和构图合理性，以避免喧闹和杂乱的效果。布局时应注意采取疏密相间、有序摆放的方法，使画面呈现饱满丰富的效果，并保持节奏感和韵律感。通过精心的展示布局，提升产品的吸引力和视觉效果，吸引顾客的关注和兴趣。

消费者在购买产品时，除了关注产品的外观，也会关注产品的内在细节。因此，适当地展示产品内部细节也是吸引客户的重要手段。

5. 产品图片的拍摄角度

（1）外观细节：产品外观细节是产品拍摄的重要部分，可以通过拍摄产品的外观，展示产品的细节特征，如产品的材质、纹理、颜色、尺寸等。这个角度的照片可以突出产品的外观特点，让消费者更好地了解产品的外观。

（2）使用场景：产品使用场景的照片可以展示产品在实际使用中的效果，让消费者更好地了解产品的使用方法和应用场景。这个角度的照片可以突出产品的实用性和便利性，帮助消费者更好地理解产品的使用价值。

（3）功能特点：产品功能特点是产品拍摄的另一个重要部分，可以通过拍摄产品的功能特点，展示产品的功能特点、性能指标、操作方式等。这个角度的照片可以突出产品的功能特点，让消费者更好地了解产品的功能和性能。

（4）品牌形象：产品品牌形象是产品拍摄中的另一个重要部分，可以通过拍摄产品的品牌形象，突出产品的品牌形象和品牌价值。这个角度的照片可以增强消费者对品牌的认知和信任感，提升品牌形象和品牌价值。

（5）对比效果：具有对比效果的产品照片可以让消费者更直观地了解产品的特点和优势。可以通过拍摄不同产品之间的对比效果，突出目标产品的优势和特点，让消费者更清晰地了解产品的特点和优势。

6. 产品图片的构图方法

（1）中心点构图：其特点就是把拍摄产品置于画面中心，人们的视觉焦点也会聚集在主体上，符合人的视觉习惯，使得主体显得更为突出。这样的构图方法适合白底图等其他单一背景拍摄，没有其他物体的干扰，重点突出产品，其自然而然就成了画面的焦点。

（2）对角线构图：其特点是把产品主体呈对角线放置，通过产品把画面均衡得很好，且还利于展示更多的产品细节和质感。长款的产品以及画面中出现的产品数量较多时可以选择这种构图方法。

（3）三分构图法：三分构图法也叫井字构图法，其特点是将画面用两条横线和两条竖线以相同间距将画面切分为九等分，将产品放置于相交的点或者线的位置上。这些交点和分割线即摄影中常见的黄金分割点和黄金分割线。利用将画面放置于"趣味中心"的方法，使得画面更加舒适。这一方法最灵活且最万能，适用于各种类目的照片拍摄和海报设计。

（4）三角形构图：是把产品放置形成一个三角的形状。在产品摄影时用三角形构图，很容易带来一种图形的美感。这种构图方法适用于产品数量较多的情况。

（5）框架构图：把产品井然有序地放置，使得产品看起来是在一个框架内。使用框架构图拍摄的图片，会有一种秩序美，同样也更加适合多产品的情况。

2.2.2　产品详情页

1. 产品详情页的组成

产品详情页是客户获取产品所有信息的主要途径，当客户在国际站平台搜索关键词后，会获得许多产品搜索结果，此时客户可以通过点击产品主图进入产品详情页。在产品详情页中，买家可以了解更多关于产品的详细信息，例如产品的功能、款式、材质、尺寸、使用方法等属性，从而更好地选择适合自己的产品。产品详情页一般由以下部分组成：

（1）产品信息板块：在该板块中展示产品属性参数表格、优势描述、多角度细节图、应用场景图以及包装等信息，全面展现产品的特点和价值，让客户对产品有更深入的了解。

（2）产品推荐板块：推荐店铺最近热销产品、相似款产品、促销折扣产品以及最新上架产品，利用产品推荐进行二次引流，提升店铺访客的询盘交易转化。

（3）公司信息板块：展示公司的描述介绍、办公室图片、工厂图片、样品间图片、展会图片、合作伙伴和资质证书等，展现公司实力和信誉，增加客户对公司的信任感。

（4）促进交易板块：展示商家售前售后服务、买家真实评价、买家真人秀、下单流程图等内容，增加客户对购买决策的信心，进一步提升客户交易的愿景。

（5）产品答疑板块（FAQ）：总结列举客户经常提出的问题，并提供相应解答，帮助客户了解更多细节问题，提供便利的同时也节约了双方的沟通时间。

2. 产品详情页的设计思路

（1）展示产品信息：通过清晰、准确地呈现产品的关键特点、规格、功能和优势，可以引起客户的兴趣，并帮助他们确定是否符合他们的需求和偏好。优秀的产品信息能够提供有价值的信息，为客户提供决策依据，促进购买意愿的形成。因此，在编写产品信息时，需要精心挑选关键信息，并以简洁明了的方式呈现，以便客户能够快速获取所需信息，从而实现更高的转化率和销售效果。

（2）展示产品优势：客户对产品有一定了解后，卖家可以通过综合运用图片、文字和视频等多种方式展示产品的优势，让客户更直观地了解产品的特色和优点。通过精心选择高质量的图片和有吸引力的视频，结合富有吸引力的文案说明，可以有效地吸引客户的注意力，突出产品的独特卖点，并满足他们的购买需求。

（3）激发购买欲望：在展示产品功能优势后，向客户明确告知产品的突出功能，能为客户解决哪些实际问题，带来什么样的帮助和影响。增强客户的认知和信心，以此激发客户的购买欲望。

（4）赢得客户信任：在产品同质化普遍的情况下，想要让客户下单，必须要先获得客户的信任。通过展示企业的实力，例如企业证书、技术报告、客户回馈、合作客户伙伴、工厂实力、展会等相关信息，这些材料都具有足够的客观性、权威性、可靠性和可见证性。

（5）关联产品营销：作为站内引流的重要渠道，通过详情页关联其他产品营销，能够有效降低旺铺的流失率，通过在详情页中展示相关产品，引导客户继续浏览其他产品，增加他们在旺铺内的停留时间。关联其他产品可以增加客户的访问深度，提高对其他产品的兴趣和认知。这种关联营销可以最大化旺铺的流量转化，将潜在客户转化为具体的询盘和订单，进一步促进业务增长。

（6）提升视觉美观：确保详情页的颜色搭配统一，避免过于花哨而无法突出重点文字。选择适合产品和品牌形象的色彩组合，营造统一的视觉效果。确保使用高质量的图片，避免像素低或布局混乱的图片。清晰、精美的图片能够增强产品的吸引力，提升用户体验。对于没有设计经验的人来说，可以寻找适用于本行业的案例模板作为参考。模仿其设计风格，并利用其中的设计元素，将自己整理的卖点和思路巧妙地融入其中，进行视觉上的重组。

【任务实施】

2.2.3　主图与详情页制作

1. 产品主图制作

（1）准备拍摄设备：选择单反相机或高画质手机作为拍摄设备，确保拍摄图片的清晰度和色彩还原度。

（2）确定拍摄环境：选择适合产品展示的拍摄环境，考虑光线明亮、背景简洁和无干扰的背景。建议使用白色背景板，方便后期产品图片的调整处理。

（3）设置产品布局：将产品放置在合适的位置，注意产品的摆放角度和组合，展示产品的特点和功能。

（4）调整光线和角度：确保产品受到适当的光线照射，避免阴影和过度曝光。尝试不同的拍摄角度来呈现产品的不同视角。

（5）拍摄多张照片：通过不同角度拍摄产品，包括整体外观、特定功能和细节特写等，保证照片的清晰度和色彩准确性。

（6）图片处理：在 Photoshop 中新建一个 1 000×1 000 以上的像素画布，将拍摄好的图片拖入并调整，确保产品主图为方形，产品展现在图片中心位置，同时需要对图片的色彩、细节进行调整处理。为了保证统一美观，卖家还可利用 Photoshop 中的钢笔工具对图片进行抠图处理，使其背景为白色底图，简洁明了，如图 2-2-2 所示。调整完成后，保存为 jpg 格式。

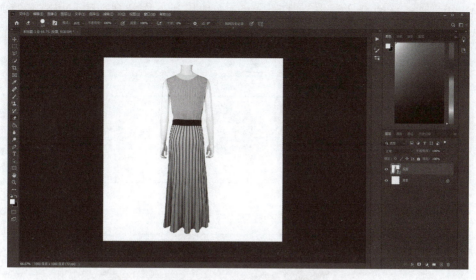

图 2-2-2　利用 Photoshop 对图片进行抠图处理

2. 产品详情页制作

（1）准备详情页所需的素材，包括产品图片、产品的属性参数信息、产品应用场景图与包装图、公司描述介绍、办公室图片、工厂图片、展会图片、相关认证证书、FAQ、买家评价等相关资料。

（2）进入国际站后台"商品管理"板块的"商品发布"页面，选择产品类目与类型后，进入商品发布页，找到商品描述板块后，进入产品详情描述编辑页面。

（3）根据产品类型选择模板，若产品与推荐的详情模板不匹配，则选择"基础模板"。开启"智能装修"功能，详情页模板会自动带入已填写的数据（产品图片、视频、规格属性、物流信息、企业信息等），如图 2-2-3 所示。

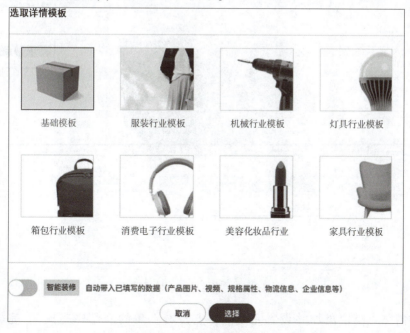

图 2-2-3　选取详情页模板

（4）根据详情页的设计需求，选取左侧的功能模块，拖动到详情页中完成添加，如图 2-2-4 所示。

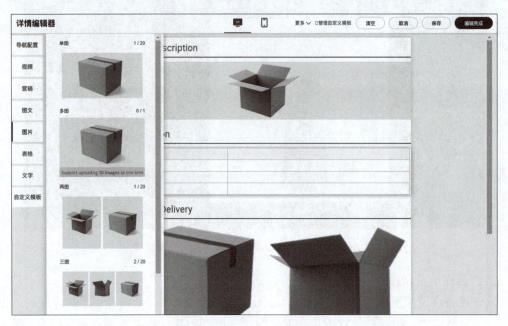

图 2-2-4　添加功能模块

（5）在详情中点击添加的功能模块，在模块设置页面中，上传准备好的素材，如图 2-2-5 所示。

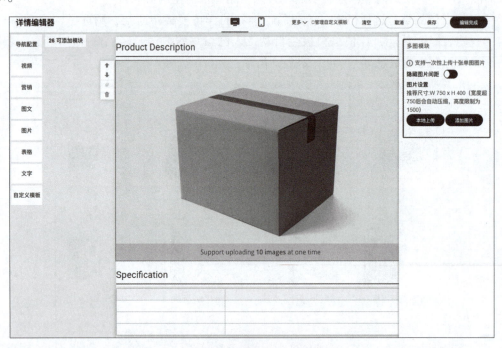

图 2-2-5　功能模块详情设置

（6）详情页的模块添加并设置完成后，点击右上角的"编辑完成"，完成详情页的制作。

任务 2.3　短视频运用

【任务描述】

为了更好地展示公司形象与产品特点，获取更多的流量，云海公司决定在旺铺首页展示公司视频，给已经发布的水壶产品制作主图视频，同时积极参加国际站的 Tips 视频话题投稿。请你协助公司，完成主图视频、旺铺视频、Tips 视频的拍摄与制作。

【任务分析】

在进行主图视频、旺铺视频、Tips 视频的拍摄与制作前，首先要了解这三种视频的内容区别与展示位置，以及国际站对这些视频的要求有哪些。在拍摄制作 Tips 视频前，还要了解 Tips 视频的内容类型与审核标准，通过参考审核条件与规则，制作出更优质的 Tips 视频。最后，掌握这三类产品的制作与拍摄流程操作。

【知识储备】

2.3.1　产品主图视频

产品主图视频主要展示产品属性、使用效果、品质，其次展示服务信息。通过几十秒的视频，可以清晰地呈现产品的卖点，为买家留下深刻的第一印象。它可以使产品的展示更加直观，吸引消费者的注意力，激发其购买欲望，并促使他们产生购买意愿。

课件

主图视频时长不超过 45 s，商品展示视频建议不少于 20 s，视频推荐画幅为 16：9 或 1：1，最小分辨率为 720 P，视频大小不超过 100 M，展示位置在产品首图第一张，如图 2-3-1 所示。

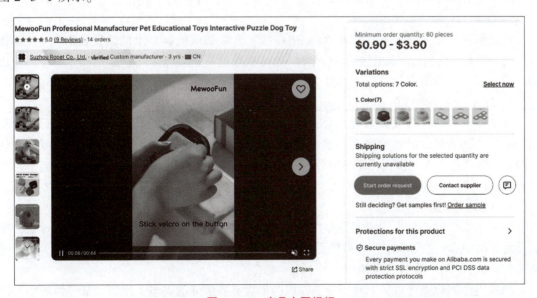

图 2-3-1　产品主图视频

2.3.2 旺铺视频

旺铺视频的展示位置通常在店铺的首页和公司简介页面上，它能够帮助买家更全面地了解公司，如图 2-3-2 所示。通过旺铺视频展示公司的实力，买家可以获得真实的感觉，增加对公司的信任感。旺铺视频的展示能够为买家提供有关公司的信息，加强与买家之间的连接，提升买家对公司的兴趣和信赖度。

旺铺视频以公司规模、认证资质、售后服务等服务和实力相关内容为主，推荐时长为 1 min，推荐画幅为 16∶9，最小分辨率为 720 P，视频大小不超过 100 M，

图 2-3-2　店铺首页旺铺视频

2.3.3　Tips 视频

1. Tips 视频的定义

Tips 视频是一种发布在 Tips 平台或其他外部平台上具有传播性的视频类型，它是商家发布种草短视频的主要渠道之一，优质的 Tips 视频能够获得更多的公域展示机会，从而帮助商家吸引更多潜在客户。视频通常以真人出镜进行讲解或演示，展示产品的特点、测试产品的性能或展现商家的实力。其核心在于传递温暖和真实感，建立买家对商家的信任。Tips 视频的特点是在最短的时间内吸引观众的注意力并激发潜在客户的兴趣，引导他们向商家发送询盘。

Tips 视频是由"粉丝通"或者"Feeds 视频"升级而来的，显示的位置依旧在 PC 端首页、App 端底栏的位置，如图 2-3-3 所示。Tips 视频通过进入国际站后台"媒体中心"板块的"发布管理"页面进行发布，如图 2-3-4 所示。

2. Tips 视频的审核标准

日常发布的 Tips 视频，系统只会进行基础机审，机审完毕的质量等级只有"低质"和"普通"，不影响视频的基础曝光和推荐；如希望成为"优质"或"精品"视频，可参与话题投稿，则会进入人工审核，审核时效为 7 个工作日内。优质视频或精品视频会获得平台的更多流量扶持，相对的低质视频不会得到任何流量。Tips 视频的审核标准如表 2-3-1 所示。

3. Tips 视频类型

买家在 Tips 频道更关注如何寻源找到可靠的产品和商家，根据市场趋势该采购什么，交易及行业的专业知识等内容，所以国际站将内容定义为三大方向，如"专业知识""如何选商""如何选品"并进行流量倾斜。

（1）专业知识：严肃买家对于专业知识的干货有着很强的兴趣，比如在某一领域中，用通俗的语言讲解专业的背景知识、原理、现象、应用、方法、趋势等，并结合产品的真实使

用场景，利用短视频视觉化的形式，更好地帮助买家做出采购决策。

（2）如何选商：买家在寻找供应商过程中及与商家的沟通过程中，会遇到很多问题，比如不了解商家的专业水平、生产实力，不知道该怎么选择海外商家产品，不清楚商家是否满足自己的产品需求，此时，商家可以通过视频形式展示自己的工厂实力、流水线定制能力、资质服务等信息，从而获取买家的信任。

（3）如何选品：B 端买家在浏览视频寻找产品的过程，除了产品外观，它的材料、性价比以及真实的使用效果都是买家关心的内容，短视频可以通过讲解产品的生产流程、材料结构组成、不同价位产品对比、真实使用效果来体现这些特点。

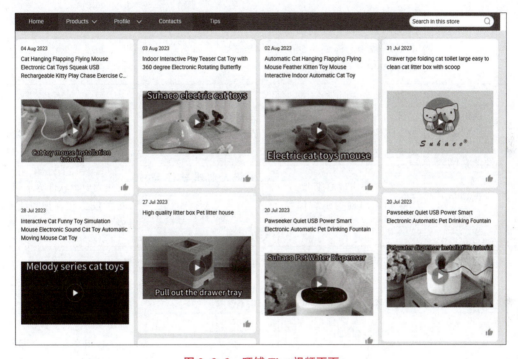

图 2-3-3　旺铺 Tips 视频页面

图 2-3-4　Tips 视频发布管理页面

表 2-3-1　Tips 视频的审核标准

类型	规则	低质表现	普通表现	优质表现
音画基础体验	视频总时长	小于 10 s，大于 3 min	10 s~3 min	建议 45 s 左右
	尺寸	其他不规范尺寸	【3：4】或【16：9】或【9：16】或【1：1】	【3：4】或【16：9】或【9：16】或【1：1】建议尺寸竖屏 9：16
	分辨率	分辨率低于 720 P，码率小于 24 帧/s（指尺寸低于 1 280×720，帧宽度或帧高度低于 720，标清－540，低清－360），均为低质	分辨率高于 720 P，码率大于等于 24 帧/s	分辨率高于 720 P，码率大于等于 24 帧/s
	视频音画节奏	语速拖沓，听觉不适视频开头缓慢，表述啰唆，整体节奏拖沓，大篇幅无意义内容	语速适中节奏适中	语速适中节奏轻快舒适，不拖沓
	视频 logo 水印	视频开头出现商家 Logo 视频中出现剪辑软件等水印	视频无剪辑软件等水印商家 Logo 仅在视频结尾处出现	视频无剪辑软件等水印商家 Logo 仅在视频结尾处出现
	背景音乐	出现有中文人声唱歌词的音乐（版权问题）	非中文歌词或轻音乐	轻音乐
	声音	全程无声或噪声杂乱	干净清楚	干净清楚
	字幕	全场无英文解说字幕或卖点字幕	有 1~2 条英文字幕	含英文解说时，只要封面有视频内容相关英文字幕即可无英文解说时，除封面需要字幕外，视频内容也需要有 3 条及以上视频内容相关的字幕
	内容	内容逻辑混乱，无意义	内容单一专业性不强	内容丰富专业性强

【任务实施】

2.3.4　视频拍摄与制作

1. 产品视频拍摄与制作

（1）规划和准备：确定视频的目的和风格，制订拍摄计划和剧本。收集所需的拍摄设备和道具，确保充足的光线和适当的拍摄环境。

（2）脚本和讲解：编写或整理好产品的脚本，准备清晰明了的讲解词。考虑要传达的信息和要突出的卖点，确保讲解内容简洁有力。

（3）拍摄技巧：使用稳定器或三脚架保持画面稳定，避免晃动和模糊。多角度拍摄产品的不同特点和细节。注意灯光的使用，确保产品清晰可见。

（4）拍摄内容：围绕产品的功能卖点、外观材质、使用场景、产品包装、外观细节等角度进行拍摄，不同产品拍摄的角度和内容不同。

（5）视频粗剪：利用剪辑软件如 Adobe Premiere Pro、爱剪辑、剪映等软件，将视频按照拍摄脚本的顺序进行播放，剪掉不必要部分，形成影片初样。

（6）视频精剪：在粗剪的基础上，通过视频镜头的流畅调节、镜头的修整、声音的处理、背景音乐的添加等一系列操作以提高视频质量。粗剪可搭建短视频的内容框架，精剪可让短视频内容更加丰富。

（7）视频包装与美化：在精剪的基础上，进一步对内容进行整体设计。一般包括调色、添加字幕、添加特效 3 个部分。首先，进行视频画面调色，让视频整体观感一致，具有整体感；其次，可以为视频添加字幕，增加解说，让观众对视频的理解更加全面；再次，增加特效，增强视频的表现力和感染力，突出视频展示的重点，如转场效果、变焦效果等。视频中从一个场景变换到另一个场景，这种变换称为转场。转场是添加在两个视频片段间的过渡动画，使两个视频片段在转换时产生某种特殊的视觉效果，使得场景的转化自然、平滑、美观和流畅。转场效果包括叠变、卷页、溶解等。

（8）视频渲染：将剪辑后的视频，按照要求格式与尺寸进行渲染生产。

2. 旺铺视频拍摄与制作

（1）拍摄商家实力分镜：商家实力包括硬件实力、设计研发实力和资质认证。硬件实力一般包括办公室及工厂外观和室内工人工作状态，时长在 5~8 s；设计研发实力包括专利证书、研发设计人员办公室等，时长在 3~5 s；资质认证包括证书墙、体系证书、质检文件等，时长在 3~5 s，如图 2-3-5 所示。

分镜1 动态特点展示 根据产品特性选择分镜

硬件实力
办公室及工厂外观和室内工人工作状态；
时长：5~8s

设计研发实力
专利证书、研发设计人员办公室；
时长：3~5s

资质认证
证书墙、体系证书、质检文件
时长：3~5s

图 2-3-5 拍摄商家实力分镜

（2）拍摄主营产品分镜：分镜包括了产品外观和运行使用，其中产品外观包括主力产品快速集中展示：产品展厅、仓库库存，时长在 5~8 s；运行使用包括主力产品运行使用，时长在 5~8 s，如图 2-3-6 所示。

分镜2 主营产品 根据产品特性选择分镜

产品外观
主力产品快速集中展示：产品展厅、仓库库存；
时长：5~8s

运行使用
主力产品运行使用
时长：5~8s

图 2-3-6 拍摄主营产品分镜

（3）拍摄企业风采分镜：分镜包括服务保障、企业文化及影响力，其中服务保障包括过往交易订单列表、客户会晤、物流及售后等增值服务介绍，时长在 5~8 s；企业文化及影响力包括公益活动、员工风采和参加行业展会，时长在 5~10 s，如图 2-3-7 所示。

图 2-3-7　拍摄企业风采分镜

（4）利用剪辑软件将拍摄好的分镜进行剪辑，并配上配音解说与字幕介绍，同时对视频进行调色、转场设置等优化操作。剪辑完成后，按照平台要求进行渲染生产。

3. Tips 视频拍摄与制作

（1）"行业知识"类型视频可参考表 2-3-2 的内容进行拍摄，视频内容需要包含充足的行业知识干货，占 2/3 的时长。切记不要简单地演示产品外观、功能，没有专业、有价值的信息的输出。

表 2-3-2　"行业知识"类型视频拍摄内容

行业趋势	讲解本行业发展的势头和方向，帮助买家分析背后可能存在的商机等
行业新技术	介绍行业相关的最新技术、工艺等
产业带介绍	讲解本行业产业带能帮助买家采购的信息，包括产业带简介、优势、代表企业等
行业资质讲解	讲解企业在从事某种行业经营中，应具有的资格以及与此资格相适应的质量等级标准等，包括生产资质、出口资质等

（2）"如何选商"类型视频可参考表 2-3-3 的内容进行拍摄，视频内容需要充足的选商信息干货，占 2/3 的时长。切记不要自卖自夸，无逻辑、无证据地讲述自己实力靠谱等。

表 2-3-3　"如何选商"类型视频拍摄内容

工程案例讲解	对已经发生的工程案例进行讲解，包括方案设计、方案实施等环节，例如照明系统工程、安防系统、建筑工程等 不要单纯展示，要进行专业知识讲解，例如为什么这么设计方案，施工过程有哪些注意事项等
供应链组货	讲解组货服务的价值、优势、技巧，帮助买家理解、应用组货服务
海外本地化服务	讲解企业为海外的买家提供买家当地的产品生产、销售、物流、售后等各项服务。如：海外仓、海外售后 不要单纯罗列，要讲解这类服务的价值、优势、注意事项
生产实力	从行业角度入手，介绍行业需要关注的生产实力。如，生产线、样本间、研发能力、定制能力、大牌代工经验、实验室、测试房、设计能力等

（3）"如何选品"类型视频可参考表 2-3-4 的内容进行拍摄，单纯讲解产品部分不得占据视频长度的 1/3 以上，需要有需求分析、市场分析、趋势分析等，切记不要无逻辑、无证据的输出自己的产品是高质量、最好的观点。

表 2-3-4　"如何选品"类型视频拍摄内容

生产工艺	产品生产过程、产品工艺等的介绍 服装常见生产工艺有针织、刺绣等；汽摩配常见工艺有电焊、一体成型等。注意不要纯展示，要做知识讲解
材料构成	对产品材料、材质、成分含量等的介绍 服装常见材质有棉、涤纶等；汽摩配常见材料有碳钢、不锈钢 注意不要纯罗列，要进行知识讲解、可以提供不同采购需求的决策指导
设计理念	介绍"产品为什么这么设计"，主要涉及设计的初衷（如绿色环保低碳）、产品解决了什么痛点等
质量检测	买家或卖家对产品的性能、功能等进行测试或实验，主要涉及产品检测方式、检验流程、检验标准等的说明。 服装常见的有布料的防水、防火、褪色实验；汽摩配常见的有防撞、防水实验、耐久度测试等
如何使用产品	对产品如何安装/调试/使用、产品功能、应用场景等的介绍
保养维修	产品在日常使用中的保养注意事项、零配件维修的教程或注意事项等
性价比分析	产品相对于其他产品性能或价格上的优势，可分为：同质比价、同价比质等 不要单纯自卖自夸，要进行优势讲解
使用效果	主要涉及服装、流行配饰类的上身佩戴效果，机械运转效果、成品展示、家居等搭配组合的效果

（4）进入国际站后台"媒体中心"板块的"视频投稿"页面，可根据投稿活动的主题进行拍摄制作，平台提供了优质的视频内容、脚本参考，结合这些内容进行视频的创作，如图 2-3-8 所示。

图 2-3-8　Tips 视频投稿页面

【项目评价】

旺铺装修是通过精心设计和优化店铺的页面布局、模块、图片、文字、视频等元素，提升店铺的品牌形象和视觉吸引力，以吸引潜在客户的注意并促使其产生购买意愿。通过展示产品特点、公司实力和服务优势，可以增加客户的信任感，提高店铺的点击率、转化率和询盘量，从而实现商业目标的最大化。店招和店铺 Banner 是旺铺第一屏的要素，明确设计的理念和目的，通过优秀的视觉效果和信息展示，给客户留下深刻的第一眼印象。

产品主图是吸引客户注意和引发兴趣的关键元素，通过直观展示产品外观和特点，传达产品的价值和吸引力，促使客户进一步了解和考虑购买。而产品详情页则提供了更详细的产品信息，包括产品描述、属性规格参数、应用场景、优势特点等，帮助客户全面了解产品，解答疑问。另外详情页中展示的公司实力，不仅增加了商家可信度，还为客户进行购买决策提供依据。

主图视频主要展示商品属性、使用效果、品质，服务信息，旺铺视频以公司规模，认证资质，售后服务等服务和实力相关内容为主，Tips 视频通过精简的内容在短时间内用最好的卖点或服务吸引买家。三种类型的视频内容与展示途径各不相同，面向的收看群体也不相同。通过丰富视频拍摄脚本内容，剪辑优化视频的质量，更好地吸引客户，提高平台的交易转化。

项目 2 习题

项目 2 答案

项目 3
产品发布与管理

【项目介绍】

产品发布与管理这一项目，需要我们独立完成产品发布前的准备，发布定制类产品与RTS类产品以及产品发布后的管理等任务。要完成这些任务，需要我们学习查找关键词、筛选关键词、制作整理关键词表、制作产品标题、诊断优化产品标题、发布不同类产品的流程、设置产品分组、分配产品等多项知识内容。

【学习目标】

知识目标：

1. 了解关键词的意义和作用；
2. 了解关键词的获取途径和筛选要求；
3. 了解产品标题的结构与要素，掌握产品标题的制作方法；
4. 了解产品发布前需要准备的资料，以及产品发布的流程；
5. 了解产品的分组与分配等基础管理方法。

技能目标：

1. 掌握产品采集和筛选的方法，学会制作产品关键词表；
2. 掌握产品标题的制作方法，学会诊断标题；
3. 掌握发布产品的完整步骤，了解发布产品的标准化流程；
4. 掌握产品管理的基础方法。

素质目标：

1. 养成良好的工作习惯，在做每一项工作前做好充分准备；
2. 建立良好的互联网思维，培养个人逻辑思维能力；
3. 培养精益求精的工匠精神，养成严谨细致的工作态度；
4. 提升个人的自学能力，培养独立思考和探索的习惯。

【知识导图】

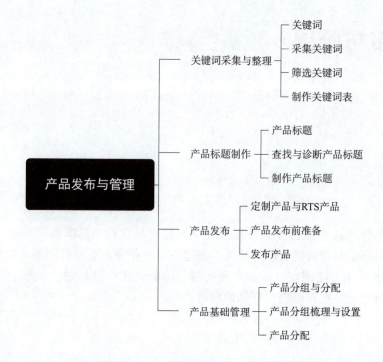

任务 3.1 关键词采集与整理

【任务描述】

香妮尔是一家主营服饰类产品的公司，现公司决定在国际站上传一批夏季女士连衣裙产品。作为平台运营人员，你需要采集女式连衣裙的关键词，并对关键词进行筛选，整理制作成关键词表，用于产品发布。

【任务分析】

在任务开始之前，我们首先需要了解关键词的定义，掌握产品关键词的获取方法，通过不同途径获取更多产品关键词；学习关键词的筛选原则，可以帮助我们更高效全面地筛选出适用的关键词；最后学习关键词表的制作方法，从而完成关键词从采集—筛选—整理成表格的整个流程操作任务。

【知识储备】

3.1.1 关键词

1. 关键词的定义

关键词指的是产品名称的核心词，是对产品名称的校正，便于系统快速识别并准确抓取匹配的产品，方便客户查找。产品关键词是由若干个词根组成的，词根是指能独立表达产品属性或定义的词。

课件

例如：2024 Fashion Casual Women Summer Sleeveless Long Lady Dress

关键词包括：Fashion Dress，Casual Dress，Women Dress，Summer Dress，Sleeveless Dress，Long Dress，Lady Dress

词根包括：Fashion，Casual，Women，Summer，Sleeveless，Long，Lady，Dress

通过搜索关键词与包含该关键词的产品标题完成匹配，系统根据产品的综合质量分的高低排序依次把搜索结果展现给客户。例如客户想在国际站上购买狗的衣服，会搜索关键词 dog clothes，搜索得到的结果如图 3-1-1 所示。除此之外，客户还可以搜索 dog clothing，dog coat，pet clothes，pet clothing 等多个关键词，每个关键词搜索的结果都不相同。因此，在采集关键词前，先了解产品有哪些核心词，通过核心词拓展更多的关键词，可以提升产品被客户搜索到的概率。关键词覆盖越多，流量的入口也会随之增加。

图 3-1-1　国际站"dog clothes"的搜索结果

📑 知识小窍门

核心词：产品关键词的核心词根，代表产品的名称，具备热度高、竞争度高的特点。如 Dress，Shoes，Toys 等，可与其他的产品属性词根、营销词根组合成不同的关键词。

长尾词：可以精准描述产品的词，一般由 2 个或 2 个以上的关键词组成，例如 Dog Chew Toys Pet Accessories 。

蓝海词：产品关键词的一种，又被称为"零少结果词""长尾词"，是指前台具备一定买家搜索热度，但供应商发布产品较少、同行竞争度较低的关键词，这类词的热度有一定时间段，主要包括不同区域的称呼、多语言词。

2. 关键词的获取方法

关键词的获取方法主要包括：①数据参谋里的选词参谋功能。②平台首页搜索栏输入搜索词后的联想推荐词。③同行产品详情页底部的类似搜索推荐词。④外贸直通车的关键词工具。⑤站外途径，例如 Google adwords & trends、站外搜索引擎、亚马逊、推特、Facebook、同行独立站等。

其中数据参谋里的选词参谋是站内获取关键词的最主要途径，主要分为两个板块：引流关键词和关键词指数。

通过引流关键词功能，可以查看某个时间段内店铺流量由哪些关键词引入，包含了这些关键词的关键词指数、总曝光点击次数、直通车推广的曝光点击次数，以及行业 TOP10 商家的平均曝光点击次数。通过对比数据获取有效果的关键词以及同行效果好的关键词。

通过关键词指数功能，可以选择主营产品类目，查看不同时间范围下，不同终端和地区的热门关键词，利用搜索功能，搜索产品的核心词，可以得到包含核心词的所有关键词结果，结果包括关键词搜索指数、搜索涨幅、点击率与卖家规模指数。

📱 **知识小窍门**

关键词搜索指数：买家搜索该关键词频次的加权数据，频次越高搜索指数越高；
搜索涨幅：环比上一个周期的搜索增长幅度，周期可选择最近 7 天或最近 30 天；
点击率：搜索该关键词产生的曝光中有点击的比率，即点击率/曝光量；
卖家规模指数：设置该关键词的商家数量加权值，数值越高，竞争度越激烈。

3. 关键词筛选原则

通过产品的核心词会采集到很多相关的关键词，但不是所有的关键词都适用于产品，因此需要我们对采集到的关键词进行筛选。筛选关键词时主要依据三个方面：覆盖面广，搜索指数高，避免侵权。

1）覆盖面广。

客户通过关键词来搜索产品，关键词覆盖的内容越多、覆盖面越广，能被搜索到的概率就越高。因此在筛选的过程中，要尽可能留下契合产品的关键词。

2）搜索指数高。

搜索指数是指买家搜索该关键词的频次数据，频次越高搜索指数也就越高。换而言之搜索指数也代表了产品的关键词热度，热度越高的关键词，搜索的客户会越多。搜索指数是一个重要参考指标，指数太低的关键词就代表客户搜索的次数很小，这类关键词往往就会被筛除掉。在参考搜索指数的时候可以选择 7 天或者 30 天，30 天的搜索指数更能反映一个关键词的真实热度。

3）避免侵权。

在采集关键词的时候，往往会有些包含了品牌的关键词也在其中，这类关键词在未经品牌方授权的情况下使用是违规的，严重情况下店铺会因违规用词被扣分、屏蔽、关店，因此对这类品牌关键词的筛选要更为仔细，在遇到不能肯定是否为品牌词时，可以到国外品牌查询网站上进行检索确认。在关键词使用的过程中，一定要避免侵权问题。

4. 构成品牌侵权的行为表现

一切侵害他人注册商标权益的行为，都是侵犯商标权的行为。根据《商标法》第 52 条的规定，侵犯注册商标专用权的行为主要包括以下几种：

（1）未经注册商标所有人许可，在同一种商品或类似商品上使用与注册商标相同或近似的商标的行为。

（2）未经商标注册人同意，更换其注册商标并将该更换商标的商品又投入市场的行为。这种行为在理论上也称为"反向假冒"行为。

（3）销售侵犯注册商标专用权的商品的行为。结合《商标法》第 56 条第 3 款的规定：销售不知道是侵犯注册商标专用权的商品，能证明该商品是自己合法取得并说明提供者的，不承担赔偿责任。因此，这种形式的商标侵权行为是需要销售者主观明知为要件的。

（4）伪造或擅自制造他人注册商标标识或者销售伪造、擅自制造的注册商标标识的行为。须注意的是，这种侵权行为是商标标识的侵权行为，包括"制造"和"销售"两种行为。

（5）给他人的注册商标专用权造成其他损害的行为。

5. 关键词表的定义

关键词表是根据产品的不同品类把相应的关键词进行整理归纳，并制作成表格。例如女士毛衣、女士连衣裙、女士外套、女士大衣等，每个类型的产品对应一个关键词 Excel 表。关键词表中的内容应该包含关键词、搜索指数、搜索涨幅、点击率、卖家规模指数等数据，如表 3-1-1 所示。根据搜索指数高低进行排序，同时设置关键词的类型，例如热门关键词、蓝海词、近期热度飙升词等，便于发布产品、制作标题、广告推广时能通过数据筛选功能，获取合适的关键词。

表 3-1-1　产品关键词

关键词	搜索指数	搜索涨幅	点击率	卖家规模指数	关键词类型
women's weaters	2 155	43. 90%	0. 28%	199	热门关键词
plus size women's sweaters	559	52. 74%	0. 28%	95	热门关键词
sweater women	159	6. 48%	7. 88%	118	热门关键词
sweaters for women	60	−29. 25%	6. 41%	98	热门关键词
sweater dress women clothing	59	139. 53%	4. 21%	75	热门关键词
women sweaters 2022	36	5. 63%	6%	53	热门关键词
woman sweater	33	97. 06%	2. 24%	71	热门关键词
sweaters for women 2022	30	−11. 36%	11. 11%	31	中等热度词
woolen sweater for women	26	65. 45%	5. 49%	20	蓝海词
sweater dresses winter women	24	203. 57%	0%	27	蓝海词
winter sweater women	24	394. 12%	0%	69	中等热度词
cardigan sweater women	24	28. 57%	7. 41%	86	中等热度词
long sweater cardigan women	23	−1. 28%	5. 19%	35	中等热度词
v neck sweater women	21	1 675%	1. 41%	15	蓝海词

关键词表建议定期及时更新，一方面是帮助卖家了解到最新的关键词指数变化，另一方面可以从中获取最新热门的关键词，不断丰富关键词库中的内容。

6. 产品关键词设置的常见误解和解释

（1）三个关键词必须填满。

解释：是否填满并不影响搜索结果顺序，主关键词必填，另两个关键词是供您在产品有多种叫法的时候使用，如果没有则不用非得填满。

（2）关键词比产品名称重要，所以名称可以很简单，关键词填写好就可以。

解释：产品名称是第一匹配要素，关键词是对产品名称的校正，两者都需要认真填写。

（3）用不同的或者相近的关键词不断发布产品信息对搜索排序有利。

解释：这种铺词行为会导致您网站上出现大量的重复产品，严重影响买家体验；并且产品越多，管理维护的成本也就越大，会导致网站上出现大量零效果产品，产品数量越多、零效果产品的占比越大，排名受影响的程度也会越大。

（4）三个关键词写得一样对排序有利。

解释：三个关键词写得一样跟就写一个关键词在搜索中的效果是一模一样的，且关键词对排在前面还是后面没有影响作用。

【任务实施】

3.1.2　采集关键词

（1）在阿里巴巴国际站首页搜索栏中输入关键词，采集下拉框中联想的产品关键词，如图 3-1-2 所示。

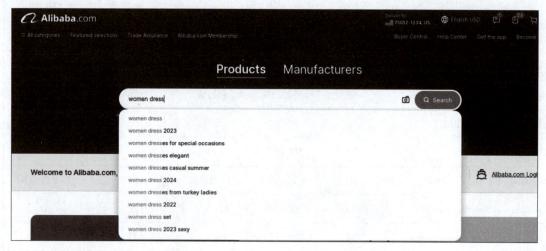

图 3-1-2　搜索栏下拉框联想的产品关键词

（2）在关键词搜索结果页面中点击查看同行产品，下拉到产品详情页底部采集系统推荐的类似搜索关键词，如图 3-1-3 所示。

（3）进入国际站后台"营销中心"板块的"外贸直通车"页面，利用推广计划中的关键词工具输入关键词，采集搜索得到的关键词，如图 3-1-4 所示。

（4）进入国际站后台"数据参谋"板块的"选词参谋"页面，在"关键词指数"页面中输入关键词，根据需要设置时间范围，采集搜索得到的关键词，如图 3-1-5 所示。

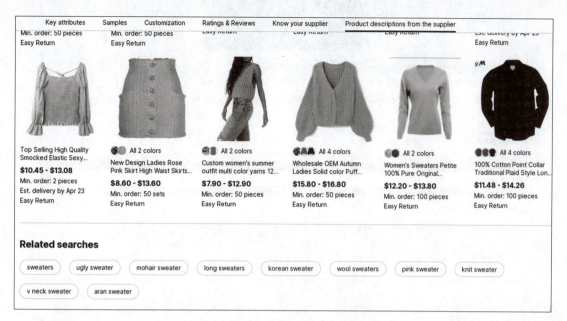

图 3-1-3　同行产品详情页底部类似关键词

添加更多关键词

系统推荐　按词组搜索　检索加词

最近7天　所有类目　未设置为关键词　请输入关键词　确定　精确查询

买家搜索词	搜索指数	前10坑位点击率	APP搜索指数	卖家规模	推广评分	建议出价
Men's Jackets	2825 -1%	2.98% -7%	2665 -2%	>100 -0%	★★★★★	¥3.5
Men's Sweaters	991 -3%	3.18% +29%	873 -6%	>100 -1%	★★★★★	¥4.1
sweater men	697 -4%	2.89% -4%	599 -8%	>100 +0%	★★★★★	¥4.5
sweaters for men	805 -12%	2.82% -12%	774 -14%	>100 -1%	★★★★★	¥3.0
DESIGN JACKET	196 -14%	2.44% -17%	180 -15%	>100 -1%	★★☆☆☆	¥4.4
MAN DOWN JACKET	289 -42%	8.38% +115%	248 -44%	>100 +0%	★★★★☆	¥3.0
CUSTOM MAN JACKET	63 -35%	0.00% -100%	48 -38%	>100 +0%	★★☆☆☆	¥3.0
men's cardigan	330 -3%	3.15% -3%	316 -4%	>100 -2%	★★★★★	¥3.0

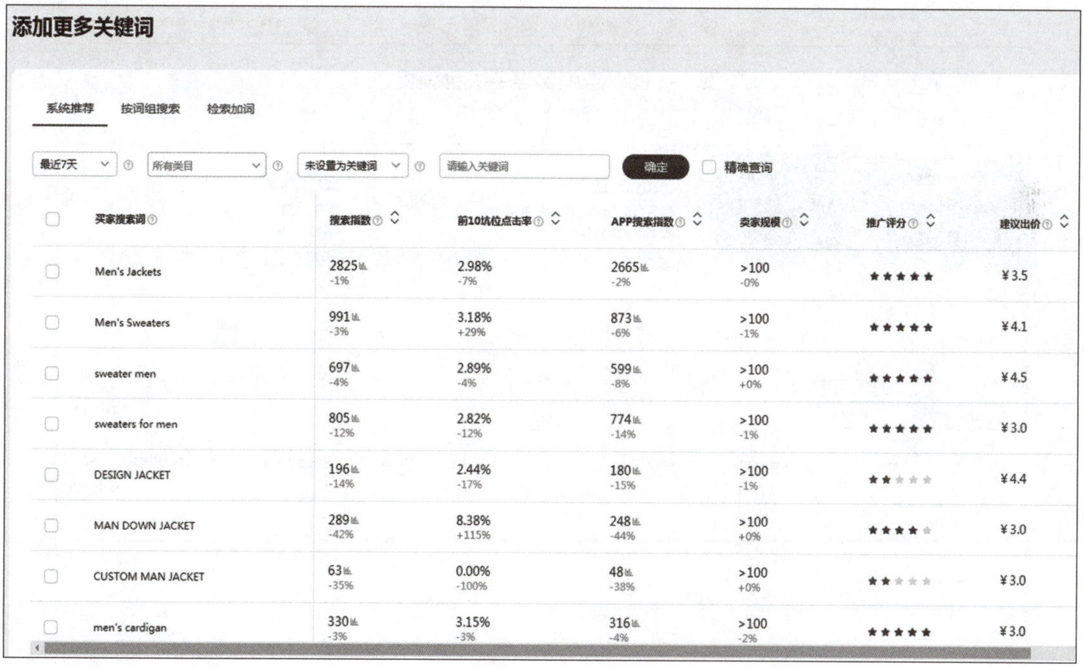

图 3-1-4　外贸直通车—关键词工具

（5）在店铺运营积累了一段时间的流量数据后，进入国际站后台“数据参谋”板块的“选词分析”页面，通过引流关键词功能，可以查看哪些关键词给店铺带来流量，通过对比自身平台数据和行业 Top10 平均数据，采集合适的引流关键词，如图 3-1-6 所示。

图 3-1-5 选词参谋—关键词指数

图 3-1-6 数据参谋—引流关键词

3.1.3　筛选关键词

（1）把采集到的关键词导入电子表格 Excel 中，利用表格的删除数据重复值工具，对重复采集的关键词进行删除。

（2）删除包含品牌的关键词，避免因使用品牌关键词导致违规遭受处罚的情况发生。

（3）删除字符长度过长的关键词，此类关键词被客户搜索到的概率低，效果有限。

（4）从产品的材质、外观、设计等属性特点的角度出发，同时要保证产品的关键词覆盖到位，尽量筛选出产品相关的关键词。

（5）结合产品的使用场景、客户群体，筛选出此类关键词作为补充。

（6）关键词筛选完成后进行二次检查，避免出现漏筛的现象。

（7）检查完毕后，通过数据参谋的选词分析功能，查询关键词搜索指数，删除搜索指数过低的关键词。

3.1.4　制作关键词表

（1）按照关键词表 3-1-2 的格式，将筛选后的关键词填入表格中，并查询补充相关数据。

表 3-1-2　关键词

关键词	搜索指数	搜索涨幅	点击率	卖家规模指数

（2）可以根据关键词的搜索指数与搜索涨幅数据进行分类，例如：热门关键词、热度飙升词、蓝海词，也可根据关键词的数据效果进行分类，例如：高曝光高点击词、低曝光高点击词、高转换率词等。

（3）根据产品种类制作对应关键词，不同类型的产品对应不同的关键词表，例如女士连衣裙、女士毛衣、女士裤子、女士外套等每个产品对应一个关键词表，也可以制作通用关键词表，例如女士服装关键词表可通用多类产品，具体根据发布产品以及广告推广的需要来进行制作分类。

（4）关键词表要定期更新数据，方便查看最新的关键词指数和变化趋势，同时也能挖掘补充最新的热门关键词和有效果关键词。

任务 3.2　产品标题制作

【任务描述】

香妮尔公司需要上传一批女式连衣裙产品，在完成关键词的收集与关键词表的制作后，你需要制作一些产品标题用于发布产品。在制作产品标题前，公司需要你先查询分析同行使用的标题，借鉴同行标题的优秀部分。同时，你还需要针对以前发布过的产品标题进行诊断优化。

【任务分析】

在完成任务前，我们首先需要了解产品标题的定义和结构组成部分，通过学习产品标题的制作原则和格式原则，帮助我们更好地将产品关键词运用组合成标题。了解标题的制作注意事项和优质产品标题的特点，既能提升产品标题的质量，同时也可避免标题侵权、标题不规范等影响产品质量情况的发生。

【知识储备】

3.2.1　产品标题

1. 产品标题的定义

课件

产品标题是指产品的完整名称，优秀的产品标题不仅可以让客户快速搜索到产品，了解产品的属性特点，还能通过标题中包含的不同关键词被更多客户搜索到，获取更多搜索流量，因此制作标题是产品发布中最重要的一环。

在阿里巴巴国际站搜索"women dress"，点开搜索结果中的某个产品可以看到，页面产品的标题中除了包含"women dress"关键词外，还会包含其他关键词，例如"long dress，""ladies dress，""casual dress，""spring dress，""fashion dress"等，如图 3-2-1 所示。标题中覆盖的关键词越多，被系统检索匹配到的概率就越大。

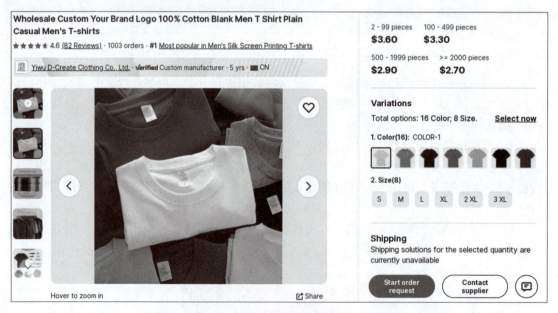

图 3-2-1　产品页面中的产品标题

拓展阅读

亚马逊买家的搜索习惯

电子商务机构 Goat Consulting 向 2 000 位亚马逊消费者询问了他们的购物方式，问题涉及从产品研究和品牌偏好到价格、评论、图像和广告的重要性。

大多数亚马逊购物者都以通用产品名称或类型（例如"跑鞋"）而非特定品牌（例如"耐克运动鞋"）开始搜索。客户搜索产品后，通常会使用通用词而不是品牌名称来搜索产品，因此购买决策中最重要的因素是价格。其他因素也会影响消费者的购买决定，比如买家收到货物后的真实评价。

网上购物是非常直观的引导，买家在阅读标题之前要先查看搜索结果中的图像，然后仔细查看产品页面上的图像，以了解其功能并对质量进行评估。

2. 产品标题制作的原则

在制作产品标题的时候，应该遵循以下原则：

（1）清晰的逻辑。

优秀的产品标题应该包含产品的营销词、属性词、特点词、核心词等，通过标题的文字描述清楚地展示产品的重点属性、特点等信息，让客户获得产品的关键信息。因此，清晰的逻辑在产品制作中不可缺少。

（2）包含多个关键词。

产品的标题是产品的名称，标题中的关键词是对产品的描述，在搜索中不同的关键词都会被系统搜索匹配到，因此产品的标题设置多个产品的关键词，通过被搜索系统多次匹配展示，提升产品的搜索流量。但需要注意的是，设置的产品关键词必须是要与产品相关的，不能为了提升流量而加入毫不相关的产品关键词。

（3）适当的长度。

客户在前台搜索产品时，搜索词有 50 个字符的限制，而国际站后台规定产品的标题长度不能超过 128 个字符。因此，产品的标题长度建议控制在 80~100 个字符内，这样的标题既描述了产品的特性、功能、优点，又包含了多个产品关键词，是理想的标题长度。太长的标题不利于客户获取产品信息，而太短的标题描述的产品信息又不够全面。因此，产品的标题在制作时也要保持适当的字符长度。

工作小技巧

关键词设置建议：

（1）设置关键词时，建议设置搜索指数高的热门关键词，同时可以搭配中等热度的关键词和蓝海词。

（2）关键词不要太长或添加公司内部产品型号，买家较少用很长的词搜索，若产品型号非行业内通用，买家搜索热度可能不高。

（3）每个产品可设置三个关键词，同等重要且不分先后，不建议设置三个完全一样的关键词；例如：女士毛衣的"产品关键词"为 women sweater，"更多关键词"可设为 winter sweater，lady sweater。

（4）关键词不区分大小写。

3. 产品标题的结构组成

产品标题的结构组成主要包含了营销词、属性词、关键词，还可以增加场景词作标题补充。

（1）营销词：带有营销性的词语，可以吸引客户。例如，Hot Sale，New Arrval，Fashion Design，Good Quality 等。

（2）属性词：产品属性的相关描述词，例如产品的颜色、尺寸、材质、功能用途、工艺等。每个产品的属性词不同，根据不同产品搭配不同的属性词。例如，连衣裙的属性词有 Solid color，Long，Cotton，Plus size 等。

（3）关键词：经过筛选整理后的关键词，一般包含了热门关键词、热度飙升词、蓝海词等，产品标题在保证长度合适的情况下，尽可能地加入多个产品关键词。例如，女士连衣裙的关键词有：Women dress，Casual Dress，Long dress，Lady dress 等。

（4）场景词：描述产品的应用场景和对象的词，例如，for women，for men，for summer，for winter 等。

4. 产品标题的格式规则

制作产品标题，通常会运用到以下两种格式。

（1）产品标题=营销词+属性词+关键词，包含尽可能多的产品关键词，保证长度适中。

例如：2022 New Arrival 100% Cotton Long Women Lady Casual Dress
　　　　　营销词　　　　　属性词　　　　　关键词

（2）产品标题=营销词+属性词+关键词+场景词，当标题的长度不足时，可以用一些场景词来补充产品标题，对产品做更加详细的说明。

例如：Fashion Design Soft Warm Knitted Women Cardigan Sweater For Winter
　　　　　营销词　　　　　属性词　　　　　　关键词　　　　　　场景词

其中，营销词主要用于吸引客户，提起客户下单的兴趣，属性词的作用是为了清楚地描述产品的属性和特点，关键词的作用是为了增加产品能够获得搜索流量的来源数，不同的词语之间的排列顺序与搜索排名无关，但是为了标题更符合客户的阅读习惯，可以按照英文形容词的排列特点进行排列。

5. 制作产品标题的注意事项

（1）包含多个关键词的同时也要注意关键词与产品的相关性，杜绝为了覆盖关键词而加入与产品无关的关键词。

（2）避免出现关键词重复堆砌的情况，同一个单词在产品标题中不宜超过 2 次。

（3）标题的长度控制在 80~100 个字符，不要出现过长或过短的现象。

（4）标题中不要出现任何品牌词，避免产品侵权的情况发生。

（5）标题中的单词首字母大写，保证标题的美观性。

（6）避免标题中出现特殊符号、联系方式、中文字符等情况。

（7）如需加入 for 或 with 等介词说明产品用途和场景，核心关键词应放在 for 或 with 前面。

6. 优质产品标题的特点

（1）标题中不包含品牌词。

（2）标题中没有特殊符号。

（3）核心关键词居于标题尾部。

（4）标题内容要跟关键词、类目、属性、描述相匹配。

（5）标题中属性词语的组合方式要符合语言逻辑习惯与语法规则。

（6）标题中的属性词尽可能多样化，差异化地来表达产品的功能特质。

【任务实施】

3.2.2 查找与诊断产品标题

1. 查找同行的产品标题

（1）打开阿里巴巴国际站首页，在搜索栏中输入关键词并搜索。

（2）新建一个 Excel 表格，并从搜索结果中整理同行产品的标题放置在 Excel 表格中，便于对标题进行分析。

（3）分析同行产品的标题组成要素，如营销词、属性词、关键词等，并按照表 3-2-1 的格式填写分析后的结果。

表 3-2-1 产品标题分析

产品标题 Wholesale Pet Supplies Custom Eco Friendly Bulk Cotton Rope Dog Pet Chew Toys	
营销词	Wholesale/Custom
属性词	Eco friendly/Bulk/Cotton
关键词	Pet Supplies/Dog Toys/Pet Toys/Dog Rope/Pet Rope/Dog Chew Toys

2. 诊断产品标题

以下为香妮尔国际站平台上存在问题的产品标题，请分析产品标题存在的问题，并对这些进行针对性的优化修改。

2024 Hot Sale Women Dress Lady Casual For Summer Maxi Dresses Long Dress

标题中的介词 for 后应该是产品用途或场景词，把核心的关键词放在 for 的前面，标题可优化为：

2024 Hot Sale Women Dress Lady Casual Maxi Long Dresses For Summer

Women Sweater Knitted Sweater Plus Size Christmas Sweater Cardigan Sweater

标题可适当放一些营销词，Sweater 作为核心词在标题中出现 1~2 次即可，不宜出现多次。把 Christmas 作为营销词放在开头，更有吸引力，标题可优化为：

2024 Christmas New Designer Women Knitted Sweater Plus Size Cardigan Sweater

Fashion Design Gucci LV Women Handbag Mini Luxury Leather Bags For Lady

标题中出现了 LV 和 Gucci 品牌词，属于侵权行为，应删除这些品牌词。同时优化标题中的关键词顺序，标题可优化为：

Fashion Design Luxury Women Mini Handbag Leather Bags For Lady

2024 New Arrival Winter Women Coat/Down Coat/Trench Coat/Long Coat/Lady Coat

标题中存在关键词堆砌的情况，应把关键词进行组合搭配，去掉符号与多余词，并多增加一些关键词，标题可优化为：

2024 New Arrival Winter Women Down Trench Long Coat Lady Warm Clothing

Modern Design Soft Comfortable Winter Warm Women Lady Knitted Long Sweater Cardigan Cashmere Clothing For Christmas Day

标题中存在的产品属性描述词过多，标题的长度过长，可以精简标题中的产品属性部分，突出圣诞节这一主题。标题可优化为：

2024 Christmas Day Design Soft Winter Women LadyKniited Long Sweater Cardigan Cashmere Clothing

3.2.3　制作产品标题

根据公司提供的产品图片、营销词、属性词、产品关键词，结合产品标题的格式规范来制作标题。女士连衣裙的照片如图 3-2-2 所示。

营销词：New Arrival，Hot Sale，Fashion Design，Modern Style，Casual，Wholesale

属性词：Sleeveless，Linen，Cotton，Printed，Plain Dyed，Loose，Blue，Flower

关键词：Women Dress，Lady Dress，Casual Dress，Maxi Dress，Beach Dress，Summer Dress，Sexy Dress

（1）根据"产品标题＝营销词＋属性词＋关键词"的格式，制作女士连衣裙标题。

Fashion Design Sleeveless Cotton Flower Women Casual Maxi Dress

（2）根据"产品标题＝营销词＋属性词＋关键词＋应用场景词"的格式，制作女式连衣裙标题。

Wholesale Loose Linen Printed Women Casual Dress Maxi Beach Dress For Summer

图 3-2-2　女式连衣裙照片

任务 3.3　产品发布

【任务描述】

香妮尔公司需要上传一批女式连衣裙产品，在完成了关键词收集整理、产品标题制作工作后，你需要开始进行上传产品的工作。本批产品包含了定制品与 RTS 品，所以你需要根据产品的类型来上传对应的产品。

【任务分析】

在上传产品之前，首先要了解定制产品与 RTS 产品的区别，在后续的运营工作中，可以更好地针对产品选择类型进行上传。在上传产品工作开始之前，需要准备产品发布的资料，包括产品资料与公司资料，以及产品发布的注意事项。我们还需要了解产品主图、视频的要求，以及产品详情页的构成要素，这些知识都能保证产品顺利发布。最后，再开始进行上传产品的工作。

【知识储备】

3.3.1　定制产品与 RTS 产品

RTS 产品，即 Ready To Ship 产品，该产品要求同时满足 3 个条件：①需要支持买家直接下单 。②核心国家有明确的运费。③最小起订量交期小于

课件

15 天。定制类产品，即 Customization 产品，不支持买家直接下单，需要客户与商家沟通交易细节后再进行交易。

对于买家来说，RTS 产品更具有确定性，且买家可以在前台直接下单，大量节省买卖双方的沟通成本，并且可以计算出明确、合理的物流费用以及交期，所以买家会更青睐。RTS 产品会有明确的标签，买家可以在搜索前台快速识别到此类产品，相应的买家及询盘都会更精准，买家下单概率也会更大。同时，平台对于 RTS 产品会有多渠道的推广，比如单独的 RTS 产品专区展示、RTS 产品专属活动等。

3.3.2　产品发布前准备

课件

1. 产品发布所需资料

发布产品前需要准备以下材料：

（1）产品关键词与产品标题。

（2）产品资料（包含但不限于产品主图、产品细节图、产品属性参数信息、产品优势特点、产品应用场景、产品包装方式、产品价格、产品物流信息、产品供货能力等）。

（3）公司资料（包括但不限于公司照片、工厂车间照片、生产流程、设备展示、资质证书、合作伙伴、参展信息、团队文化以及公司信息介绍等）。

（4）其他资料（FAQ、订单流程图、售后服务、市场分布、客户好评）。

2. 产品发布注意事项

（1）应发布真实、准确、合法、有效的产品信息。

卖家发布的产品信息应与实际情况一致，禁止发布虚假信息或夸大信息，不得违反国家法律法规及阿里巴巴国际站禁售规则，同时应当符合阿里巴巴国际站网站的定位。

（2）避免侵权。

若发布含有他人享有知识产权的信息，则应取得权利人许可或属于法律法规允许发布的情形。禁止发布假货、仿货等侵犯他人知识产权的信息。未经权利人许可，不得发布含有奥林匹克运动会、亚洲运动会、世界博览会等标志的信息。

（3）有些产品发布后不被展示，具体原因如下：

重复铺货、类目错放、标题堆砌、标题拼写错误、产品信息冲突、产品价格不合理、产品图片质量不佳、产品信息不完整、产品标题缺少核心关键词。

3. 产品主图与视频要求

产品的图片要求单张不超过 5 M，支持 jpeg，jpg，png 格式，图片分辨率大于 640×640 px，比例在 1∶1.3～1∶1（正方形/近似正方形），背景清晰（建议纯色最好是白底）、主题突出，不建议有边框、文字、logo、牛皮癣等。

需要注意的是：①图片银行中无法直接调整图片大小。②若发现产品主图图片被压缩，或者未铺满主图，建议检查一下主图像素、图片格式等信息。③每个产品最多可上传 6 张产品主图，建议准备多张产品主图，通过多个角度展示产品，让客人能够多方位了解我们的产品外观。

产品的主图视频不超过 45 s，大小不超过 100 M，展示位置在产品首图的第一张，视频内容应以介绍产品为主，例如产品外观实拍、产品使用场景、产品优势展现等。每个产品只能关联一个视频，一个视频最多关联 20 个产品。

详情视频时长不超过 10 min，清晰度需要在 480 P 以上，大小不超过 500 M，展示位置在产品详情描述的上方，这一板块内容多以公司介绍为主，通过视频展示公司、工厂的实力，比如公司环境实拍、工厂车间视频、产品生产流程实拍、产品包装发货实拍等。

4. 产品详情页的构成

产品的详情描述主要由几个板块组成：

产品信息板块：包括但不限于产品属性参数表格、产品优势描述、产品的细节图、产品应用场景图、产品生产流程等多方面展现产品的形式。

推荐产品板块：店铺最近热销产品、相似款产品、促销折扣产品、最新上架产品的推荐，利用产品推荐，对店内到访客户进行二次引流。

公司信息板块：包括但不限于公司的文字描述介绍、公司图片、工厂图片、展会图片、合作伙伴、资质证书等展现公司实力的信息。

FAQ 答疑板块：总结列举客户经常问到的问题，并针对这些问题进行对应解答，作为产品与公司外的信息补充，帮助客户了解更多细节问题，节约与商家沟通的时间。

其他信息板块：商家售后服务展示、买家真实评价展示、订单流程图展示、买家真人秀等。

【任务实施】

3.3.3　发布产品

在阿里巴巴国际站后台中，进入"商品管理"板块的"商品发布"页面，主要通过以下步骤进行发布产品的操作。

（1）选择产品类目。

选择产品类目主要有两种方式，一种是"搜索类目"，通过输入产品关键词进行搜索，系统会根据关键词匹配推荐最适合产品的类目，如图 3-3-1 所示。另一种是"您经常使用的类目"，系统根据平时发布产品最常用到的类目来进行推荐。在发布新品类产品时，建议使用"搜索类目"方式，这样获取的产品类目最准确，如图 3-3-2 所示。

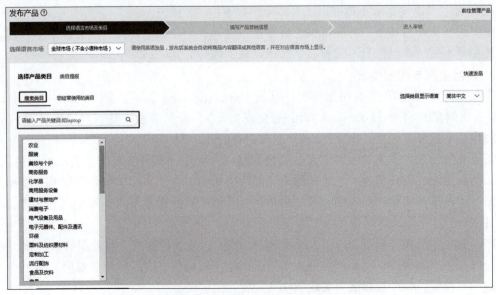

图 3-3-1　搜索类目界面

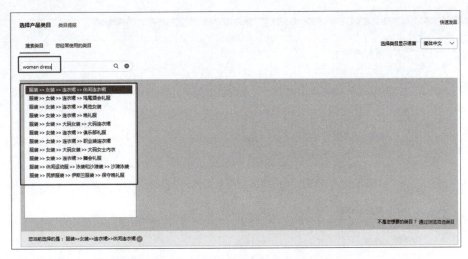

图 3-3-2 搜索关键词的系统类目推荐结果

（2）选择发布产品类型。

产品的类型分为"RTS 类产品（Ready To Ship）"与"定制类产品（Customization）"两种，根据自身产品情况来选择类型，如图 3-3-3 所示。选择产品类型后，再点击"我已阅读如下规则，现在发布产品"，进入产品发布页面。

图 3-3-3 选择发布产品类型

（3）填写产品基本信息。

进入产品发布页面后，首先填写产品的标题与关键词，如图 3-3-4 所示。在关键词框中，不同关键词可以使用换行或者空格进行区分。接下来，需要填写产品的属性信息，包括产品的产地、品牌、型号、属性、规格、证书等内容，如图 3-3-5 所示。产品属性是对产品特点参数的提炼，便于用户在搜索产品时通过筛选属性来快速找到产品，带星号的内容都是必填项，不带星号的内容也尽量完善补充，多元化属性能让客户对产品有更全面、深刻的了解。除了平台提供的属性需填写外，如有额外的属性内容需要补充，可以通过手动添加自定义属性来进行完善，自定义属性最多可添加 10 个，如图 3-3-6 所示。

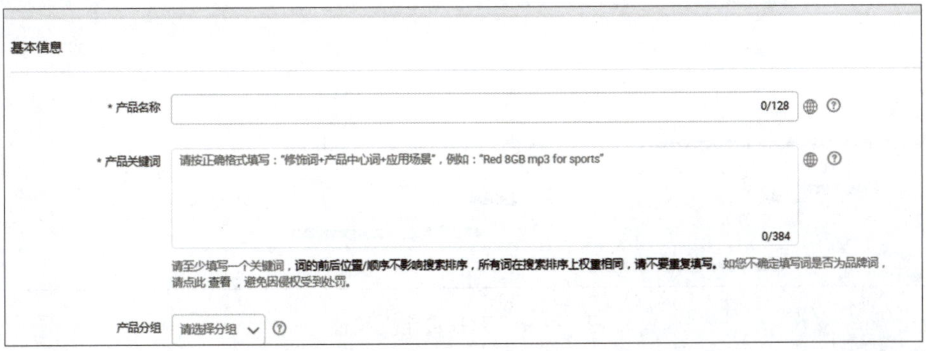

图 3-3-4 填写产品标题与关键词

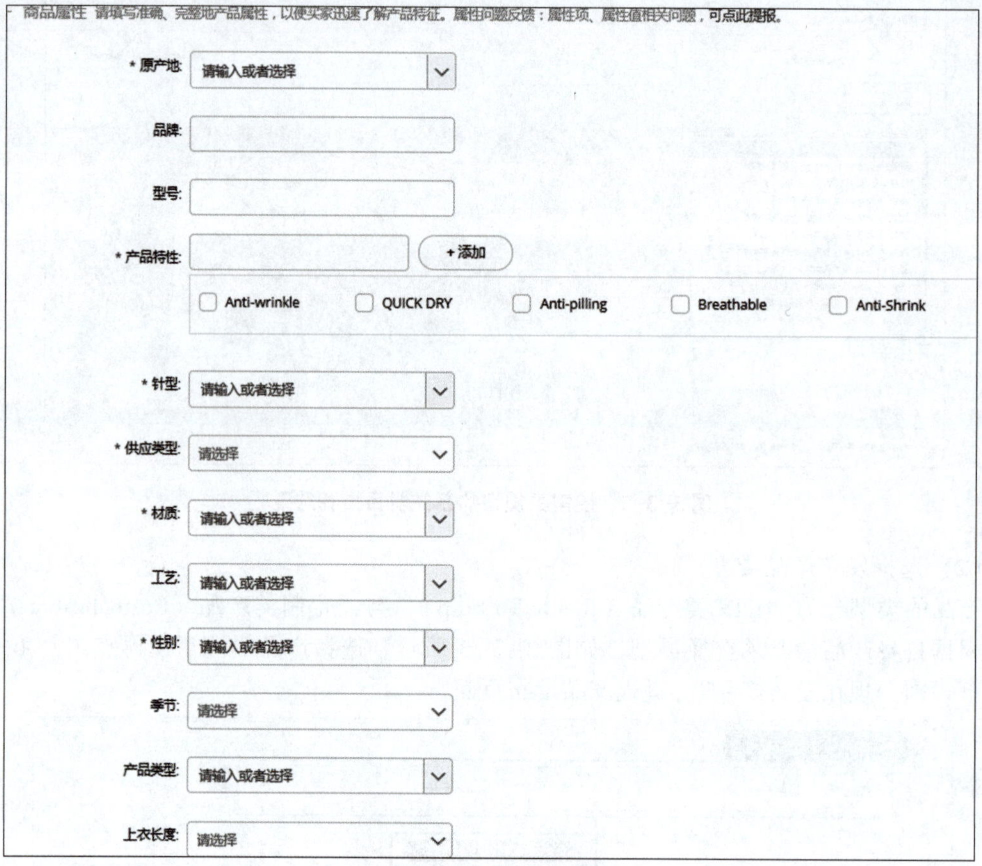

图 3-3-5 填写产品属性信息

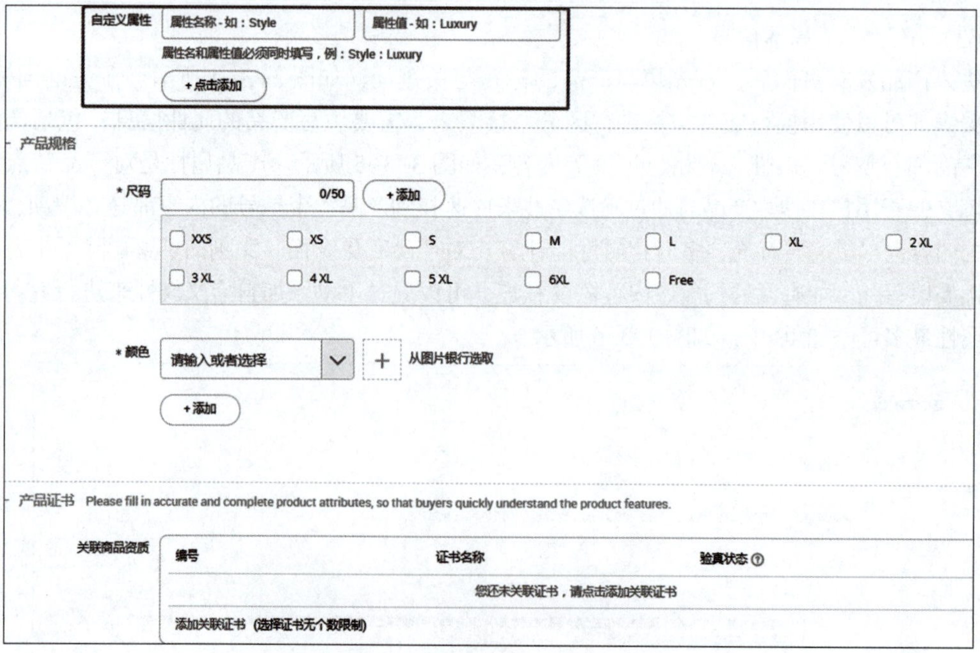

图 3-3-6 添加自定义属性

（4）填写商品描述。

商品描述板块主要是添加产品的图片、视频以及上传产品详情页。产品详情页包括了产品和公司的详细介绍和描述，如图 3-3-7 所示。

利用智能详情页编辑器，选择左侧功能栏中的相关模块拖入详情页中，直接编辑使用。根据产品与公司资料来选择合适的模块，自主制作产品详情页，如图 3-3-8 所示。

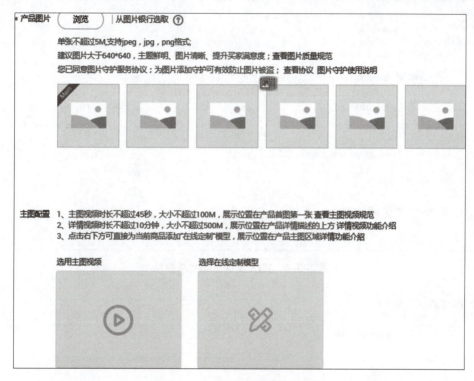

图 3-3-7　产品图片与视频上传

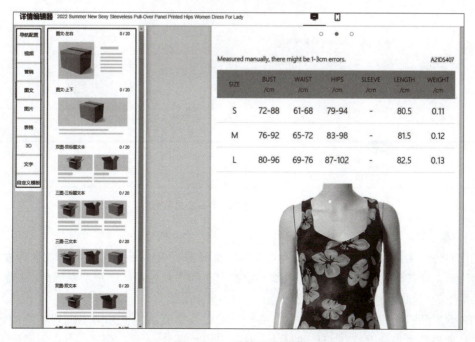

图 3-3-8　详情页编辑器

（5）填写产品交易信息。

RTS 类的产品支持按件卖或按批卖，根据数量可以设置产品阶梯价，根据规格设置价格时，可对不同规格的产品设置不同的价格和可售数量，如图 3-3-9 所示。定制类的产品可根据数量设置 FOB 阶梯价，也可根据规格设置 FOB 价格，或设置单一 FOB 价格，如图 3-3-10 所示。

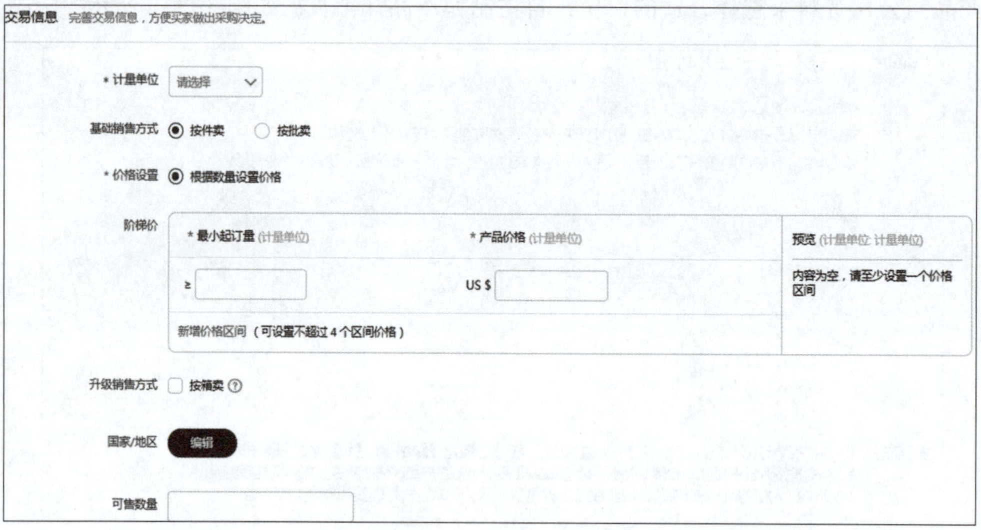

图 3-3-9　RTS 类的产品交易信息

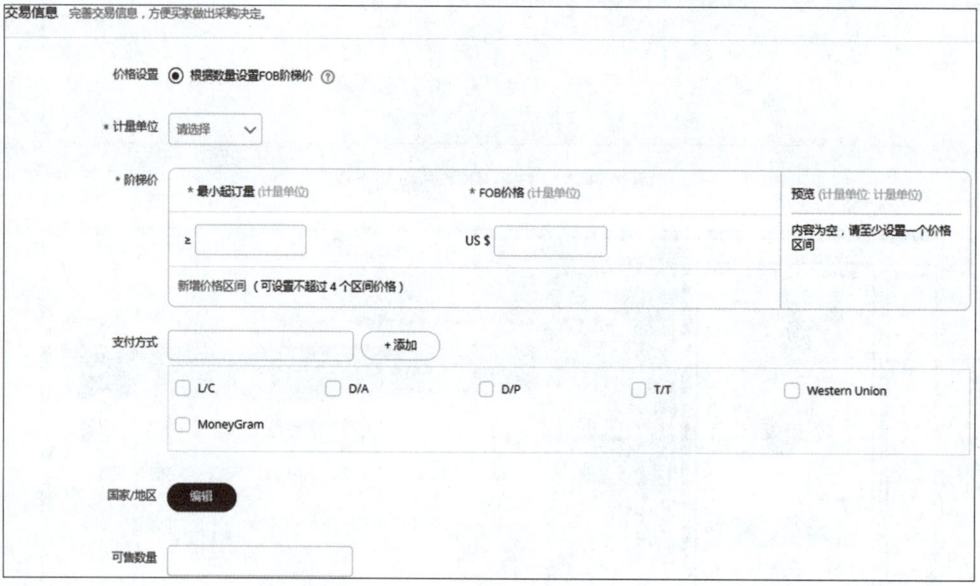

图 3-3-10　定制类的产品交易信息

（6）填写包装及发货信息。

发货期将作为订单约定进入信保保障流程，商家需要根据不同起订量设置合理发货期，避免因订单未能按期发货导致的纠纷退款和由此引起的平台处罚、账户清退等。（注意：RTS 类产品最小起订量发货期小于等于 15 天）

RTS 类产品需要填写产品的长、宽、高、毛重以及物流属性，并需要配置相应的运费模板；定制类产品可视情况填写产品的尺寸重量信息，如图 3-3-11 所示。当定制类产品有明确价格（按数量报价或按规格报价）且运费可计算，则升级为询盘可交易品，买家前台可直接下单。

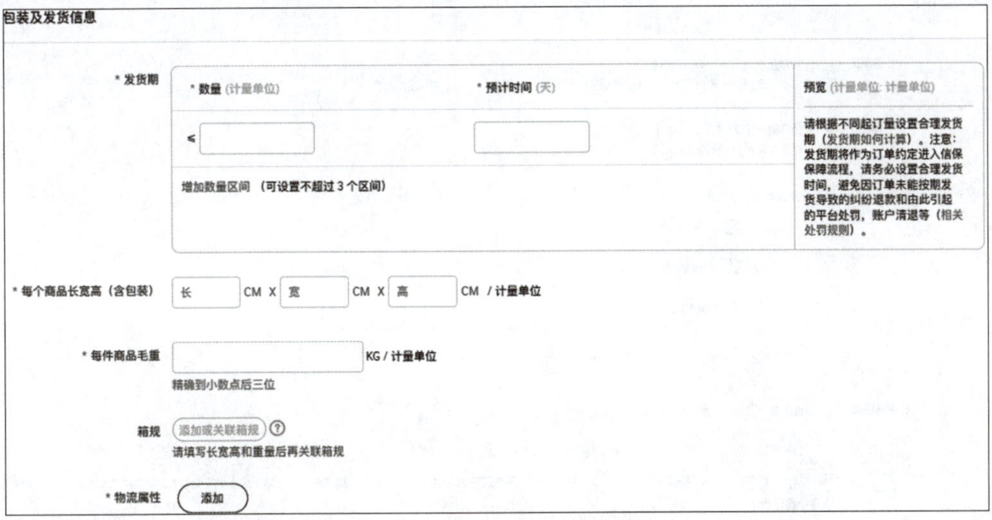

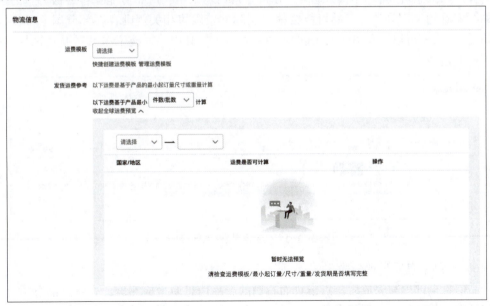

图 3-3-11 产品包装及发货信息

（7）填写物流信息。

RTS 类产品需要添加物流属性，选择运费模版。定制类产品根据是否需要升级为询盘可交易品来是设置物流属性和运费模板，如图 3-3-12 所示。

图 3-3-12 产品物流信息

（8）特殊服务及其他。

特殊服务及其他主要用于设置是否支持样品服务，是否支持定制服务，是否支持私域品服务等附加项内容，商家视产品情况来进行设置。RTS 类产品在此基础外追加了是否支持一件代发服务。一件代发服务需要满足最小起订量等于 1，且产品类目符合一件代发服务类目两个条件。商家设置支持一件代发后，买家在国际站可以将该商品一键铺货到下游电商平台

（如 shopify 等），当商品在下游电商平台上发生交易时，商家需即时履约一件代发服务。如图 3-3-13 所示。

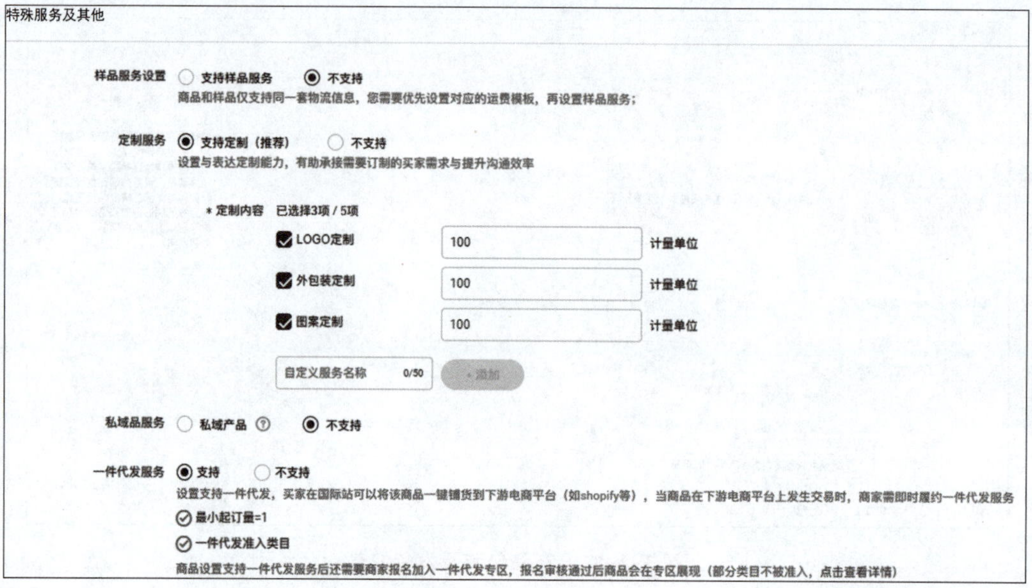

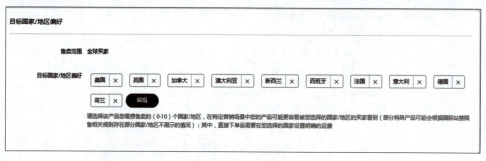

图 3-3-13　特殊服务及其他

（9）目标国家/地区偏好。

选择产品最想售卖的个国家/地区，在特定营销场景中，产品可能更容易被选择的国家/地区的买家看到（部分特殊产品可能会根据国际站禁限售相关规则存在部分国家/地区不展示的情况），最多可以选择 10 个，如图 3-3-14 所示。其中，直接下单品需要在选择的国家设置明确的运费。

图 3-3-14　目标国家/地区偏好

（10）产品信息质量评分检测。

产品信息全部填写完成后，点击页面右侧的产品信息质量检测球，查看产品分数是否符合发布标准。如产品信息质量分低于 4.2 分，需对带 ＊ 内容进行优化，否则影响搜索排序及买家体验。点击带 ＊ 号的选项，可直接锚点到相关位置，进行相关内容调整优化（例 FOB 价格、定制服务），如图 3-3-15 所示。

如产品信息质量分高于等于 4.2 分，符合发布要求，点击"提交"按钮完成产品发布，如图 3-3-16 所示，点击"保存"按钮，产品会保存在管理产品页面中的草稿箱内，可随时编辑。

产品信息质量检测球的标准聚焦在了产品确定性和真实性的商品表达，鼓励商家在发布产品/编辑产品时进行表达，提升买家体验，具体检测内容如图 3-3-17 所示。

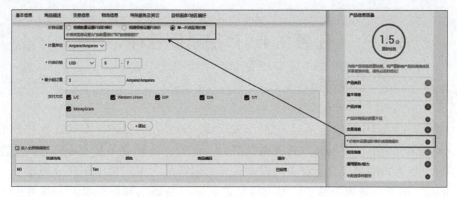

图 3-3-15　调整优化产品信息质量

图 3-3-16　产品信息质量检测

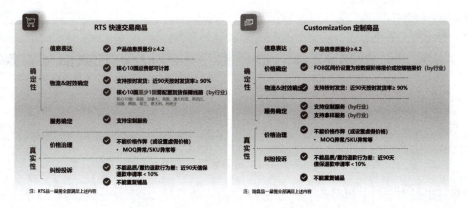

图 3-3-17　产品信息质量检测球检测内容

任务 3.4 产品基础管理

【任务描述】

香妮尔公司的女士连衣裙产品上传工作完成后，需要在后台建立女式连衣裙分组，并把产品移动到这个分组下，方便客户查找浏览产品。此外，公司业务员 Marry 对女士连衣裙产品比较了解，与客人的多次交易订单均以女式连衣裙产品为主。请你配合公司建立一个名为"women dress"的一级分组，并把已经上传的连衣裙产品移动到该分组下，另外你需要把这批产品分配到业务员 Marry 的子账号下。

【任务分析】

产品的分组与分配，是产品管理中的基础操作技能。对产品进行合理分组，不但可以让客户快速找到自己的目标产品，也有利于平台运营时的一些操作。掌握产品的分配技巧，有针对性地让业务员管理好自己的优势产品，更专业、全面地回复通过产品带来的询盘。

【知识储备】

3.4.1 产品分组与分配

1. 产品分组方法

产品分组的方法很多，可以根据产品类型、产品材质、产品使用场景、产品的使用人群、产品的功能等进行分组；也可根据平台的产品数据进行分组，例如时下热销产品、最近上新产品、流行趋势产品等。合理的产品分组，可以让客户快速对平台的产品种类有全面了解，有效帮助客户找到自己的目标产品进行询价。

课件

2. 产品分组管理

进入国际站后台"商品管理"板块的"商品分组与排序"页面，在"分组管理与排序"板块中可进行添加一级分组、重命名、添加子分组、分组排序等操作，如图 3-4-1 所示。通过"产品管理与排序"板块，可以对产品在所属分组中的排序进行调整，也可以选中产品调整分组，如图 3-4-2 所示。

分组管理与排序	产品管理与排序	
添加一级分组 重命名 保存 产品排序设置		
分组名称(组内产品数)		添加子分组
Hot Sale(20)		添加子分组
▸ Women Sweater(448)		添加子分组
▸ Women Clothing(593)		添加子分组
▸ Men Clothing(49)		添加子分组
▸ Kids Clothing(78)		添加子分组
Sweater Shirt(71)		添加子分组
Sleep Wear(14)		添加子分组

图 3-4-1 分组管理与排序

产品分组最多支持三级分组，产品分组支持一级分组 20 个，分组总数 200 个，不包含未分组。当产品分组内包含有产品时，无法直接对产品分组进行删除，需要把组内的产品转

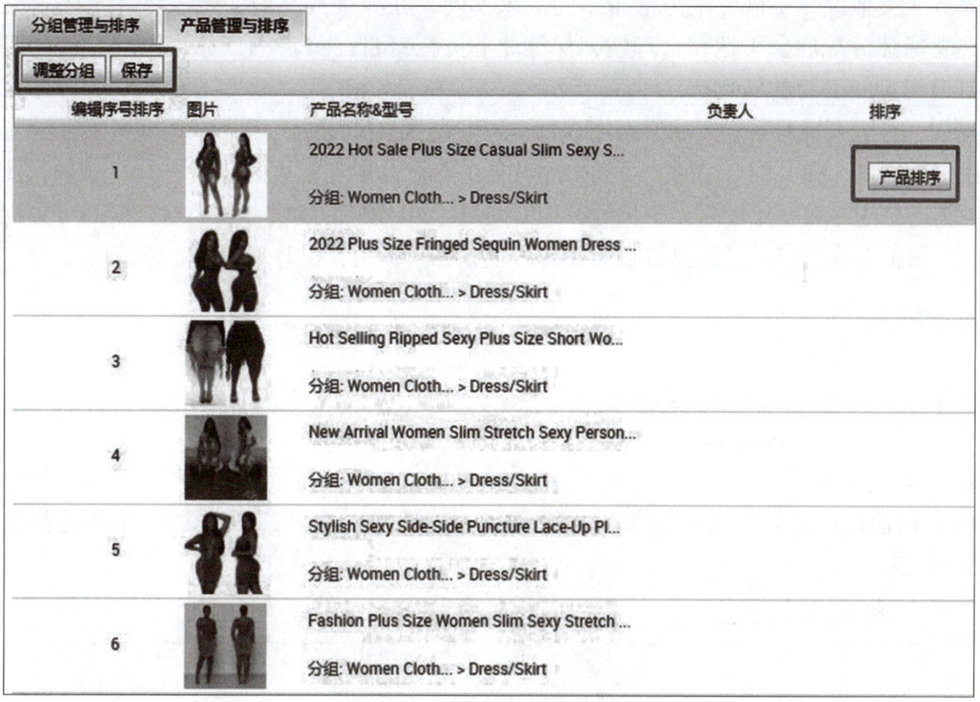

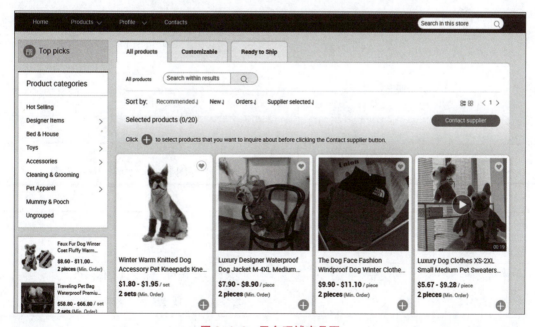

图 3-4-2 产品管理与排序

移到其他分组后，才可进行删除。

　　产品的分组与排序调整后，将会在 24 小时内同步更新到店铺网站上。产品的分组与产品的排序设置好后，会直接体现在平台旺铺的产品页，如图 3-4-3 所示。

图 3-4-3 平台旺铺产品页

3. 产品分配原则

产品的分配原则多样化，可根据业务员对产品的专业程度，也可根据业务员的产品询盘转化率或成交业绩。不同分配方法带来的效果不同。在分配产品时，除了考虑上述这些因素外，还要保证分配的公平性和合理性，保证业务员在对自己负责的产品得心应手的同时，进一步提升询盘和交易的转化率。

例如，有买家针对某个产品发送询盘时，该询盘就会分配给产品所属的业务员，业务员可以直接进行回复。在分配产品时，可以根据业务员对产品的专业度来进行分配，例如，业务员 A 对某类产品的专业度比较高，擅长解答产品问题、给出购买建议，那么这类产品可分配给该业务员，由他对这类产品的询盘进行专业的回复和客户营销，提升平台的业务转化力。

【任务实施】

3.4.2 产品分组梳理与设置

1. 梳理产品分组

（1）请根据产品类目表中服装的一级类目，整理出对应的二级类目，并将内容填写到表 3-4-1 中。

表 3-4-1 产品类目表

产品类目表	
一级类目	二级类目
女士服装	女士毛衣
	女士连衣裙
	女士外套
	女士 T 恤
男士服装	男士夹克
	男士 T 恤
	男士裤子
	男士毛衣

（2）根据大衣这一类产品整理出不同的分组方法，并将内容填写到表 3-4-2 中。

表 3-4-2 产品分组表

产品分组表		
分组方法	一级类目	子分组
产品风格	大衣	日常风、学院风、甜美风、休闲风
产品季节	大衣	春季大衣、秋季大衣、冬季大衣
产品对象	大衣	男士大衣、女士大衣
产品材质	大衣	双面尼大衣、皮大衣、羽绒大衣

2. 设置产品分组

（1）进入国际站后台"商品管理"板块的"产品分组与排序"页面，点击"添加一级分组"，输入分组名称后确认，如图 3-4-4 所示。

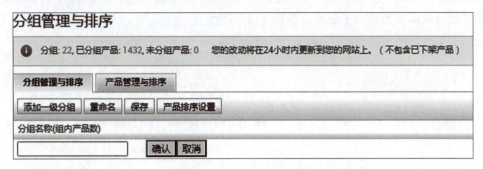

图 3-4-4　添加一级分组

（2）选择一级分组，点击"添加子分组"，输入子分组名称后确认，如图 3-4-5 所示。设置完所有分组，检查分组信息无误，点击"保存"按钮。

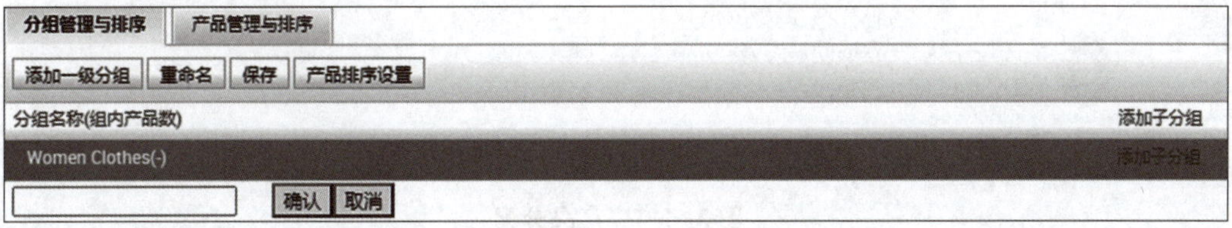

图 3-4-5　添加子分组

（3）进入国际站后台"商品管理"板块的"商品管理"页面，勾选产品，点击"移动到"，把产品移动到对应分组下，如图 3-4-6 所示。

图 3-4-6　移动产品到分组下

3.4.3 产品分配

进入国际站后台"商品管理"板块的"商品管理"页面，选择产品，点击"分配给"，把产品分配给对应业务员的子账号，如图 3-4-7 所示。

图 3-4-7 产品分配

【项目评价】

发布产品是店铺运营中最基础的工作之一，也是最重要的工作之一。高质量产品能源源不断地给店铺带来流量和询盘，因此在发布产品之前，需要做好充分的准备。

产品关键词是产品名称的中心词，客人通过关键词搜索找到产品，因此发布产品时需要设置足够数量的产品关键词。通过不同渠道采集产品关键词，在筛选后整理制作成关键词表格，用于产品的发布。产品标题即产品的名称，是由不同的产品关键词组成的，在制作产品标题时，应注意格式规则，遵循逻辑，长度适中，避免侵权违规，让标题的质量更优秀。

发布产品前，应做好资料收集工作，包括产品资料与公司资料等，通过产品详情来展示产品属性特点的同时，向客户展示公司的供应能力、服务能力、软硬实力等。在发布过程中，明确系统对主图、视频的要求，利用详情页编辑器合理展示产品与公司信息，既要保证产品信息质量有较高的分数，又要避免侵权违规现象的发生。

产品发布完成后，需要对产品进行基础的管理，包括产品分组建立、产品分组移动、产品分配、产品排序等。这些基础操作可以帮助我们高效便捷地管理产品。

项目 3 习题

项目 3 答案

项目 4
站内营销与推广

【项目介绍】

在站内营销与推广这一项目中，我们需要独立完成橱窗产品的设置、直通车推广计划的创建、顶展创意的创建、设置营销折扣与优惠券等任务。在完成这些任务前，我们需要学习橱窗产品、外贸直通车、限时折扣与优惠券活动的相关知识内容，了解国际站内各种品牌推广方式。

【学习目标】

知识目标：

1. 了解橱窗的相关内容；
2. 了解外贸直通车的相关内容；
3. 了解国际站的品牌推广方式；
4. 了解限时折扣与优惠券活动的相关内容。

技能目标：

1. 掌握橱窗产品的设置与管理操作；
2. 掌握外贸直通车推广计划的创建与管理操作；
3. 掌握顶级展位的竞拍流程；
4. 掌握顶级展位的创意创建、绑定、管理操作；
5. 掌握折扣营销与优惠券的设置方法。

素质目标：

1. 培养精益求精的工匠精神，养成严谨细致的工作态度；
2. 提升个人的自学能力，培养独立思考和探索的习惯；
3. 培养电商逻辑思维，提升数据分析能力。

【知识导图】

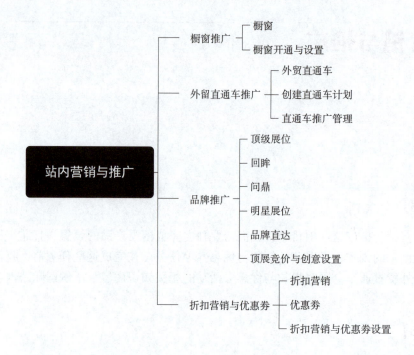

任务 4.1　橱窗推广

【任务描述】

香妮尔公司在国际站上购买了两组橱窗资源位，用于产品推广。请你帮助公司设置新橱窗的开通时间，并从平台上选择合适的产品设置为橱窗产品。

【任务分析】

在任务开始前，我们首先需要学习橱窗产品的定义和优势，了解橱窗产品的满足条件与卖点展示，掌握橱窗产品效果概览和操作日志的查看路径。最后熟练掌握橱窗订单的开通、橱窗产品的添加与管理整个操作流程。

【知识储备】

4.1.1　橱窗

1. 橱窗的定义

橱窗，是国际站中一种免费的产品营销推广工具，在店铺的运营与推广过程中起着重要的作用，利用好橱窗资源位，可以让产品获得更多的流量。出口通商家拥有 10 个橱窗资源位，金品诚企商家拥有 40 个橱窗资源位。

课件

添加到橱窗的产品，在同等条件下享有搜索优先排名的权益（无额外标志），同时卖家可以在店铺旺铺首页中增设橱窗板块，用于重点展示橱窗产品。橱窗产品的选择根据公司的推广需求来决定，一般以公司的主营产品、新品、爆品为主。橱窗产品的优势在于：

（1）享有搜索优先排名，在同等的条件下，橱窗产品的流量会高于普通产品。

（2）拥有店铺首页的推广专区，提升主打产品的推广力度与影响力。

（3）自主调整橱窗产品，卖家可以根据数据或者计划随时调整替换橱窗产品，掌握橱窗产品推广的主动权。

2. 橱窗产品的条件

可添加为橱窗的商品需满足以下条件：①审核通过且上架状态。②产品质量分为 4 分以上。③非店铺私域产品。

实力优品设置为橱窗产品时，相较于潜力品，获取的流量会更多，因此建议卖家将更多的实力优品添加为橱窗产品。

3. 橱窗卖点

橱窗卖点是系统算法根据商品填写的所有信息（包含标题、关键词、属性及详细描述），进行智能提取的具备营销性质的商品要点，展示在前台搜索页的产品标题下，客户可以通过卖点标签快速了解产品，如图 4-1-1 所示。橱窗卖点需要在橱窗产品添加完成后进行手动设置。

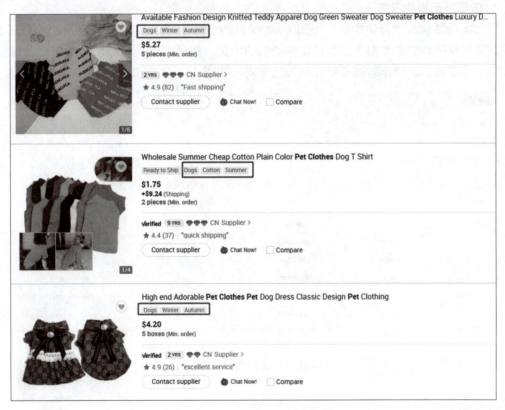

图 4-1-1　橱窗卖点页面展示

4. 橱窗数据效果

进入国际站后台"营销中心"板块的"橱窗"页面，商家可以通过"橱窗产品效果概览"查看橱窗产品的数据和效果，如图 4-1-2 所示。数据可以选择按日、周、月查看，内容包括橱窗产品的总曝光、总点击、总询盘、总订单数、总买家数以及在店铺总数据的占比，这些数据可以帮助商家了解橱窗产品的总体效果以及数据趋势。

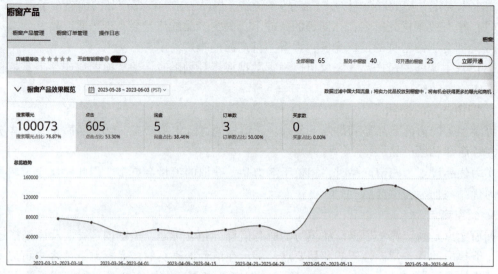

图 4-1-2　橱窗产品效果概览

5. 橱窗产品操作日志

进入国际站后台"营销中心"板块的"橱窗产品"页面，商家可以通过"操作日志"查看橱窗产品操作的详细报告，包括橱窗产品的添加、删除、更换等操作。报告可以根据操作类型、数据标识、操作时间等条件来筛选查看，如图 4-1-3 所示。

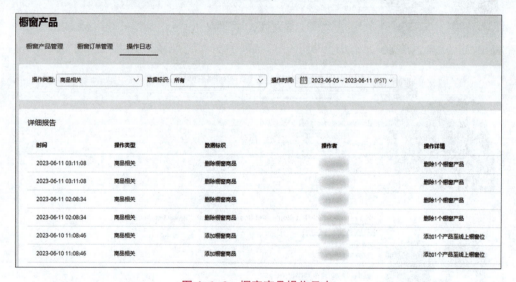

图 4-1-3　橱窗产品操作日志

【任务实施】

4.1.2　橱窗开通与设置

1. 开通橱窗

（1）进入国际站后台"营销中心"板块的"橱窗"页面，点击橱窗订单管理，如图 4-1-4 所示。

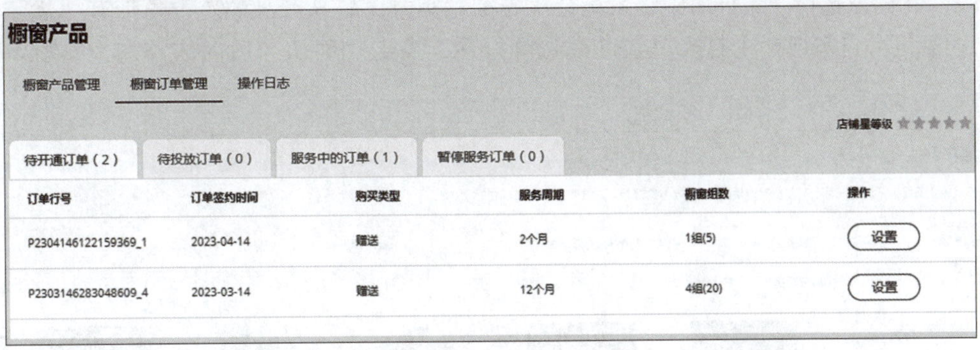

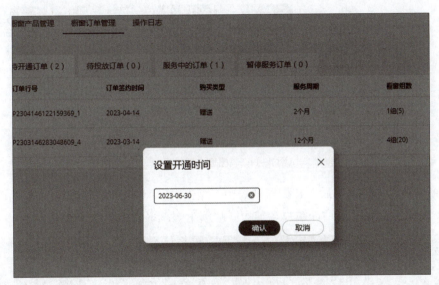

图 4-1-4　橱窗订单管理

（2）选择待开通的橱窗订单，点击"设置"。设置橱窗开通时间，点击确认，如图 4-1-5 所示。

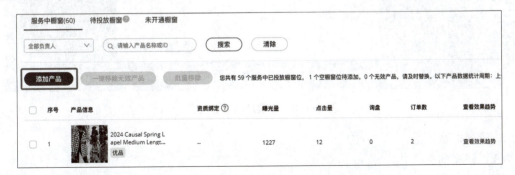

图 4-1-5　橱窗订单管理设置开通时间

2. 橱窗添加产品

（1）进入国际站后台"营销中心"板块的"橱窗产品"页面，在橱窗管理页面中点击"添加产品"，如图 4-1-6 所示。

图 4-1-6　橱窗添加产品

（2）在橱窗选择产品页面中，系统会优先推荐实力优品（产品的左下角带有"优"字标签），商家也可自主选择主打产品。产品选择好后，点击"确认"后完成添加，如图4-1-7所示。

图 4-1-7　橱窗选择产品

（3）橱窗产品添加完成后，在橱窗列表中，点击编辑产品的橱窗卖点。卖点标签要贴合产品属性，让客户快速了解产品特点，命中客户的采购需求，如图4-1-8所示。

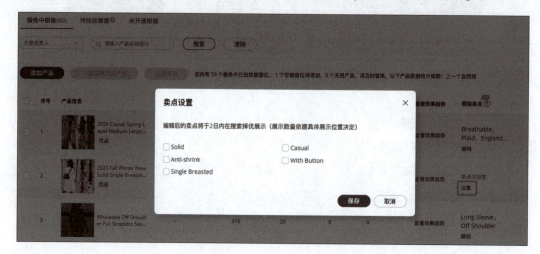

图 4-1-8　橱窗产品卖点设置

3. 管理橱窗产品

（1）移除橱窗产品。

进入国际站后台"营销中心"板块的"橱窗产品"页面，在橱窗管理页面中，选择需要移除的产品，点击"批量移除"，如图4-1-9所示。

图 4-1-9　批量移除橱窗产品

（2）替换橱窗产品。

在橱窗管理页面中，选择需要更换的产品，点击操作中的"替换"，如图 4-1-10 所示，选择需要替换的产品，点击"确定"完成替换。

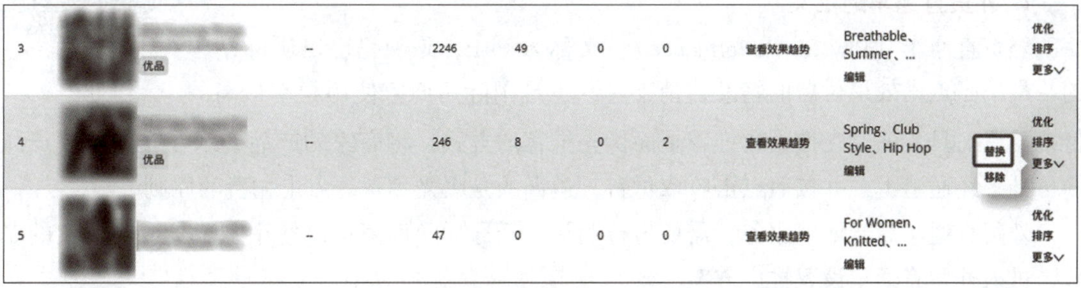

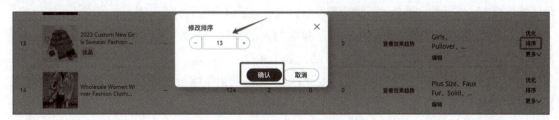

图 4-1-10　替换橱窗产品

（3）排序橱窗产品。

在橱窗管理页面中，选择需要排序的产品，点击操作中的"排序"，输入序号，点击"确定"完成排序调整，如图 4-1-11 所示。

图 4-1-11　排序橱窗产品

任务 4.2　外贸直通车推广

【任务描述】

香妮尔国际站平台上有一批女士冬季毛衣产品很受买家欢迎，公司想借助外贸直通车的推广进一步提升这些产品的数据。请你选择合适的推广计划并进行创建，将这些产品添加到推广计划中并做好相关推广设置。

【任务分析】

在创建直通车推广计划前，我们需要学习认识外贸直通车的定义、优势、推广类型、出价扣费规则和排名规则、预算设置等方面的内容，再熟练掌握外贸直通车的计划创建、管理等操作。

【知识储备】

4.2.1　外贸直通车

课件

1. 外贸直通车的定义

外贸直通车（Pay for Performance），又称为 P4P，是阿里巴巴国际站中的一种按照点击效果付费的精准营销工具，也是国际站商家使用频率最高的付费推广工具。通过在搜索或推荐页面优先推荐的方式，将商家的产品展示在客户寻找产品的各种必经通道上，并按照点击收取付费，遵循的是曝光免费，点击扣费的原则。

外贸直通车属于增值服务，需要另行购买。开通后，商家可以使用主账号或被授权的账号，进入外贸直通车设置推广方案。

2. 外贸直通车的优势

（1）免费曝光，点击付费：商家利用外贸直通车进行推广，可以获得产品免费优先排名展示，只有当买家对该产品产生兴趣，并点击产品进一步了解详情时，系统才会对这次点击进行扣费。如果买家仅仅是浏览，并没有点击产品进行查看，则不扣费。这种收费方式最大化保障了推广投入的有效性和性价比，使商家在获得免费展示机会的同时，只需为有意愿的买家付费。

在阿里巴巴国际站搜索页面中，除了排名第一的顶展产品外，其他的右下角带有"AD"标识的产品均为外贸直通车 P4P 推广产品，如图 4-2-1 所示。

（2）点击价格，自主设置：商家只需按照自己的营销策略设定最高点击扣费价格，商家拥有自主定价权，可以根据推广需求和特点设定最高点击出价，充分体现自身意愿，具备了灵活性和自主性。

（3）效果数据可追踪：外贸直通车按照点击付费，每一次点击都可通过效果报告追踪查询，点击之后的转化以及扣费信息同样可作为后续的数据分析和优化参考，呈现出客观、清晰、可衡量的效果。

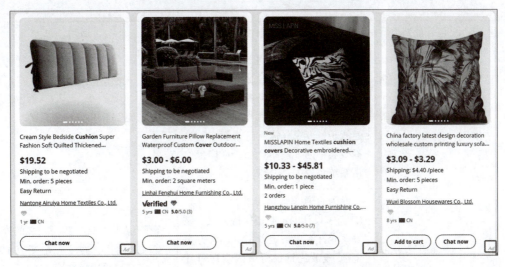

图 4-2-1　阿里巴巴国际站搜索页面的 P4P 产品展示位

（4）营销策略灵活可控：外贸直通车有每日推广投放预算设置，帮助商家控制推广力度；对于推广信息的管理，商家可以随时根据策略变动，进行推广暂停、激活、添加关键词、修改出价、修改推广信息等。

3. 外贸直通车的计划类型

外贸直通车主要分为手动投放、商品成长（新品加速、普通品成长、优爆品助推、优品抢位）、全自动投放三种类型的计划，具体计划类型功能细节如表 4-2-1 所示。

表 4-2-1　直通车计划类型功能细节

直通车	包含计划类型	产品特性	适用
手动投放	关键词推广	按词找人，匹配相应搜索行为的网民，具有计划管理和定向能力	有较强数据分析和运营能力的多年国际站商家
商品成长	新品加速	新品加速通道，提升商家 90 天内新发布的商品的曝光能力	90 天内新发布的商品，建议直接加入新品成长，加速获取更多曝光
	普通品成长	针对普通品（非新品）提供成长通道，通过广告获取流量，推动商品成长	适配普通品及潜力品投放
	优爆品助推	核心产品重点维护，重点投放高转化流量，以提升询盘转化为目标	适合加入实力优品、爆品等数据表现优异的产品
	优品抢位	提升优质商品直通车排名，支持每个优品单独设置投放流量范围、溢价率、抢位目标，品粒度抢位打爆	适合加入实力优品和爆品

直通车	包含计划类型	产品特性	适用
全自动投放	新店护航方案	为新商家提供获客、转化、诊断陪跑的智能托管推广服务，通过优质流量扶持，助力新商家获得订单转化，让商家在新手期，健康、快速成长。商家只需要选择套餐、选择专属顾问、发布产品，推广操作由系统负责	首次充值 P4P 平台新商家
	营销助力方案	专为直通车营销层级为 L0、L1、L2 商家设计的定制型扶持方案。该方案允许客户指定营销目标和方案金额/投放周期，简单两步即可让产品覆盖推荐、搜索两大场景流量，并享受流量扶持推广	营销层级为 L0、L1 和 L2 的商家（首次采纳后，后续无论变成 L0~L4，都可以再次采纳）
	国家化助力方案	专为国际站中小商家设计的定向地域智能自动投放营销方案。智能定向优先匹配东南亚/欧洲等地区流量进行曝光转化，并享受平台广告、自然双流量倾斜加速，效果更有保障，大额预算超值优惠	有大量定招品但缺乏推广经验的商家或有明确目标市场，希望获取国际站特定地域流量的商家
	AI 行业智投方案	P4P 专为国际站中小商家设计的 AI 智能自动投放营销方案。目前方案支持全球投放和定向地域投放。商家只需根据营销预算，选择对应的智能服务套餐并发布至少 30 个商品（需为潜力品、优品、爆品）	L0~L2 级商家

4. 外贸直通车的出价与扣费

关键词的底价：是指为获得在该关键词下的投放展示机会，您需要设定的最低出价。关键词的底价是由其商业价值决定的。

关键词的出价：是指在底价的基础上，关键词排到相应的位置上所要出的价格。其代表供应商排名的意愿，不等于实际的扣费。

关键词的扣费：即每次实际的点击花费，取决于卖家和其他客户的排名关系、出价和推广评分。在系统计算过程中，主要有两种情况：

（1）当商家的产品排在竞争该关键词客户的最后一名时，或者商家是这个关键词下曝光的唯一一个推广产品时，您所需要支付的点击价格为该关键词的底价。

（2）在其他情况下，商家所需要支付的点击价格 = {（下一名客户的出价×下一名客户的推广评分）/您自身的推广评分} +0.01 元。

出价≥底价，扣费≤出价，扣费和底价没有直接的关系。总结来说：

（1）每次点击花费不会超过商家为关键词所设定的出价。同时，受益于当前基于推广评分的扣费规则，往往商家的实际点击花费会低于商家的出价。

（2）点击花费会受其他客户影响。即使商家的出价不变，同一关键词在不同时刻的实际点击花费也可能是不同的。

（3）点击花费会受推广评分的影响。商家的推广产品与关键词的推广评分越高，商家所需要付出的每次点击花费越低。

（4）为了更好地提升商家体验，平台对计划的日预算即将消耗完毕时的最后一次点击出价规则做了优化，P4P 最后一次点击出价金额由当前的剩余预算金额出价升级为实际客户出价金额。举例：客户 A 计划预算 100 元，出价 5 元，消耗 98 之后，剩余 2 元。规则优化前，系统将会在不超过剩余预算 2 元的条件下匹配流量。优化后，将在不超过出价 5 元的情况下匹配流量，因此部分客户会出现计划的实际消耗金额超过计划的日预算上限的情况。

5. 外贸直通车的排序规则

外贸直通车中影响排名的因素主要有两方面：推广评分和出价。系统会实时根据推广评分和出价进行调整，推广评分×出价越高，排名越靠前，直通车排名规则案例如表 4-2-2 所示。

推广评分主要依据：产品的信息质量、关键词和产品的相关程度、买家的喜好度等。

表 4-2-2　直通车排名规则案例

产品	推广评分	出价/元	总分＝推广评分×出价	排名
A	10	9	10×9＝90	3
B	12	10	12×10＝120	2
C	7	17.2	7×17.2＝120.4	1

6. 外贸直通车的预算设置

外贸直通车推广方式多样，包括新品加速、普通品成长、优爆品助推、优品抢位、关键词推广等，大部分计划的每日最低预算为 50 元，个别计划可能为 100 元。

商家可以单独设置不同推广方式和相应推广的预算。每日的时间起始按照美国时间计算，若当日花费达到该限额，商家的所有推广信息会暂时下线，美国时间第二天 0 点，会自动上线继续投放。

为了更好地推广产品，建议商家：

（1）根据公司总预算来设定每日预算，也可以按照推广淡旺季来设定。

（2）根据目标市场的活跃时间调整预算，比如针对欧美市场，因欧美的白天对应国内时间的晚上，商家可以在晚上适当提高预算。

（3）开启直通车周预算，系统会动态智能的分配预算，在一周预算不变的情况下，获取更多的流量。

7. 外贸直通车的营销等级

这是为了给外贸直通车会员提供更加专业、更加贴心的服务，从而助力会员成长而推出的一项成长激励计划。每个直通车会员会根据不同的营销能力分数对应不同的营销能力等级，不同的营销能力等级会对应不同的营销权益。

进入国际站后台"营销中心"板块的"外贸直通车"页面，点击右上角的"营销能力成长"，可以查看当月的营销能力等级与得分，如图 4-2-2 所示。

营销能力等级以自然月为单位每月更新一次，每月 3 日更新当月等级，更新后方可根据最新等级享受对应权益。本月成长等级，由上月最后一个自然日的营销能力分决定（细项数据统计时间为近 30 天)。营销能力分对应不同营销能力等级的标准：L0 客户：0~20 分；L1 客户：21~50 分；L2 客户：51~70 分；L3 客户：71~80 分；L4 客户：81 分以上。

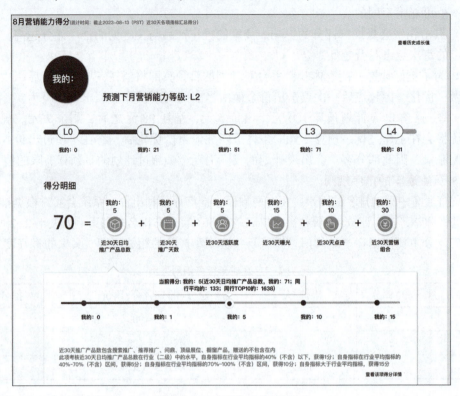

图 4-2-2　营销能力成长页面

营销能力分指标有：近 30 天日均推广产品总数、近 30 天推广天数、近 30 天活跃度、近 30 天曝光、近 30 天点击、近 30 天营销组合。

(1) 近 30 天日均推广产品总数：此项考核近 30 天日均推广产品总数在行业（二级）中的水平，自身指标在行业平均指标的 40%（不含）以下，获得 1 分；自身指标在行业平均指标的 40%~70%（不含），获得 5 分；自身指标在行业平均指标的 70%~100%（不含），获得 10 分；自身指标大于行业平均指标，获得 15 分。

(2) 近 30 天推广天数：此项考核营销产品近 30 天累计推广天数，累计推广 0~9 天，获得 1 分；累计推广 10~19 天，获得 3 分；累计推广 20 天以上，获得 5 分。

(3) 近 30 天活跃度：此项考核卖家在直通车和顶级展位后台操作天数，操作天数累计 1 天，计为活跃 1 次，活跃度考核为登录后台有以下行为，调词、调价、优化、建计划、顶级展位竞拍和换绑产品，累计活跃 4~7 次，获得 3 分；累计活跃 8~11 次，获得 5 分；累计活跃 12 次以上，获得 10 分。

(4) 近 30 天曝光：此项考核近 30 天累计曝光在行业（二级）中的水平，近 30 天曝光在行业平均值的 70%（不含）以下，获得 1 分；近 30 天曝光在行业平均值的 70%~100%（不含），获得 5 分；近 30 天曝光在行业平均值的 100%~130%（不含），获得 10 分；近 30 天曝光在行业平均值的 130%以上（含），获得 15 分。

(5) 近 30 天点击：此项考核近 30 天累计点击在行业（二级）中的水平，近 30 天点击在行业平均值的 70%（不含）以下，获得 1 分；近 30 天点击在行业平均值的 70%~100%

（不含），获得 3 分；近 30 天点击在行业平均值的 100%~130%（不含），获得 5 分；近 30 天点击在行业平均值的 130% 以上（含），获得 10 分。

（6）近 30 天营销组合：此项考核营销产品组合使用情况，按近 30 天统计各产品累计投入，依据投入获得相应分值，近 30 天投入小于 1 000 获得 5 分，近 30 天投入 1 000~2 000（不含）获得 10 分，近 30 天投入 2 000~3 000（不含）获得 20 分，近 30 天投入 3 000~5 000（不含）获得 25 分，近 30 天投入 5 000~7 000（不含）获得 30 分，近 30 天投入 7 000~10 000（不含）获得 35 分，近 30 天投入 10 000 以上获得 45 分，累计投入只统计现金消耗，不包含红包和优惠券。

以上考核数据包含直通车推广、问鼎、顶级展位，赠送的不包含。不同等级可享受到的权益不同，如图 4-2-3 所示。

营销能力权益						
	权益内容	L0	L1	L2	L3	L4
培训权益 说明：培训权益指营销内容平台可查看的培训课程。等级越高可享受的课程和直播越高阶。	基础培训课程	有	有	有	有	有
产品权益 说明：产品权益指产品后台各功能的使用权限。等级越高可使用的功能越多。	数据权益	基础数据报告	基础数据报告	基础数据报告	高级数据报告 (地域报告)	高级数据报告 (地域报告)
	按地域&时间投放				有	有 (请在各个计划的计划详情页-高级设置中进行设置)
	L3+买家标签					有 查看L3+买家标签介绍

图 4-2-3　营销能力权益

【任务实施】

4.2.2　创建直通车计划

（1）进入国际站后台"营销中心"板块的"外贸直通车"页面，点击左侧导航栏中的"新建推广"。商家根据想要推广的产品和预计达成的效果来选择营销场景，填写计划名称，便于后期管理，如图 4-2-4 所示。

（2）在投放设置的高级设置中，商家可以设置计划的推广渠道、多语言投放站点、广告投放地域、广告投放时间段。其中广告投放地域和时间段只针对直通车 L3/L4 用户开放，如图 4-2-5 所示。

（3）根据营销场景选择推广产品，不同计划对应的产品不同。系统会根据选择的营销场景推荐合适的产品，商家也可以自行选择产品添加。商品自动更新功能开启后，系统会按照商家设置的商品范围、标签类型和更新规则自动同步新的产品到推广计划中，如图 4-2-6 所示。

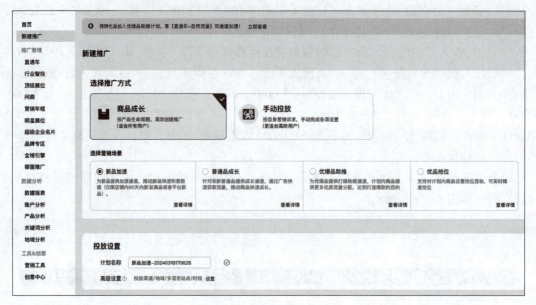

图 4-2-4　选择推广方式和投放设置填写计划名称

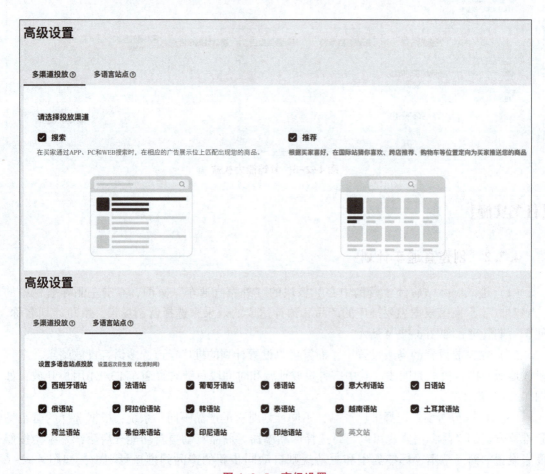

图 4-2-5　高级设置

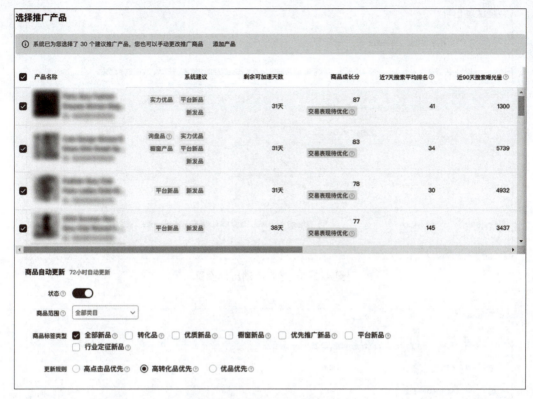

图 4-2-6　选择推广产品

（4）设置预算与出价，出价方式分为行业智能出价与手动出价两种方式。系统会根据计划类型和推广产品数给出预算建议，商家也可根据自身情况来设置。周预算功能默认开启，如不需要可手动关闭。如图 4-2-7 所示。

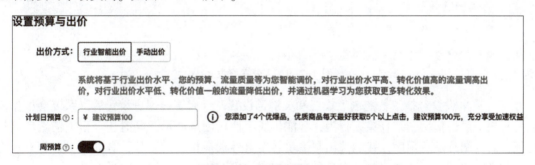

图 4-2-7　设置预算与出价

选择行业智能出价时，系统会基于行业出价水平、商家预算、流量质量等智能调价，获取更多转化效果。选择手动出价时，填写出价不超过的某个数值范围，系统会根据商家的出价来预估推广效果，如图 4-2-8 所示。

（5）在人群偏好设置中，系统会根据计划类型与产品为商家推荐溢价标签，标签包含了人群、地域、分端、场景等。商家可自行选择系统推荐标签，也可自主添加定向标签，根据标签设置溢价百分比，如图 4-2-9 所示。溢价是指在原出价的基础上其单次点击出价区间将会根据您设置的溢价比例提升，例如，出价为 10 元，溢价比为 120%，则溢价后的出价为12 元。

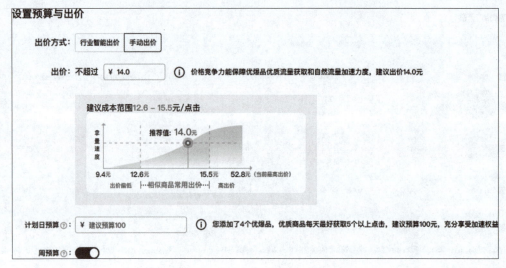

图 4-2-8　选择手动出价设置

图 4-2-9　人群偏好设置

（6）更多设置包括了智能创意设置和关键词设置。开启智能创意设置后，系统会根据商品的标题、属性信息，结合买家行为，智能生成个性化创意展示，同时还会根据消费者兴趣特征，更改图片展示顺序，智能选出与消费者搜索诉求最相关的图片，有助于提升创意点击率。如产品主图绑定了视频，开启后可享受搜索结果下的独享动效，如图 4-2-10 所示。

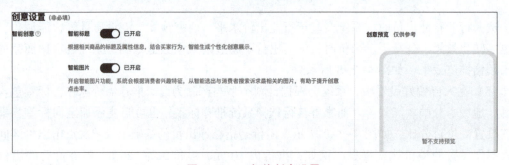

图 4-2-10　智能创意设置

买家添加自选产品关键词后，推广计划会根据商家设置的关键词进行推广，流量会更精准，如不设置关键词，系统会自动根据产品匹配的关键词进行推广，如图 4-2-11 所示。

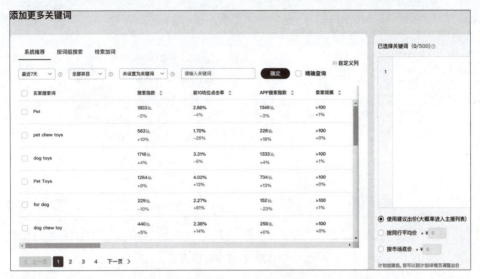

图 4-2-11　关键词偏好

（7）推广设置完成后，点击"提交"，完成推广计划创建，如图 4-2-12 所示。

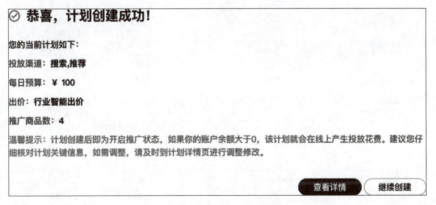

图 4-2-12　推广计划创建成功

4.2.3　直通车推广管理

（1）进入国际站后台"营销中心"板块的"外贸直通车"页面，点击左侧导航栏中的"直通车"按钮，进入直通车计划管理页面。商家可以查看所有推广方案的总数据，包括曝光、点击、点击率、L1 买家点击占比、意向商机量、花费等数据，也可以查看单个推广计划的具体数据，如图 4-2-13 所示。

（2）在推广计划页面中，可以对不同的推广计划进行管理操作，包括启动、暂停、删除计划等，也可以进行调整计划的日预算、出价、投放渠道、周预算等操作，如图 4-2-14 所示。

（3）点击进入单个推广计划详情页，商家可以查看推广产品的数据情况，并根据推广数据效果对计划内的产品、关键词、定向标签、溢价进行调整，还可进行计划开关、预算调整、出价调整、屏蔽关键词、设置抢位助手、设置智能创意、高级设置等管理操作，如图 4-2-15 所示。

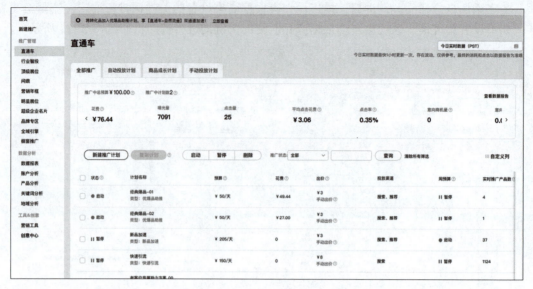

图 4-2-13　直通车管理页面

图 4-2-14　管理推广计划

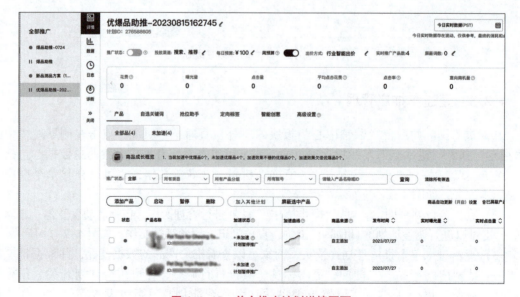

图 4-2-15　单个推广计划详情页面

任务 4.3　品牌推广

【任务描述】

香妮尔公司决定在国际站上选择合适的品牌推广方式，打造公司品牌知名度，提升品牌效益。公司在经过对比多个品牌推广方式后，决定购买顶级展位进行品牌推广，请你帮助公司完成顶级展位的购买、绑定等操作。

【任务分析】

首先我们需要了解国际站内的品牌推广方式，包括顶级展位、回眸、问鼎、品牌直达、明星展位等。了解不同品牌推广方式的推广位置、推广模式和逻辑，根据商家想要达成的营销效果来选择合适的品牌推广方式。最后熟悉掌握顶级展位的竞拍流程，顶展关键词的创意新建、绑定、管理等操作流程。

【知识储备】

4.3.1　顶级展位

顶级展位，简称顶展，是阿里巴巴国际站一种品效合一的综合类广告。当买家在阿里巴巴网站上搜索产品关键词时，如果该关键词已经被商家成功购为顶展关键词，则买家在搜索后会在阿里巴巴搜索结果第一页的第一位看

课件

到商家产品图文并茂的信息，并且产品信息上会有"皇冠"的标志，如图 4-3-1 所示。被商家成功购买到的顶级展位投放期间其他商家无法再购买，由顶展词带来的所有曝光和点击都不会再产生任何费用。同一个关键词的顶级展位分为 PC 端和 APP 端，需要分开购买。

图 4-3-1　顶展广告位

顶级展位的核心价值主要有三点：

（1）锁定搜索首位，巨大流量，精准曝光。

顶级展位能保证商家的商品始终出现在搜索结果第一位，在众多竞争对手中脱颖而出，如图 4-3-2 所示。专属的皇冠标识，占据主搜第一位，牢牢抓住了买家眼球，获取曝光能力是不使用任何广告商品的 5 倍。

（2）创意样式，多品联动，带动全店曝光，提升转化效能。

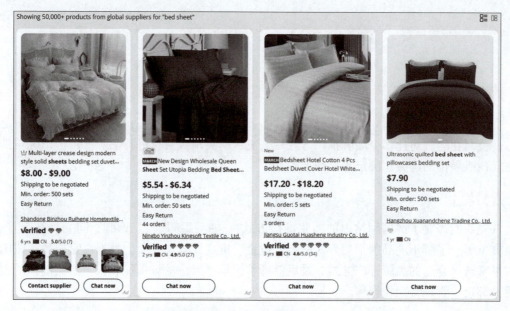

图 4-3-2　顶级展位

PC 端的顶级展位拥有视频子链、子链、视频、经典、新经典、PC 找工厂多品滑动样式 6 大创意类型，提供商家多样化的设计需求，如图 4-3-3 所示。6 大创意样式，满足顶展样式多样化、互动形式视频化、产品多样化，大大提升了商品的曝光量，拉长了买家的停留时长。

图 4-3-3　PC 端顶展创意模板

APP 端顶级展位拥有 APP 子链、单品经典、APP 利益点、多品创意、APP 多品滑动、APP 找工厂、APP 找工厂多品滑动样式 7 个创意，如图 4-3-4 所示。

（3）顶展 Plus 升级，多品多创意，千人有千面。

顶展 Plus 的核心升级点在于支持一词绑定多个创意，从原来顶展"一词对一创意"升级成"一词对多创意"的形式，进而通过算法识别买家的偏好，实现产品优选，进行千人千面的展示，如图 4-3-5 所示。

商家在制作创意时，可以选择【顶展 Plus 智能创建】，当关键词不足 10 个创意时，系统挑选店铺优品，自动制作经典创意投放。顶展 Plus 的优势如图 4-3-6 所示。

图 4-3-4　APP 端顶展创意模板

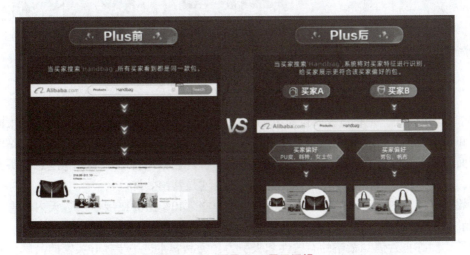

图 4-3-5　顶展 Plus 展示逻辑

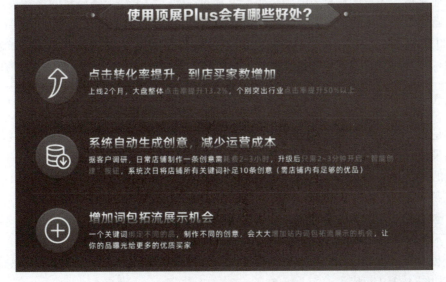

图 4-3-6　顶展 Plus 优势

4.3.2　回眸

当买家在阿里国际站看过商家的顶展商品，7 天内他将在首焦 Banner 第一帧、猜你喜欢等位置再次看到这款商品，加深品牌印象，如图 4-3-7 所示。

搜索结果页第一位　　　　　　　　首焦Banner第一帧　　　　　　　猜你喜欢

图 4-3-7　回眸移动端展示路径

"回眸"再营销，是在顶级展位原有品牌广告价值基础上进行的品牌展示升级策略。通过识别和锁定曾浏览过（曝光）顶级展位广告的海外买家，在其重访阿里巴巴国际站时，以千人千面的个性化推荐方式再次展示顶展客户的广告。这样做旨在增强对高度意向买家的品牌认知、加深品牌印象，并提升点击转化率，从而增强营销效果。

据数据统计，浏览过顶展广告的买家中，有 30%～40% 比例在接下来 7 天内会再次看到"再营销"商品。此外，在这 7 天内，这类买家平均会回访 2～3 次阿里巴巴国际站。这些数据反映了"回眸再营销"策略的有效性和吸引力，为品牌主进一步提升买家的品牌认知度和转化率提供了有力支持。

在商业领域，用户的注意力时间是非常宝贵的资源。为了锁定高质量的潜在买家并实现最大化的营销效果，采用"回眸"再营销策略是一种不错的选择。当意向买家再次浏览时（即退出浏览页后再次进入），品牌广告会再次出现在他们眼中，重新激发他们的兴趣，加强对品牌的认知。通过这种方式能够显著提高点击转化率，并帮助品牌吸引更多的潜在客户。

4.3.3　问鼎

问鼎是为外贸商家量身打造的 CPT 计费品牌营销产品，通过将商家品牌即时展现在关键词搜索结果框首位，帮助商家树立优质的品牌形象，如图 4-3-8 所示。

问鼎的 Plus 功能，支持创意的智能生成、智能优选、智能优化，通过算法识别买家偏好，实现商品优选，进行千人千面的个性化展示。其核心功能有：

（1）创意智能生成：开启问鼎 Plus 智能创建系统后会自动生成多样性创意，实现创意差异化展示，如图 4-3-9 所示。

（2）创意智能优选：投放时，系统根据买家的搜索采购行为偏好，选择预估最优创意进行投放，如图 4-3-10 所示。

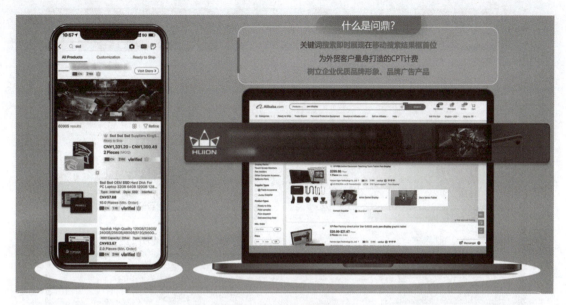

图4-3-8 问鼎展示位

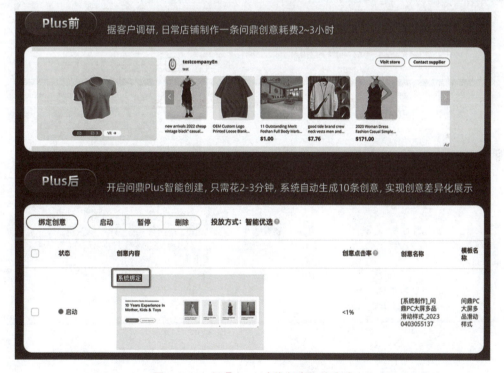

图4-3-9 问鼎 Plus 功能创意智能生成

（3）创意智能优化：系统会每日针对自动生产的创意进行数据效果核验，如果有更优秀的创意，会自动替换，如图4-3-11所示。

4.3.4 明星展位

明星展位是围绕买家检索需求，在检索结果页通过大屏展示商家店铺核心信息，从而达到多维度传递企业品牌价值与服务的品牌一站式营销新阵地，如图4-3-12所示。其旨在充

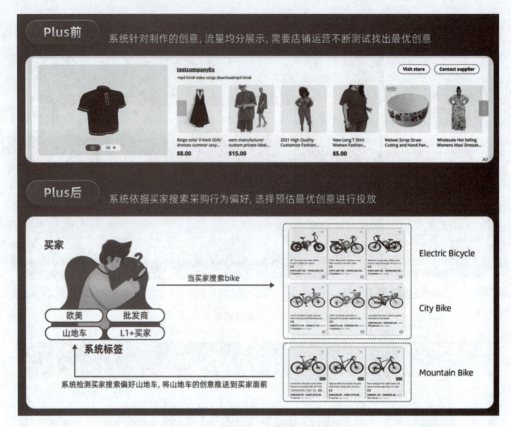

图 4-3-10 问鼎 Plus 功能创意智能优选

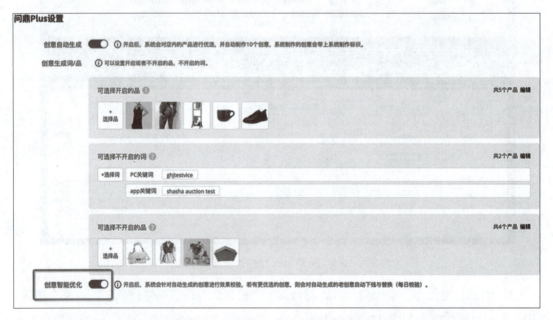

图 4-3-11 问鼎 Plus 功能创意智能优化

分把握每一次检索契机，帮助企业建立买家经营阵地，从而满足品牌全链路营销的诉求。

明星展位目前仅开放给"数字营销年框"客户购买，购买明星展位即等于同时购买该关键词下问鼎+顶级展位+回眸。

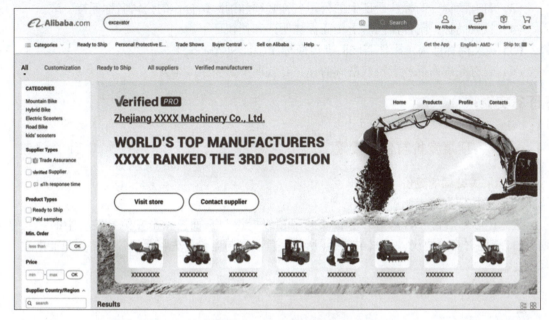

图 4-3-12　PC 端明星展位

4.3.5　品牌直达

品牌直达是阿里搜索品牌广告新的打开方式，对品牌有认知的买家群体，通过品牌信息的透出，在搜索联想、搜索首位、搜索直达三方面触达买家，提升品牌调性和买家信任度，如图 4-3-13 所示。（搜索词必须含品牌词）

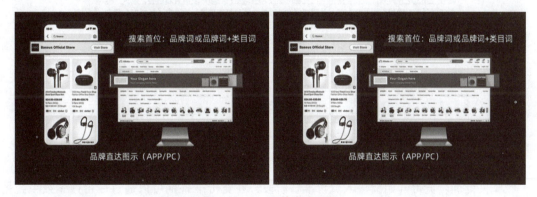

图 4-3-13　品牌直达展位

品牌直达只送不卖，特邀购买广告品牌方案整包的用户，整体方案金额符合，并且 R 标符合要求，才可获得"品牌直达赠送"。问鼎当月到款，即可获得品牌直达。R 标要求商标可以是自有商标，也可以是推广授权商标，需要符合以下规则：

（1）品牌直达，必须为纯英文注册的 R 标才可获得品牌直达完整赠送。中文商标/图形商标，暂时无法获得品牌直达赠送。

（2）品牌直达推广的品牌词，必须和 R 标注册的品牌名保持一致。品牌词必须未被占用才可赠送成功，如被占用（包含其他品牌词优先注册品牌直达或问鼎已售）则不可使用，当不同行业推广同一品牌词时，遵循先到先得原则投放。

（3）自有商标，商标注册证上的公司名称必须和国际站合作的公司名称保持一致。

（4）授权商标，附件需同时上传商标注册证和授权证书。

（5）英文商标证书，附件需同时上传商标注册证和营业执照。

（6）自有品牌商标或者授权品牌商标，有效期不得少于 6 个月。

【任务实施】

4.3.6　顶展竞价与创意设置

1. 顶展关键词的竞价

（1）确认顶展线上竞价协议。

进入国际站后台"营销中心"板块的"顶级展位"页面，点击左侧导航栏中的"关键词竞价"，签署竞价协议，如图 4-3-14 所示。首次参与竞价需先接受协议，协议只能由主账号接受。

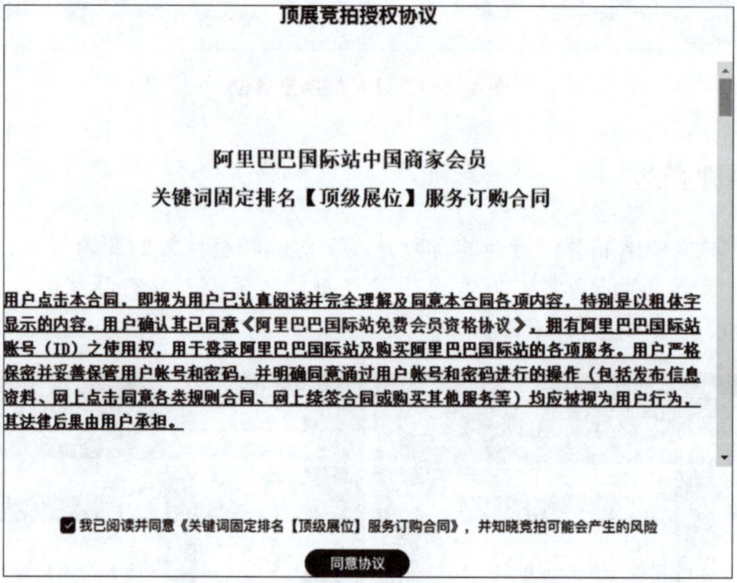

图 4-3-14　同意顶展竞价授权协议

（2）竞价前准备。

收藏关键词：竞价开始前进入竞价准备阶段，在竞价准备期可以通过后台搜索或系统推荐找到"本轮可竞拍"的关键词，提前收藏，如图 4-3-15 所示。只有显示"本轮可竞拍"的关键词，才可参与竞拍，其他状态的关键词无法参与竞拍，收藏好的关键词，右侧收藏按钮会变成蓝色，在"我的收藏"中可查看。

提前充值：收藏好关键词后，查看通用资金账户余额，确保通用资金账户余额大于等于出价金额的 5%，否则竞拍期间无法出价。每次出价会冻结出价金额的 5% 作为保证金，保证金只支持通用资金账户的扣款。

记住竞价时间：在首页提前关注好竞价时间，届时准备参与竞价。

（3）竞价开始，进行出价。

金品诚企和出口通商家的竞价时间统一为竞价日当天上午 10 点～12 点（具体每月竞价

日以系统为准），必须为主账号才可以出价。当竞价开始，关键词的状态显示为"竞价中，您未出价"，点击"立即出价"按钮，对关键词进行出价，如图 4-3-16 所示。

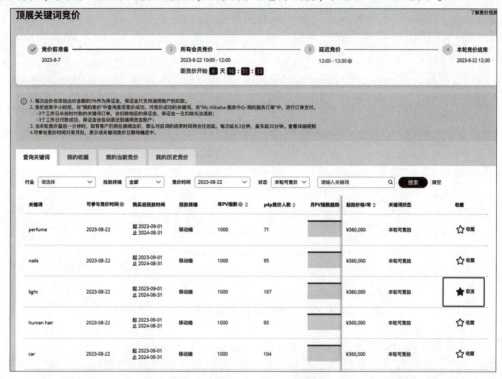

图 4-3-15　收藏竞价关键词

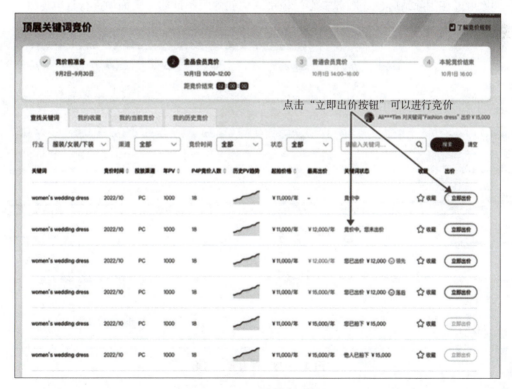

图 4-3-16　顶展关键词竞价

在弹出的出价框页面中确认关键词投放时间，填写出价后，点击提交出价，如图 4-3-17 所示。出价提交之后即表示商家参与了该词的竞价，系统会自动冻结商家的出价金额 5%作为保证金，直到竞价结束，如未竞价成功会自动释放。

出过价的关键词，可在"我的当前竞价"中进行查看，点击"立即出价"按钮，对关键词进行出价修改，如图 4-3-17 所示。

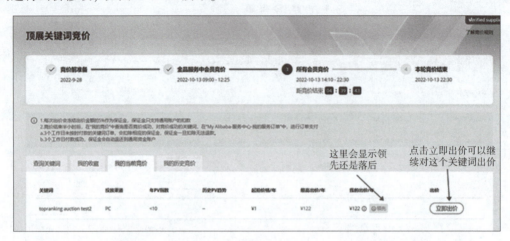

图 4-3-17　查看关键词竞价出价修改

（4）竞价结束，支付尾款。

竞价结束后，可以在"我的当前竞价"看到是否成功。如当词的状态是"您已拍下"，代表商家已经成功竞得该词，"他人已拍下"则代表未竞得该词，如图 4-3-18 所示。竞价结束后，商家可以在国际站后台"服务中心"板块的"我的服务订单"页面中进行订单支付。

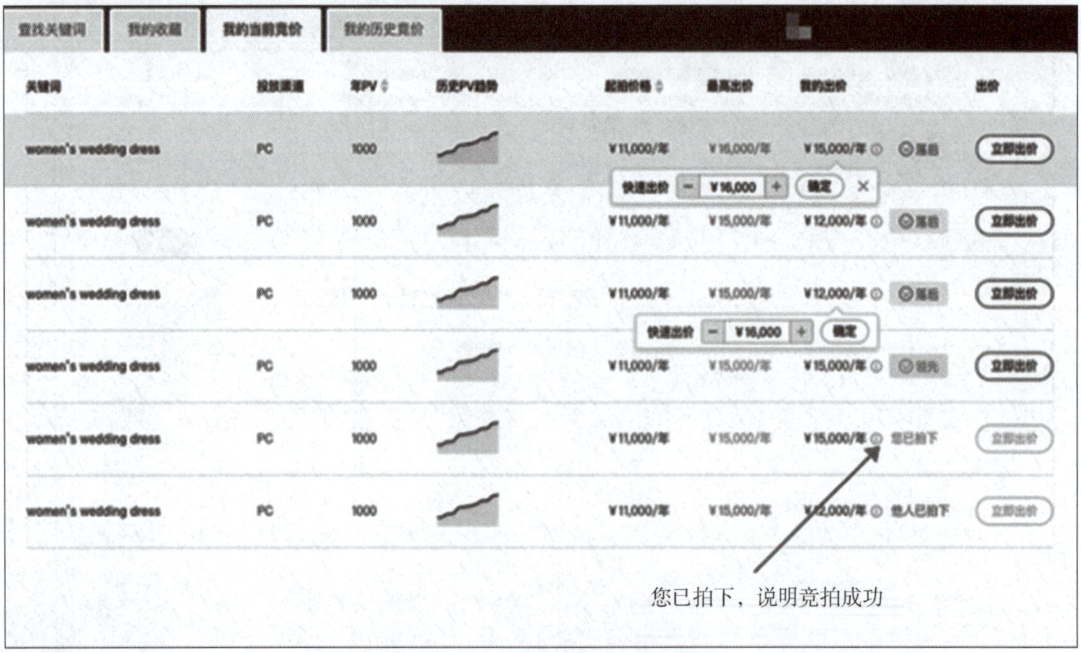

图 4-3-18　查看竞价结果

📱 知识小窍门

（1）竞价过程中，系统会提示当前竞价是处于"领先"或"落后"，请及时刷新页面确认最新领先状态。

（2）每次出价需要高于起拍价，每个关键词可进行多次出价。

（3）商家的最终出价以最新提交的价格和时间为准。

（4）3 个工作日内未按时付款的关键词订单，会扣除相应的保证金，保证金一旦扣除无法退款。

（5）3 个工作日内付款成功，保证金会自动退还到通用资金账户。

2. 顶展的创意制作

（1）找到绑定关键词。

进入国际站后台"营销中心"板块的"顶级展位"页面，在推广管理的"准备投放"或"投放中"页面找到对应的顶展关键词，点击"立即绑定"，如图 4-3-19 所示。

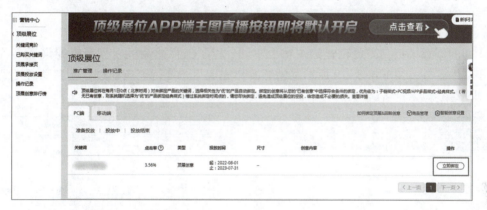

图 4-3-19 关键词创意绑定

（2）选择已有创意/新建创意。

已经有的创意直接选择绑定，审核状态与相关性都需通过才能绑定，如图 4-3-20 所示。

图 4-3-20 绑定已有创意

如没有可绑定创意，点击"新建创意"进入页面，选择创意模板开始制作，如图 4-3-21 所示。

图 4-3-21　选择创意模板

不同的创意模板，需要设置的内容也不同。以子链样式为例，创意需要设置名称、主品、子链内容等，如图 4-3-22 所示。创意制作完成后，等待审核通过，会自动绑定到顶展关键词上。

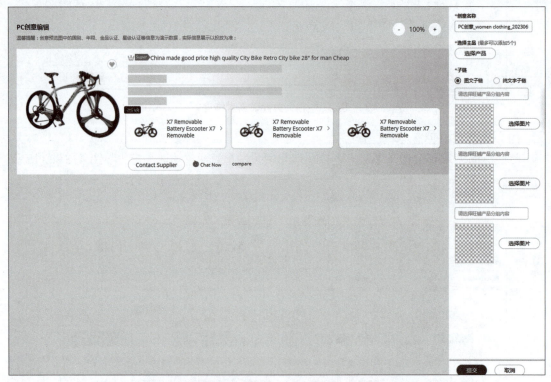

图 4-3-22　子链样式 PC 创意编辑页面

选择主品时，推广评分为"优"的产品才可以进行绑定；可使用"优选商品""优质转化品"等标签辅助选择，如图 4-3-23 所示。

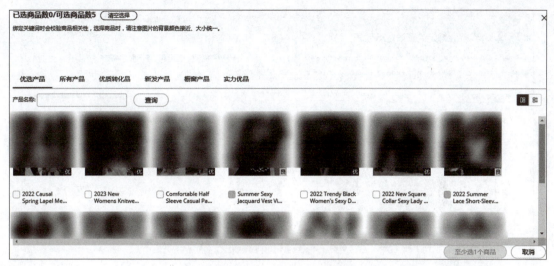

图 4-3-23　选择创意主品

优选产品：算法推荐更适合绑定该顶展的产品。

所有产品：旺铺内的所有产品。

优质转化品：根据历史数据预测，在 P4P 点击，转化方面有优势的产品。

新发产品：店铺新发布的商品以及未加入过 P4P 推广的产品。

橱窗产品：旺铺内的橱窗产品。

3. 顶展的创意管理

（1）进入国际站后台"营销中心"板块的"顶级展位"页面，在推广管理的"投放中"页面可以看到投放的关键词、点击率、投放时间、创意内容以及创意绑定数，如图 4-3-24 所示。

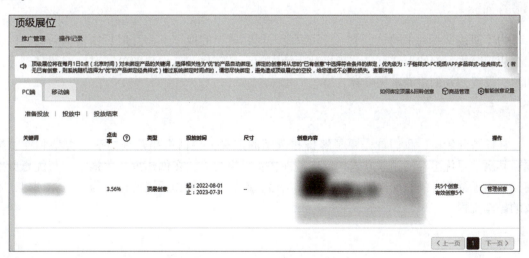

图 4-3-24　查看已投放顶级展位关键词

（2）点击"创意管理"，进入创意管理页面。可以查看该关键词下的绑定商品数、绑定创意数、有效商品数和有效创意数等信息。同时可以对创意列表中的创意进行解绑、暂停、启动等操作，也可以进行绑定/新建创意操作，如图 4-3-25 所示。

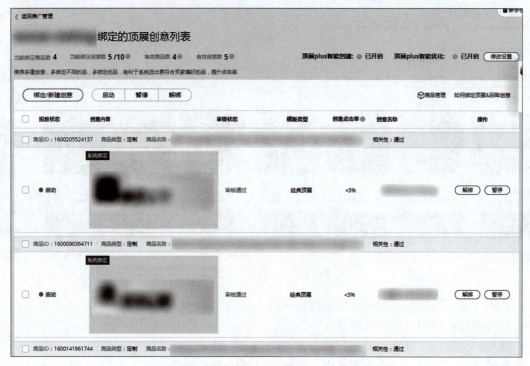

图 4-3-25　管理绑定的顶展创意列表

任务 4.4　折扣营销与优惠券

【任务描述】

为了迎接即将到来的新贸节，公司决定对国际站上的换季产品开启折扣营销活动，以发放全店满减优惠券的形式，进一步提升店铺内的交易转化。请你帮助公司对换季产品进行折扣营销设置，并创建满减优惠券。

【任务分析】

在任务开始前，我们首先要了解折扣营销的定义，包括折扣营销的活动类型和注意事项；其次学习优惠券的领取方式、创建条件、使用规则等。在创建折扣营销活动与优惠券之前，必须了解两者的叠加规则，避免设置出错。最后掌握折扣营销的设置与优惠券创建、发放的操作流程。

【知识储备】

4.4.1　折扣营销

1. 折扣营销的定义

通过在店铺首页设置显示折扣板块，展示最大的折扣信息，让客户点击进入限时折扣的承接页后，浏览所有折扣信息及关联商品。

课件

在店铺首页，商家通过设置折扣板块，直观地向所有进店访客展示店铺当前在进行的限时折扣活动，如图 4-4-1 所示。客户点击折扣板块可进入折扣活动页浏览所有折扣商品与折扣力度，如图 4-4-2 所示。

温馨提示：只有当限时折扣商品数量大于等于 3 时，才会在旺铺中展示。

图 4-4-1　店铺首页限时折扣活动板块

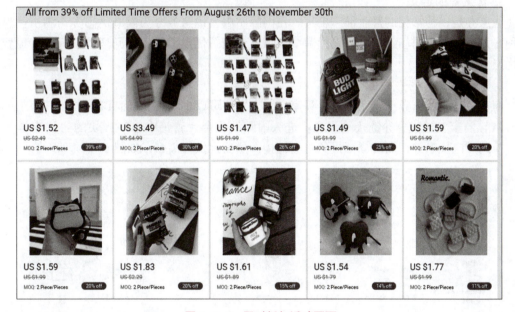

图 4-4-2　限时折扣活动页面

2. 折扣营销的活动类型

折扣营销活动可分为两种，分别是限时折扣和高层级买家会员价，如图 4-4-3 所示：

限时折扣：可针对店铺新买家和全部买家设置不同折扣，全部商家都可设置。

高层级买家会员价：可针对高层级买家（L2+）设置会员专享价，折扣要求在 1~9.5 折范围内，仅金品诚企的商家可设置。

图 4-4-3　折扣营销的活动类型

3. 创建折扣营销的注意事项

（1）活动时间为美国时间，每个活动最多只能选 50 个产品。

（2）若子账号设置需主账号授权，授权操作路径：账户-子账号管理-操作-权限设置。

（3）活动商品的折扣信息将在产品的详情页展示。

（4）目前只有直接下单品才能设置折扣营销。

（5）"限时折扣"只能应用在买家直接下单的订单上，前提满足：非样品单、在限时折扣有效期内、折扣优惠库存大于 0。

（6）限时折扣减免的是订单金额中商品货款部分，不包括物流费用。

（7）同商品上有多个限时折扣活动，根据折扣力度优先级展示和实现最优惠的那一个。

（8）填写的活动库存数量为单个 SKU 库存数量，比如这个品有 5 个 SKU，客户填写的库存数量为 100，那是指每个 SKU 的库存为 100，这个品总活动库存为 500。

4.4.2 优惠券

1. 优惠券的定义

优惠券是一种常见的营业推广工具。在国际站中，优惠券分为满减优惠券与满折优惠券两种。详情页和旺铺场景下，可设置满减优惠券和满折优惠券，直播间场景下只支持设置满折优惠券。

2. 领取优惠券的方式

商家自营销优惠券设置完毕后，买家有 3 个方法可以查看/领取优惠券：

（1）商家发送优惠券链接给买家：进入国际站后台"营销中心"板块的"优惠券"页面，找到对应优惠券，点击分享得到对应链接，然后提供给买家，如图 4-4-4 所示。

图 4-4-4 分享优惠券

（2）商家在旺铺装修中，设置了优惠券板块，买家可在旺铺中领取，如图 4-4-5 所示。

（3）买家可在商家的产品详情页中，找到店铺优惠券进行领取，如图 4-4-6 所示。

3. 直播间优惠券创建条件

（1）直播间优惠券类型只能为满折，店铺优惠券数量最低 1 份起，最高 10 000 份封顶，1≥所创建的店铺优惠券数量≤10 000 张，若超过该数量范围，则无法创建直播间优惠券。

（2）店铺优惠券的折扣力度在 0.1~9 折。

（3）店铺优惠券有效期选择：生效时间和失效时间自行填写。

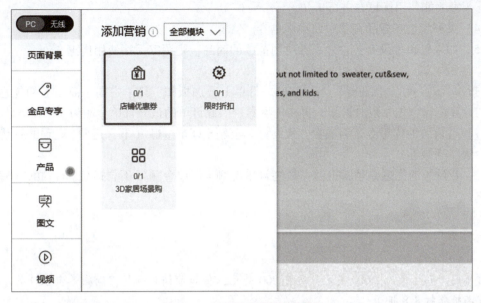

图 4-4-5　设置店铺优惠券板块

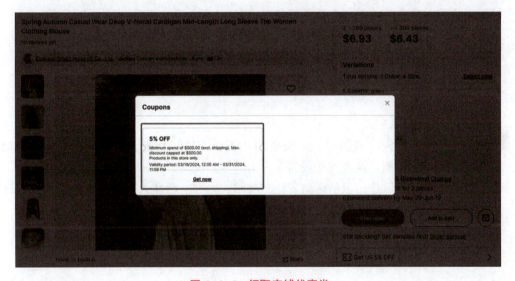

图 4-4-6　领取店铺优惠券

（4）商家创建优惠券的优惠额度上限：额度可在最低 100 美金起至最高 10 000 美金封顶中选择（即优惠额选择范围：100~10 000 美金）。

（5）商家在设置买家优惠券使用门槛时，门槛可在 1~100 美金之间进行选择，当买家领取优惠券并订单金额达到优惠面额美金时一定可用优惠券。

（6）商家线上创建优惠券的类型不能超过十种，当创建超过类型数量时，系统会自动提示结束部分发放中或代发的优惠券；因此商家在直播间下发的直播优惠券类型要提前规划。

4. 直播间优惠券使用规则

（1）优惠券抵扣的是订单金额中商品货款部分，不包括物流费用。

（2）优惠券有特定使用条件，1 张券仅限于单笔订单消费抵用，不可拆分，过期作废。

（3）使用门槛：必须大于优惠面额，且当订单货款金额（不含运费）满足优惠券抵扣标准时，买家才能使用优惠券进行抵扣。

（4）买家无法在样品订单中使用优惠券。

（5）如果订单中没有包含优惠券适用范围的商品，则买家无法使用优惠券。

5. 限时折扣与优惠券叠加规则

"折扣营销"和"优惠券"可以在同一订单上叠加抵扣，订单中同一商品上的优惠叠加抵扣的计算逻辑：先扣限时折扣，再扣优惠券。因此订单的最终订单金额为：

（1）若设置的优惠券是满减券：最终订单金额＝订单金额（不含运费）×折扣%－优惠券券面金额（满减券）。

（2）若设置的优惠券是满折券：最终订单金额＝订单金额（不含运费）×折扣%×满折券折扣%。

 练一练

订单内产品金额为 1 000 美元，运费 200 美元，折扣营销为 9 折，满减券满 500 美元减 50 美元，满折券打 8.8 折。

（1）若设置的优惠券是满减券：最终订单金额＝1 000×0.9－50+200＝1 050（美元）

（2）若设置的优惠券是满折券：最终订单金额＝1 000×0.9×0.88+200＝992（美元）

【任务实施】

4.4.3 折扣营销与优惠券设置

1. 创建折扣营销

（1）进入国际站后台"营销中心"板块的"折扣营销"页面，选择想要创建的活动类型，以"限时折扣"为例，点击"去设置"。

（2）填写活动基本信息，包括活动名称、时间、人群。活动人群可设置所有人或店铺新客，如图 4-4-7 所示。

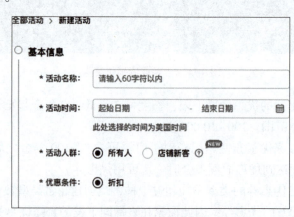

图 4-4-7 填写活动基本信息

（3）选择活动产品，填写活动库存和优惠折扣。限时折扣优惠方式的设置范围为 1～9.9，可保留小数点后一位。需要打多少折，就填写多少，如图 4-4-8 所示。填写完成后，点击"创建活动"即可。

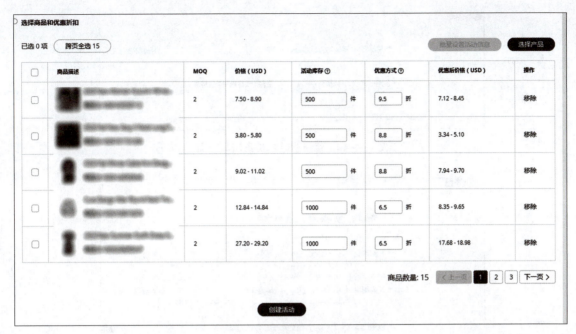

图 4-4-8 选择商品和优惠折扣

2. 创建优惠券

（1）进入国际站后台"营销中心"板块的"优惠券"页面，点击"创建优惠券"，如图 4-4-9 所示。

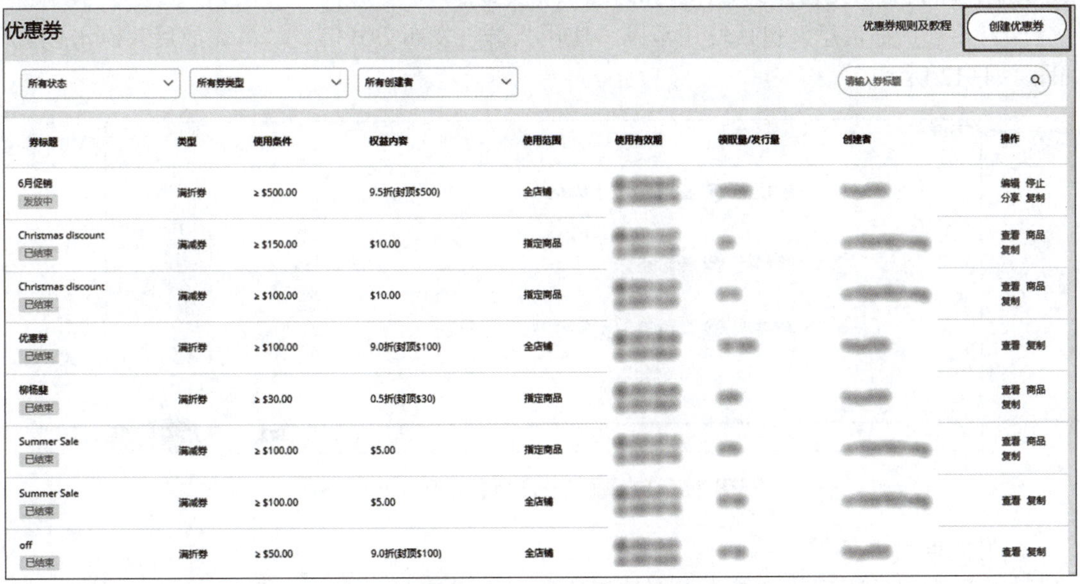

图 4-4-9 创建优惠券页面

（2）填写基本信息、包括券标题、使用场景与有效期。使用场景分为详情页/旺铺、直播两种，直播优惠券仅在直播间使用，如图 4-4-10 所示。

（3）填写面额信息，包括券类型、券数量以及优惠力度。不同类型的券优惠的方式也不同。具体如图 4-4-11 所示。

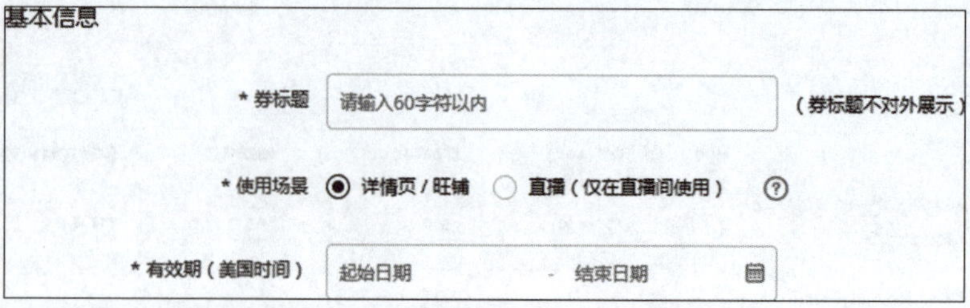

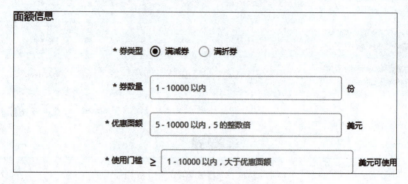

图 4-4-10　优惠券基本信息填写页面

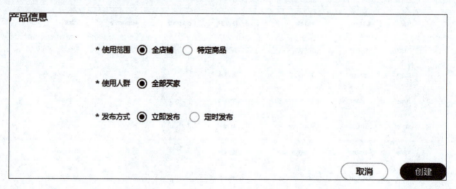

图 4-4-11　优惠券面额信息填写页面

如满减优惠券可以设置使用金额大于等于 100 美金，优惠面额为 5 美金，即 100-5 的优惠券，满折优惠券可以设置为使用金额大于等于 500 美金，折扣力度为 9 折，优惠额上限为 100 美金，即满 500 美金打 9 折，折扣封顶 100 美金。

（4）填写产品信息，包括使用范围、使用人群、发布方式等。填写完成后，点击创建，如图 4-4-12 所示。

图 4-4-12　优惠券产品信息填写页面

3. 发放直播优惠券

（1）进入国际站后台"媒体中心"板块的"直播管理"页面，进入直播间中控台。在中控台页面，选择创建优惠券发放，如图 4-4-13 所示。

（2）选择想要单次下发的优惠券类型（单次至多选择三张优惠券进行下发），选择"领取条件"，追加领取条件可以和更多买家建立联系（可选关注后领取、评论后领取以及无条件）。直播间优惠券发放设置如图 4-4-14 所示。

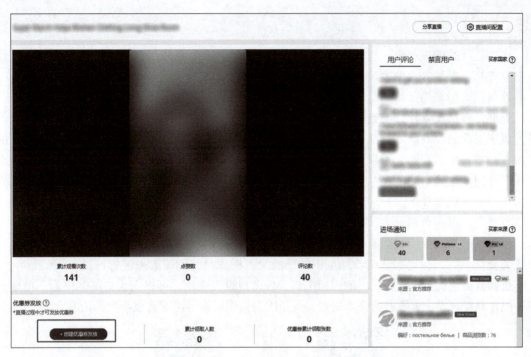

图 4-4-13　直播间中控台页面

图 4-4-14　直播间优惠券发放设置

【项目评价】

橱窗是产品的展示位，有优先排名权益和旺铺首页推广的作用，利用好橱窗资源位，设置主营产品、爆品等为橱窗产品，可以获取更多的流量。

外贸直通车是国际站内最常见，也是商家使用频率最高的付费推广工具。了解直通车的推广类型，包括搜索推广与推荐推广。搜索推广是先选词再选品，推荐推广是通过在不同场景为买家推荐的形式展现产品，两者的展示逻辑、位置、推广方式都不相同。了解直通车的出价、扣费、排名规则，可以帮助商家更有效地设置外贸直通车推广。通过创建不同的直通车推广计划，达到不同的产品营销效果，根据计划推广效果和数据来进行调整优化，让直通车带来的流量更加精准。同时，商家还要了解自己的营销等级，根据营销考核指标有针对性地进行推广，提高营销分数，获取更多的权益。

国际站的品牌推广目前有顶展、回眸、问鼎、明星展位、品牌直达等，不同的品牌推广方式的受众不同，达到的营销效果也不同，商家可根据自己的需求来进行选择。

折扣营销与优惠券作为店内的促销工具，合理地设置利用，可以大大提高客户的下单成交率。但在设置时要注意两者的叠加规则，避免因为错误设置给店铺造成损失的情况发生。

项目 4 习题

项目 4 答案

项目 5
数据分析与优化

【项目介绍】

在数据分析与优化这一项目中，我们需要独立完成商家星等级提升、店铺数据分析与优化、店铺流量分析与优化、行业市场数据分析、产品数据分析与优化等任务。在完成这些任务前，我们需要了解商家星等级、产品成长分等体系相关内容，深入了解数据概览、流量参谋、市场参谋、产品参谋等功能和作用。

【学习目标】

知识目标：

1. 了解商家星等级的相关知识内容；
2. 了解产品成长分的相关知识内容；
3. 了解数据概览、流量参谋、市场参谋、产品参谋的功能内容。

技能目标：

1. 掌握商家星等级的提升方法；
2. 掌握店铺数据分析与优化等方法；
3. 掌握店铺流量分析与优化等方法；
4. 掌握行业市场数据分析方法；
5. 掌握产品数据分析与优化等方法。

素质目标：

1. 培养精益求精的工匠精神，养成严谨细致的工作态度；
2. 提升个人的自学能力，培养独立思考和探索的习惯；
3. 培养数字逻辑思维，提升数据分析能力；
4. 培养互联网思维。

【知识导图】

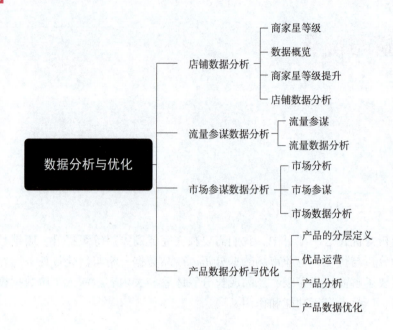

任务 5.1　店铺数据分析

【任务描述】

香妮尔公司的国际站平台已开通了 3 个月时间，公司想要了解目前的平台运营情况。请你向公司提交上个月的平台数据报告，报告内容包括店铺的商家星等级、店铺访问人数、店铺访问次数、店铺曝光、点击、询盘、TM 咨询数、信保订单数和信保成交 GMV 等经营数据，并针对目前平台数据存在的问题给出相应的优化方案。

【任务分析】

在开始任务前，我们首先要了解商家星等级的定义和考核标准，其次要熟悉数据概览的主要功能，通过数据概览来获取店铺的经营数据信息。最后掌握星等级的提升方法，学习如何分析店铺经营数据，并针对存在问题给予解决方案。

【知识储备】

5.1.1　商家星等级

1. 商家星等级的定义

商家星等级是评估国际站商家服务买家的能力和意愿的分层体系，通过推动商家能力提升，帮助商家成长，获得更多商机。依据跨境交易各环节买家的核心关注点梳理，商家可参考自身指标表现做对应优化调整，更好地在平台吸引海外买家和承接买家需求，获取更多商机。商家星分为一星、二星、三星、四星、五星 5 个等级。

课件

星等级越高的商家，遇到的客户质量也越高。

商家星等级分为两种场景指标，一种是"定制星等级"，另一种是"快速交易星等级"。定制赛道强调的是商家实力和行业服务化能力，快速交易赛道强调的是商品确定性和履约确定性。

平台根据买家的采购链路：搜索—沟通—交易—评价这四个行为来对商家进行考核，分别体现在商家力（定制场景）/商品力（快速交易场景）、营销力、交易力、保障力。商家力/商品力关注优质商品和品牌的展示，营销力关注商机获取能力，交易力关注成交转化效果，保障力关注交易质量及买家体验。

2. 商家星等级的指标

商家星等级由商家四大能力项的表现所决定，每个能力项满分 100 分（含加分项），四大能力项均须符合一定的标准且满足买家服务基础要求时才能晋级为星级商家。四大能力项的分数由其项下多个指标共同影响，根据各指标项权重综合计算对应能力项的分数。指标表现越好得分越高。

一星商家需四个能力项均达到 60 分，二星需要均达到 70 分，三星需要均达到 80 分，四星需要均达到 85 分，五星需要均达到 90 分。若上个月月末当天店铺为非服务中状态，则当月将没有评定星等级。

定制场景：定制星等级指标由商品力、营销力、交易力、保障力构成，具体指标如表 5-1-1 所示。

表 5-1-1　定制星等级指标构成

商品力	营销力	交易力	保障力
全店优品数	商机指数	站内交易额	风险健康分（计分 & 门槛）
橱窗优品占比	平均回复时间（计分 & 门槛）	支付转化率	买家评价分
可交易商品数（汽车零配件行业）	商机转化率	复购率	轨迹上网及时率
指定证书（加分项）	营销流量指数	站外交易额	异常履约率（纯门槛指标）
	RFQ 服务分（加分项）		

快速交易场景（RTS）：当店铺满足以下任意一个条件时，才可开启店铺快速交易星等级的评定，未达到此评定门槛时快速交易星等级默认 0 星：

（1）RTS 商品占总商品数的 30% 及以上。RTS 商品：可直接下单、约定发货期 ≤15 天且运费清晰可计算的商品。

（2）7 天发货保障 RTS 商品 ≥100 个。店铺加入"保障升级服务"，且店内至少有 100 个约定发货期 ≤7 天的 RTS 商品。

（3）小单快定保障 RTS 商品 ≥50 个。店铺加入"保障升级服务"，且店内至少有 50 个支持"小单快定"的 RTS 商品。

快速交易星等级指标由商品力、营销力、交易力、保障力构成，具体指标如表 5-1-2 所示。

表 5-1-2　快速交易星等级指标构成

商品力	营销力	交易力	保障力
全店优品数	商机指数	站内交易额	风险健康分（计分 & 门槛）
橱窗优品占比	平均回复时间（计分 & 门槛）	RTS 站内交易买家数	买家评价分
可交易商品数	营销流量指数	RTS 支付转化率	轨迹上网及时率
—	RTS 商机转化率	复购率	到货保障覆盖率
—	极速回复率（加分项）	站外交易额	异常履约率纯门槛指标

3. 商家星等级的评定规则

商家星等级评分仅对服务中状态的商家开启评定，依照商家店铺主营一级类目下发品最多的二级类目评分。

（1）商家的（定制/快速交易）星等级由商家四大能力项的表现所决定，每个能力项满分 100 分，四大能力项均须符合一定的标准且满足买家服务基础要求时才能晋级为星级商家。1~5 星的四大能力项分数要求分别是 60-70-80-85-90 分。

（2）四大能力项的分数由其项下多个指标共同影响，根据各指标项权重综合计算对应能力项的分数。各子项指标值越高，对应能力项分数越高。若能力项内有基础服务指标，当基础服务指标未达到对应星级要求时，能力项的分数会停留在向下一个星级的临界值。例如：平均回复时间未达到 24 小时，营销力显示 59 分。

（3）客户后台会同时展现定制和快速交易两套不同场景的评分指标和商家表现数据，依据规则确定定制和快速交易星等级，将取二者中较高的星级作为商家最终的（预测/评定）星等级，如图 5-1-1 所示。快速交易星等级仅在商家店铺 RTS 品占比达到 30% 及以上才开启评定，未达到此评定门槛时默认 0 星，定制星等级不受此影响，对全量商家进行评定。

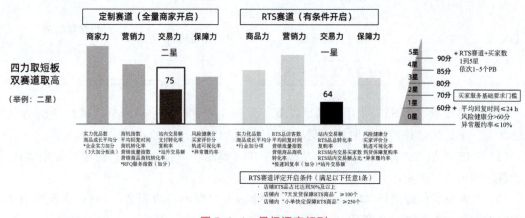

图 5-1-1　星级评定规则

（4）商家当月评定星等级由上一个自然月月末（PST，即美国太平洋标准时间）当天商家实际的表现决定（不是指月末当天商家在后台看到的数据，这个数据在月末两天后才能在后台能看到）。评定星等级决定商家当月可享受的星级权益。评定星等级在商家后台每月 5

日更新，到次月 5 日前不会变动。

（5）星等级依照主营一级类目下发品最多的二级类目打分，因此当二级类目下出现明显变化时（如商家整体表现提升、网站类目调整等情况），星等级将依照新类目下商家整体表现刷新打分标准。部分商家星级或能力项分数出现浮动属正常情况，说明商家在新的二级类目下与同行相比表现有上升（或下降）。如果发现分数或星级下降，建议商家对照调整后同行均值定位自己表现偏低的指标，优先提升当前与同行均值差异较大的指标。

（6）商家星等级中包含 3 个买家服务基础要求门槛指标：营销力板块中"平均回复时间"指标；保障力板块中"风险健康分"指标；保障力板块单独设置的纯门槛指标"异常履约率"；这类指标任意一个未达到一定标准时，商家将无法晋级至星级商家（降为 0 星），如图 5-1-2 所示。

买家服务基础要求指标	能力项	门槛标准	生效范围
平均回复时间 （计分&门槛指标）	营销力	≤24小时	全量商家
风险健康分 （计分&门槛指标）	保障力	>60分	全量商家
异常履约率 （纯门槛指标）	保障力	≤10%	非全量商家，仅对"异常履约金额">10万美金的商家生效 （"异常履约金额"为"异常履约率"指标的分子）

图 5-1-2　买家服务基础要求指标标准

4. 商家星等级的权益

商家的星等级越高，获得的流量就会越多，询盘与客户的质量也会越高。这也符合平台想让好买家遇到好卖家的目的。除此之外，商家星等级不同，能享受到的权益也不同，具体权益明细如图 5-1-3 所示。星等级的所有权益有效期截止到下个评定日零点，权益领取有效期为每月 5 日 10 点~次月 4 日 24 点（其中 RFQ 权益仅当月有效）。

5.1.2　数据概览

商家可以通过国际站"数据参谋"板块下的"数据概览"功能，充分了解店铺的总体经营数据与各项数据指标，并针对这些数据做对应的优化，进一步提升店铺的各项数据，提升转化率与成交额度。

1. 店铺数据概览

商家可以在数据概览页面查看店铺的实时数据与日周月数据。实时数据是指当前店铺的当日经营数据，以美国时间零点开始为新的一天，商家可以实时查看包括店铺的曝光次数、搜索点击次数、店铺访问人数、询盘个数、询盘人数、TM 咨询人数的具体数据以及较昨日的环比数据，实时数据暂不支持中国流量，如图 5-1-4 所示。

商家还可以选择日、周、月三个周期，查看店铺统计数据的指标，包括店铺访问人数、店铺访问次数、搜索曝光次数、搜索点击次数、询盘人数、询盘个数、TM 咨询人数、信保订单个数、信保交易金额、及时回复率、极速回复率数据以及环比上周期的数据，如图 5-1-5 所示。店铺数据支持分端口查看，包括 PC 端与无线端；同时商家选择产品行业的具体类目查看，帮助商家更好地了解店铺的数据在各类目下的情况。

在数据指标下的趋势分析中，蓝色线为商家店铺的数据趋势，绿色线为行业平均的数据趋势，黄色线为同行优秀商家的数据趋势。通过查看时间段内的趋势走向，商家可以清楚了所有权益有效期截止下个评定日0点，权益领取有效期为每月5点10点~次月4日24点（其中RFQ权益仅当月有效）。

权益	星等级 ♥♥	♥♥	♥♥♥	♥♥♥♥	♥♥♥♥♥
行首资源 ⓘ	✓	✓	✓	✓	✓
专属客服 ⓘ	--	--	✓	✓	✓
行业活动 ⓘ	--	✓	✓	✓	✓
搜索排序 ⓘ	✓	✓	✓	✓	✓
金融活动 ⓘ	✓	✓	✓	✓	✓
信保服务费 ⓘ	$200/单	$200/单	$200/单	$100/单	$100/单
RFQ报价 ⓘ	5条	--	--	--	--
RFQ畅行 ⓘ	1条	--	--	--	--
RFQ置顶 ⓘ	--	3条	--	--	--
线上展会 ⓘ	--	--	✓	✓	✓
超级星厂牌 ⓘ	--	--	✓	✓	✓
生意贷 ⓘ	4.5~10%	4.5~10%	4.5~9.5%	4.5~9.5%	4.5~9%

图 5-1-3　商家星等级权益明细

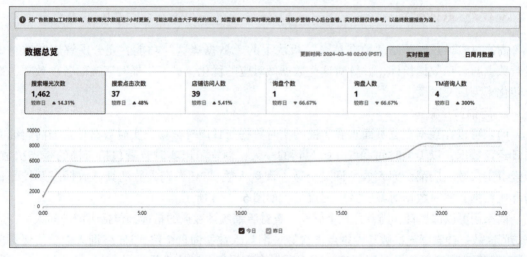

图 5-1-4　店铺数据概览实时数据

解自己店铺数据的行业水平和趋势变化。在国家及地区分析中，商家可以通过图形快速了解店铺流量的国家来源占比以及具体数据。

扫码查看彩图

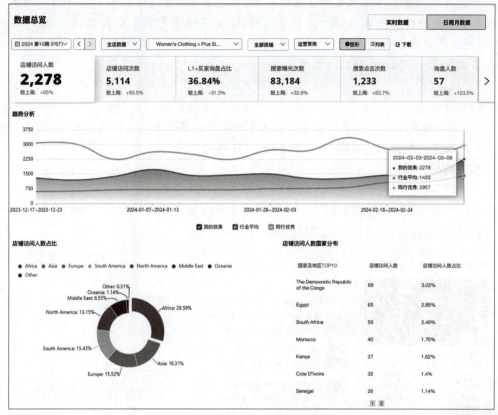

图 5-1-5 查看店铺全店数据

扫码查看彩图

📖 知识小窍门

数据概率页面的数据指标含义解释：

（1）店铺访问人数：访问供应商店铺页面及产品详情（Detail）页的用户均被记为访客，当日去重，隔日累加。

（2）店铺访问次数：访问供应商店铺页面及产品详情（Detail）页的总次数。

（3）L1+买家询盘占比：商家收到的询盘中 L1+买家人数所占的比例（金品诚企商家可查看）。

（4）搜索曝光次数：商家产品信息或公司信息在搜索结果列表页或类目浏览列表等页里被买家实时看到的次数。

（5）搜索点击次数：商家产品信息或公司信息在搜索结果列表页或按照类目浏览列表等页面被买家实时点击的次数。

（6）询盘人数：在商家店铺页或产品页面，对商家成功发起有效询盘的买家数量。

（7）询盘个数：商家收到的询盘数，买家针对产品和店铺发送的有效询盘（不包含系统垃圾询盘、TM 咨询等）。

（8）TM 咨询人数：通过 TradeManager 与您联系的买家数（当日去重、隔日累加，包括全部终端、全部国家）。

（9）及时回复率：衡量卖家是否始终在 24 h 内响应买家发出的采购咨询。定义：近 30

天卖家在 24 h 内响应买家当天首条咨询的占比。（包含询盘和 TM 咨询）以下情况为无效消息，以上的回复指标均不计入统计：买家注册地/发送地为中国大陆；垃圾消息/垃圾询盘（需在收到消息后的 24 h 内标记）；黑名单（买家标记卖家或卖家标记买家）（需在收到消息后的 24 h 内标记）；24 h 内撤回的消息。

（10）极速回复率：近 30 天卖家在 5 分钟内响应买家当天首条咨询的占比（包含询盘和 TM 咨询）。

（11）平均回复时长：衡量卖家响应买家采购咨询的具体时效。定义：近 30 天卖家对买家当天首条咨询的平均响应时间（包含询盘和 TM 咨询）。

2. 搜索转化分析

搜索转化分析包括搜索点击率、商家转化率、成交转化率三个指标的数据分析。商家可以查看该数据指标下的具体数据较上周的涨幅变化，以及变化来源产品。同时，平台会给出有潜力的产品，建议商家做出优化调整，如图 5-1-6 所示。

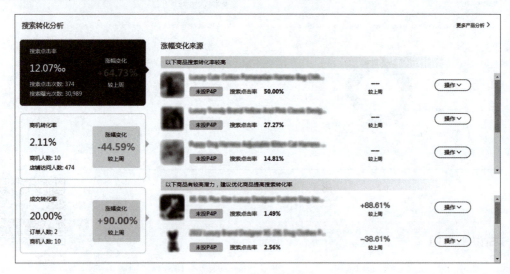

图 5-1-6　搜索转化分析

3. 流量分析

流量分析包括店铺流量来源 TOP 的展示以及对应流量渠道的访问人数与商机转化率，帮助商家了解店铺主要访客的流量来源情况。去向商品 TOP 则可以让商家了解访客的产品偏好，为选品提供数据支持，如图 5-1-7 所示。

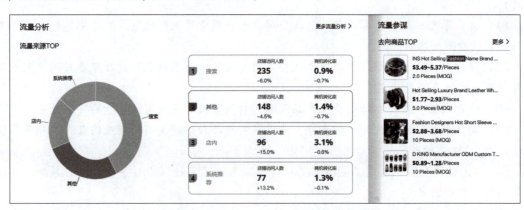

图 5-1-7　流量分析

4. 店铺商品榜

店铺商品榜包括访问商品 TOP 和询盘商品 TOP，帮助卖家对店铺的高流量产品与高转化产品有所了解，更好地在产品推广上做出调整，产品参谋为卖家的选品提供了一定的参考，如图 5-1-8 所示。

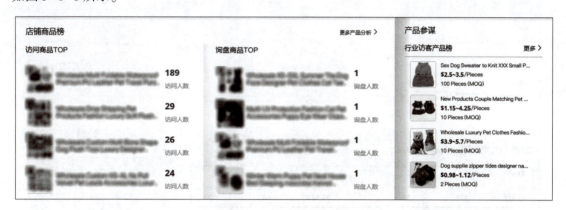

图 5-1-8　店铺商品榜

5. 市场分析

市场分析统计了店铺近 30 天的进店买家 TOP4 和搜索关键词 TOP4，帮助卖家快速了解店铺访客的国家、地区以及引流关键词。市场参谋展示了主营行业的访客国家、地区和规模指数，如图 5-1-9 所示。

市场分析 仅统计近30天数据　　　　　　　　　　　　　　　　　更多买家分析 ›　　**市场参谋**

进店买家国家及地区TOP4　　　　　进店搜索关键词TOP4　　　　　主营行业国家及地区人气榜　　　更多 ›

排名	国家及地区	买家数量		排名	关键词	引流买家数量		排名	国家及地区	近30天买家规模指数
1	美国	457		1	pet bag travel	25		1	美国	239
2	菲律宾	90		2	pet accessories	23		2	澳大利亚	67
3	澳大利亚	76		3	toy dog	23		3	英国	62
4	英国	62		4	dog toys	21		4	加拿大	58

图 5-1-9　市场分析 TOP4

6. 客户概览分析

客户概览帮助商家了解客户总数及 L1+买家数量，看清本店买家及 L1+买家数量以及和同行平均的对比，如图 5-1-10 所示。

客户来源帮助商家了解 L1+询盘来源、搜索热词及行业热词，商家可以重点强化 L1+询盘来源高的渠道，L1+买家来源国家进行直通车定投和国家溢价投放，在标题、关键词和直通车中使用 L1+询盘多但 TKA 不亮的词关键词，如图 5-1-11 所示。

客户转化帮助商家了解 L1+询盘转化高的产品有哪些，哪些产品没有投放 P4P 和橱窗的。商家可以根据这些产品，合理安排 P4P 投放和橱窗的设置，如图 5-1-12 所示。

客户服务帮助商家了解店铺的总体客户服务效果和 L1+客户接待服务效果，以及与行业优秀商家对比差距。若平台极速回复率和平均回复时长低，则需要安排业务员重点接待，提升回复效率，如图 5-1-13 所示。

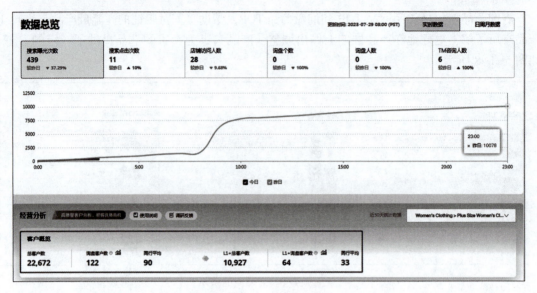

图 5-1-10　客户概览

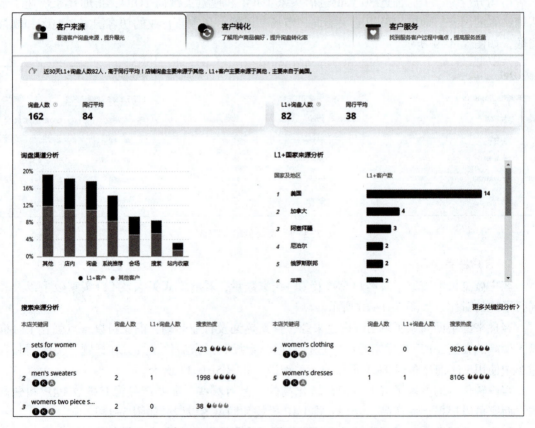

图 5-1-11　客户来源

图 5-1-12　客户转化

图 5-1-13　客户服务

【任务实施】

5.1.3　商家星等级提升

（1）进入国际站后台"商家成长"板块的"商家星等级"页面，查看商家星等级以及各能力项的具体等级，如图 5-1-14 所示。

（2）点开星级低的能力项，可以查看该能力项下的明细考核指标以及每个指标下店铺的表现与高星级商家的平均表现，通过差距对比，提升店铺不足的地方，如图 5-1-15 所示。

（3）进入国际站后台"商家成长"板块的"成长指引"页面，完成平台布置的阶段性任务，有助于提升店铺星等级，如图 5-1-16 所示。

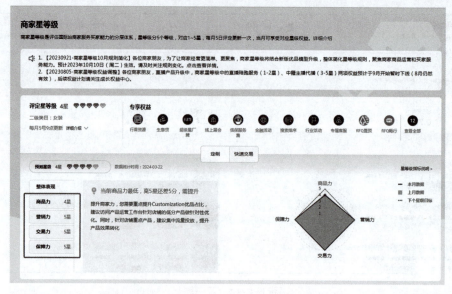

图 5-1-14　查看商家星等级及各能力项具体等级

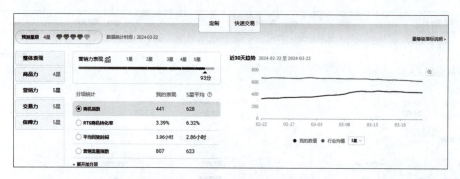

图 5-1-15　查看星级能力项具体表现

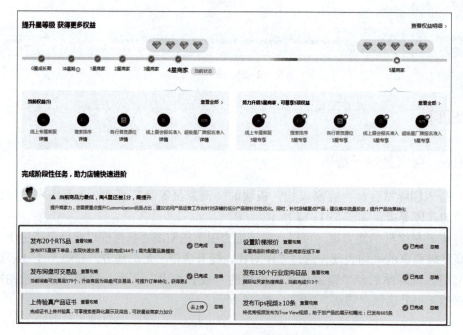

图 5-1-16　成长指引页面

5.1.4　店铺数据分析

店铺的多样性使其在不同的阶段、市场环境、行业中都会面临不同的问题。因此，商家在对店铺进行数据分析时，需要根据当前店铺的特点进行针对性的分析，并持续不断地进行调整和优化，让店铺各项数据不断累积并获得提升，提高获客质量，从而提升交易转化率和成交业绩，如表 5-1-3 所示。

表 5-1-3　店铺数据分析以及解决方案

店铺存在问题	原因	解决方案
搜索曝光次数低	产品关键词覆盖少	发布更多高质量产品，覆盖产品关键词
	关键词搜索排名靠后	提升商家星等级，同时提高产品成长分，通过询盘数据、成交数据、买家评价等方面提升产品的买家喜好度，打造更多实力优品与爆品
	行业关键词热度低	扩充产品赛道，利用其他相关的高热度产品来吸引客户，为客户提供一站式采购方案
	无付费广告	开通直通车推广，在平台成长期快速累积流量，同时筛选出买家比较喜欢的产品，为后续爆品打造做准备
搜索点击次数低	关键词精准度低	查看平台引流关键词是否与产品匹配，及时做出调整
	产品图片没有吸引力	参考同行优秀商家优化产品图片，同时上传产品视频，提升买家兴趣
	产品价格、起订量没有优势	对比同行商家，结合商家自身情况修改价格与起订量
	商家星等级与评价分数低	提升商家星等级，另外邀请买家多给予产品好评，提升店铺的评价分
询盘人数、TM 咨询人数低	产品详情页信息不够丰富	参照同行优秀商家优化产品详情页，除全面展示产品信息外，还要多方位展示公司实力，提升买家的信赖程度；同时做好详情页的二次产品引流
信保成交金额低	询盘沟通不专业	提升询盘沟通能力与专业程度，加强询盘的后续跟进
	RTS 产品运费过高	检查产品的运费模板，试算各个国家的运费，确保不出现运费过高的情况
及时回复率、极速回复率低，平均回复时长长	沟通回复效率低	提升询盘与 TM 的回复效率，向优秀同行的数据看齐

任务 5.2　流量参谋数据分析

【任务描述】

为了更好地对店铺流量渠道进行布局，你需要对香妮尔平台做一份流量数据分析报告，内容包括客户流量主要来源渠道和对应的商机转化率，店内的流量承接产品和买家的去向产品与店铺，根据这份报告的内容对平台的运营进行调整优化。

【任务分析】

在任务开始之前，我们需要了解流量参谋的主要板块构成以及每个板块下的功能内容，再掌握店铺流量的分析与优化操作，优化流量承接产品，并拓展流量去向产品，对转化率高的流量渠道进行流量提升。

【知识储备】

5.2.1　流量参谋

商家可以通过国际站"数据参谋"板块下的"数据参谋"功能，了解店铺的流量来源和效果，查看店铺的流量承接产品与到店访客去向。在平台运营过程中，商家需要根据商机转化对不同的流量渠道做调整，对店铺产品的

课件

流量承接效果做完善。另外，商家可以通过不断优化累积产品数据来获得平台活动场景的入场机会，获取更多的自然流量。

1. 流量来源

流量来源分析是商家开展数据运营的最基础能力，通过分析店铺流量来源及各场景询盘效果，观察流量来源的变化，对比业内翘楚，找到提升流量及询盘转化的抓手。

通过进入数据参谋板块中的流量参谋，在流量来源主界面，商家可以查看各场景来源的店铺访客数、店铺询盘客户数、店铺 TM 咨询客户数及反馈转化率，并提供趋势查询。商家可以根据渠道来源选择（全部端口、PC 端和无线端），也可以按照周期选择（按照自然日、周、月周期）。具体如图 5-2-1 所示。

2. 客户流量来源明细

店铺的访客来源渠道及明细主要包括：

（1）搜索：来自文字搜索、图片搜索、类目导航等搜索访问获取的流量，包含自然搜索和付费推广搜索。

（2）系统推荐：来自首页猜你喜欢、App 消息通道、相似商品推荐聚合页等推荐场景的访客。

（3）导购会场：来自日常会场及大促会场的访问。

（4）频道：包括来自 New Arrival、Top-ranking suppliers、Top-ranking products、Weekly Deals、Saving spotlight 惠采购等频道的访问。

（5）互动：包括通过直播间进入商家店铺内的买家；来自"买家收藏、购物车、对比、

图 5-2-1　流量来源页面

流量来源　看清本店访客来源渠道及明细

流量助手　洞察前台场景流量密码，发现场景热品，掌握入场规则，优化产品快速入场获取流量

流量承接及去向　深挖访客访问本店问产品，访问的行业优品及离开本店后的流失去向

① 流量助手全面上线！解密榜单每场景规则及排序，快速入场上楼！点击了解

隐藏无效果项　全部终端　2024 第11周 (PST)

流量来源

流量来源	店铺访问人数		店内询盘人数		店内TM咨询人数		商机转化率		操作
搜索	436	↑35.5%	1	↑87.5%	2	↑81.9%	0.69%	↑69.1%	趋势
系统推荐	415	↑25.5%	7	↑36.4%	8	↑55.6%	3.37%	↑27.8%	趋势
导购会场	378	↑30.6%	5	↑28.6%	6	↑25%	2.65%	↑10.7%	趋势
频道									
New Arrival	1	–	0	–	0	–	0%	–	趋势
Top-ranking products	28	↑12%	2	–	0	–	7.14%	↑10.8%	趋势
Saving spotlight惠采购	4	↑300%	0	–	0	–	0%	–	趋势

分享"中的访问；来自点击附加在 RFQ 中的产品信息产生的访问；来自点击订单系统中产品信息产生的访问；来自点击询盘中产品信息产生的访问。

（6）自营销：包括来自买家人气挑战赛的访客；来自点击附加 Tips 视频中的产品信息产生的访问；来自点击客户通 IM 营销消息中的产品信息产生的访问；来自点击附加在客户通 EDM 中的产品信息产生的访问。

（7）直接访问：买家直接访问或无上一级页面的访问。

（8）店内：来自自己店铺其他页面的访问。

（9）站外：上级页面来自外部网站（非 alibaba.com）。

（10）其他：剩余未知来源的访问。

3. 流量助手

在流量参谋中，流量助手可以帮助商家快速了解国际站各种活动场景、大促、报名活动、榜单、新品的场景规则，并快速找到有机会入场的产品。目前已经上线了网站最核心的三大导购场景 Top Ranking 场景（榜单场景）和 New Arrival 场景（新品场景）和 Saving Spotlight（惠采购），未来将会安排其他场景，如图 5-2-2 所示。

📱 **知识小窍门**

流量页面的名次含义解释：

近 30 天入场产品数：对应场景下的近 30 天的进场产品。

近 30 天曝光量：近 30 天入场产品在全站的总曝光量。全站包括国际站所有渠道，不限在场景内。

近30天访客人次：近30天的入场产品在全站获得的总访客人次。全站包括国际站所有渠道，不限在场景内。

近30天商机人次：近30天的入场产品在全站获得的总商机人次，包括TM、询盘和订单。全站包括国际站所有渠道，不限在场景内。

买家画像：场景里的买家集中的特征，圈越大代表此特征买家越多。

类目热门品：对应场景下，商家所选行业表现最好的热门商品。

店铺潜力品：根据所选场景的入场规则，平台选出店铺最接近满足该规则的商品，商家优化后更有机会入场。其中，Top Ranking 场景选出了店铺在对应品类下排在 21~100 名之间的商品，可依据排名情况冲刺榜单。

店铺入场产品：店铺已经满足场景规则入场的产品。

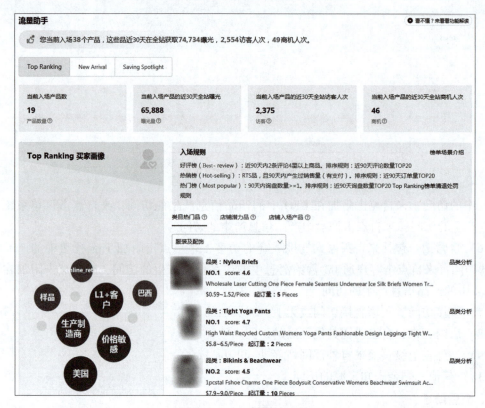

图 5-2-2　流量助手页面

4. 导购场景入场规则

（1）Top Ranking 场景入场规则：

好评榜（Best-review）：近90天内2条评论4星以上商品。排序规则：近90天评论数量 TOP20。

热销榜（Hot-selling）：RTS 品，且 90 天内产生过销售量（有支付）。排序规则：近90天订单量 TOP20。

热门榜（Most popular）：90 天内询盘数量≥1。排序规则：近 90 天询盘数量 TOP20。

（2）New Arrival 场景入场规则：

基础条件：90 天内新发品+30 天内商品海外访客≥1+非重铺商品。

基础条件满足后，需要满足以下任何一项即可：商品成长分≥75 分且搜索曝光点击率大于

2%；30 天内有商机（询盘、TM、订单）；30 天内搜索曝光量大于 20 且搜索曝光点击率≥4%。

（3）Saving Spotlight 场景入场规则：

报名品需同时满足条件：金品商家；RTS 品、商品近 180 天最低价且活动期间至少 9 折的销售价折扣；商品的支付转化率位于所属的二级或叶子类目前 20%。

圈品需同时满足条件：RTS 品、商品近 180 天最低价、商品成长分大于 60 分。

5. 流量承接及去向

在流量参谋中，流量承接与去向功能可以帮助商家深度挖掘买家访问过的店铺产品、同行业的优品以及离开本店的流失去向。

在流量概要板块，商家可以查询近 30 天内的全部流量和周环比数据，包括搜索流量、场景流量、互动流量和自增流量，点击任意流量渠道可以查看该渠道下的流量概要，包括具体的流量场景、流量来源分析和趋势分析，如图 5-2-3 所示。

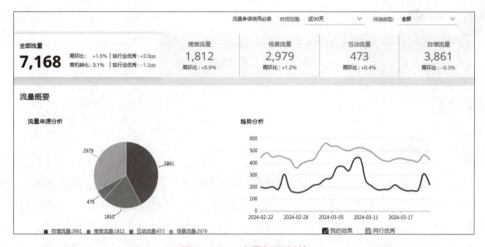

图 5-2-3 流量概要板块

通过流量承接板块，商家可以了解各个场景下的店铺承接产品，系统以流量和转化的中位数将产品分为高流量高转化、高流量低转化、低流量高转化、低流量低转化四个区间。另外，通过行业优品页面，商家可以了解同行访问产品排行与询盘产品排行靠前的产品，如图 5-2-4 所示。

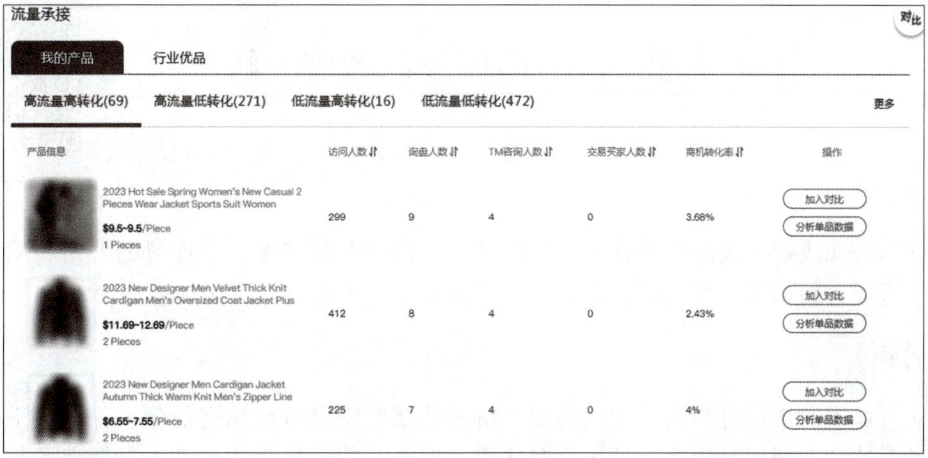

图 5-2-4 流量承接板块

通过流量去向板块，商家可以清楚了解访客离开店铺后访问的同行产品和店铺、流出访客的国家地域分布、去向类目分布以及通过什么流量渠道进入其他店铺等内容，如图 5-2-5 所示。

流量去向					
去向产品	地域偏好	类目及场景偏好			
产品信息		店铺名称	流出买家数 ⑦ ⇅	其中店铺老客户 ⑦ ⇅	操作 ⑦
D KING Manufacturer ODM Custom Training Dog Drink Toys Plush Bottled $0.89~1.28/Piece 10 Pieces		Jiangsu D King Pet Products Co., Ltd.	3	0	客户通营销
Wholesale Hot Designer Fashions Winter Fitwarm Cute Dog Sweater $7.3~7.3/Piece 5 Pieces		Xi'an Canal Fashion Bio-Tech Co., Ltd.	2	0	客户通营销
Luxury brand pet dog bed cat bed designer dog kennel mat wholesale A- $15.66~19.99/Piece 2 Pieces		Nanyang Haohuohui Trading Co., Ltd.	2	0	客户通营销

图 5-2-5　流量去向板块

【任务实施】

5.2.2　流量数据分析

（1）进入国际站后台"数据参谋"板块的"流量参谋"页面，在流量承接及去向页面中，查看近 30 日不同终端的流量来源分布，看清买家渠道偏好；分析细化到搜索、场景、互动、自增四大类及各小类流量，对比本店的同行和流量，针对性增加流量渠道，完善渠道下的产品。

（2）在流量承接板块中，根据买家店内访问产品及转化，针对高点击高转化、高点击低转化、低点击高转化、低流量低转化四类产品做定向优化。同时，和同行商家的优秀产品做对比，根据双方的差别来优化店铺产品。

（3）在流量去向板块中，根据买家离店后访问的产品、店铺，分析去向店铺和产品优劣势，针对性调整运营重点。同时查看流失买家的地域及类目偏好，分析买家的采购特点及访问偏好，及时拓展新的产品或品类，并利用客户同对客户做精准的二次营销。

任务 5.3　市场参谋数据分析

扫码查看彩图

【任务描述】

香妮尔公司决定在国际站上针对儿童服装行业进行产品拓展，请你帮助公司利用市场参谋对童装行业进行市场分析，选出合适的拓展品类，并锁定目标市场和客户。

【任务分析】

在对行业进行市场分析前，我们需要了解是从哪些维度对市场进行分析，通过学习国际站市场参谋的功能版块和内容，利用这些功能去搜寻有前景的行业品类，掌握市场数据的分析方法。

【知识储备】

5.3.1 市场分析

市场分析可以从目标市场、市场需求、受众偏好、竞争对手等维度进行分析。

（1）目标市场：确定产品的目标市场范围，包括地理位置、行业领域、人群特征等，了解目标市场的规模和潜在增长趋势，评估市场的容量和发展潜力，收集目标市场的市场结构和分布情况，找出潜在的细分市场。

（2）市场需求：研究目标市场的需求情况，了解市场上现有的产品是否能满足消费者的需求。通过市场调研收集客户反馈，了解市场需求的具体特点和痛点。

（3）受众偏好：通过市场调研和数据分析，了解目标受众的喜好、习惯、购买偏好等，分析消费者的心理需求和行为特征，为产品定位和营销策略提供依据。

（4）竞争对手：研究竞争对手的产品特点、定价策略、市场份额等，找出竞争对手的优势和劣势，寻找产品在市场上的差异化优势，分析竞争对手的市场表现和策略，为产品定价和营销策略提供参考。

5.3.2 市场参谋

市场参谋主要分为查行业、查国家（地区）、查报告、查 HScode 四个功能板块。在查行业和查国家（地区）功能板块中，商家可以通过搜索行业或国家来查看该行业下的产品排行榜与国家市场排行榜。每个榜单按照市场规模、市场增速、市场供需、市场转化等四个维度分成了人气榜、飙升榜、蓝海榜、效果榜四个榜单，商家可以选择某类产品来查看详情，了解具体的市场情况，如图 5-3-1 所示。

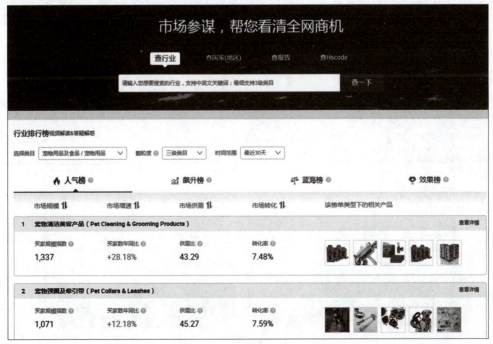

图 5-3-1 查询行业产品数据

商家可以通过查报告功能板块，查看平台定期提供的不同类型的行业报告，报告包括了行业趋势分析、品类分析、买家画像分析以及行业策略解读等内容，如图 5-3-2 所示。

图 5-3-2　查看行业报告功能板块

在查 HScode 功能板块中，商家通过输入 HS 编码品类来查询对应的海关数据，包括外贸出口交易规模指数、搜索次数指数、收汇与出货时间差指数、交易金额国家（地区）排行榜、搜索量国家（地区）排行榜等数据内容，如图 5-3-3 所示。

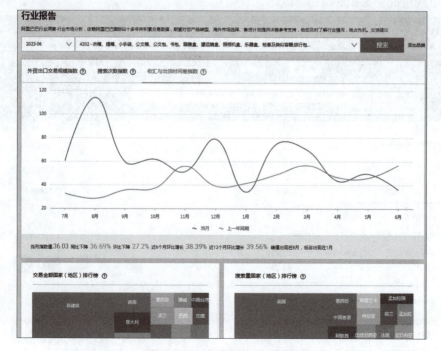

图 5-3-3　查询 HScode 数据

【任务实施】

5.3.3　市场数据分析

（1）进入国际站后台"数据参谋"板块的"市场参谋"页面选择行业，根据榜单内容选择想要了解的某类产品，进行详情查看。

（2）在市场分析板块中，了解所选行业下的市场规模、缺口、增速及转化，如图 5-3-4 所示。

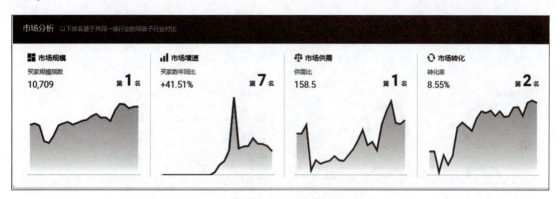

图 5-3-4　市场分析板块

（3）在商机分析板块中，通过类目的人气、飙升、蓝海和效果的产品排行榜，分析市场趋势，精准找到想要拓展的产品，同时通过类目的人气词、飙升词、蓝海词、效果词，分析搜索涨幅，及时加入词库做推广或以词选品，如图 5-3-5 所示。

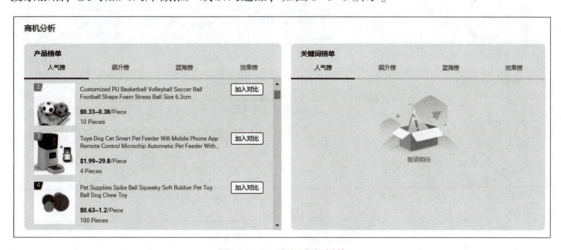

图 5-3-5　商机分析板块

（4）通过买家分析板块，了解市场下的买家偏好、标签以及热卖国家分布及占比，及买家需求趋势，如图 5-3-6 所示。

（5）通过卖家分析板块，查看了解该市场下的卖家画像，包括卖家特征、产品类型及卖家分布，把握市场竞争度，为指定市场策略提供依据，如图 5-3-7 所示。

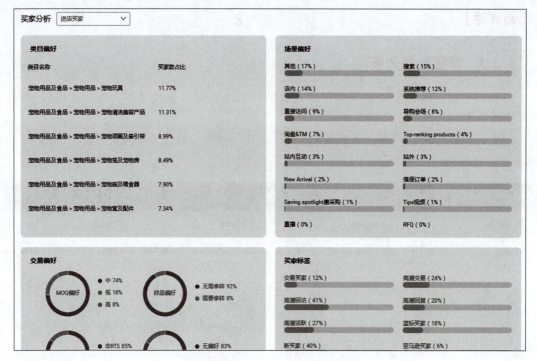

图 5-3-6　买家分析板块

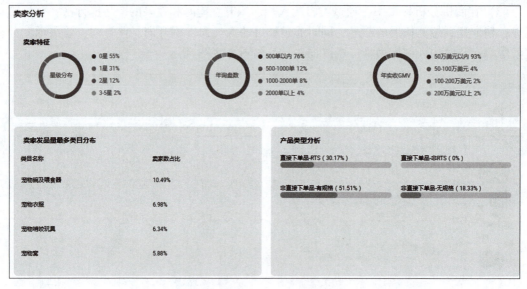

图 5-3-7　卖家分析板块

任务 5.4　产品数据分析与优化

【任务描述】

平台运营人员除了要完成产品发布的工作外，还需要对产品进行定期的优化。请你对香妮尔国际站上的产品数据进行分析，并针对存在问题的产品进行优化。

【任务分析】

在任务开始前，我们要了解产品的分层定义、平台优品的定义以及考核要求，学习产品分析功能所包含的内容和作用，掌握产品数据的分析方法。最后，我们需要根据优品准入规则和产品的数据周期表现情况，将存在问题的产品进行分类，对不同的问题产品进行优化操作，提升产品质量，打造更多的优品。

【知识储备】

5.4.1　产品的分层定义

目前在国际站中，产品类型主要有：RTS 品、询盘品、询盘可交易品。除了我们常见的 RTS 品和询盘品外，平台新增了第三类产品，即询盘可交易品。询盘可交易品要求询盘品本身是可交易的（确定性产品价格 & 核心国家之一运费可计算）。三类商品的发品条件和要求见表 5-4-1。

课件

表 5-4-1　产品分层定义和权益一览

发品条件	RTS 品	询盘品	询盘可交易品
1. 发布商品时选择分类	ready to ship	customization	customization
2. 是否支持配置运费模板	是	否	是
3. 发货期是否必填	是	否	是
4. 是否要求核心国家之一运费可计算	是	否	是
5. 发货期要求	不超过 15 天	否	不超过 180 天（发货时间≤15 天的可交易商品需发布至 RTS）

5.4.2　优品运营

平台优品分为平台新品、实力品、爆品、行业服务力品、国家甄选品、半托管品共六种。产品进入到任意一个优品池中即升级为优品（即成为平台新品/爆品/实力品/行业服务力品/国家甄选品，均为优品）。同一个产品可能进入多个优品池中，所以店铺的优品数≤各品池数量之和。对于进入多个优品池中的优品，我们可以绑定为橱窗产品，或加入直通车的优爆品助推计划中。平台优品的考核规则见表 5-4-2。

5.4.3　产品分析

商家可以通过产品参谋中的产品分析功能，了解店铺的产品详细数据和转化效果。产品分析功能主要分为产品概览、数据荐品、详细分析三块内容。

表 5-4-2　平台优品的考核规则

品池	平台新品	实力品	爆品	行业服务力品	国家甄选品	半托管品
2.0 升级后规则	平台算法挖掘或行业新品定招后平台去重	同时满足：①商品信息质量分≥4.2分；②商品近30天访客数达标③RTS：近90天商品支付买家数达标；customization：近90天商品支付买家数达标或TM咨询+询盘数达标	同时满足：①商品信息质量分≥4.2分；②RTS：近90天商品的支付买家数及访客到支付买家转化率达标；customization：近90天商品的TM咨询+询盘人数及访客到"TM咨询+询盘"的转化率达标	同时满足：①商品信息质量分≥4.5分；②商品近30天访客数及商机转化率达标；③符合行业定义的能力项	同时满足：①商品信息质量分≥4.5分；②商品近30天访客数及商机转化率达标；③满足行业定向征品—国家机会征品主题要求④可交易品（部分类目）	同时满足：①商品信息质量分≥4.5分；②半托管商品
	基础门槛： 　无违规问题：非重铺，无虚假价格（如阶梯价格设置异常/区间价低价异常/商品 SKU 属性异常）。无侵权、无禁限售等 　无重大售后：需满足近 90 天按时发货率≥90%、近 90 天成交不卖率<10%、商品评价分数≥4 分					

优品（满足下面六个优品池任意一个品池要求，即为优品）。

1. 产品概览

产品概览包括了 4 个数据：产品总数、有访问产品数、有询盘产品数、有订单产品数，如图 5-4-1 所示。

图 5-4-1　产品概览

产品总数：指截止到统计日，商家发布并在架的全部产品量（若统计周期为多日，则指该统计周期最后一日的到达量）。

有访问产品数：指统计周期内，有过买家访问行为的产品数量。

有询盘产品数：指统计周期内，有过买家针对该产品发起有效 MC 询盘的产品数量。

有订单产品数：指统计周期内，有过买家针对该产品发起信保订单的产品数量。

2. 数据荐品

数据荐品是平台根据店铺中已发布的产品，找出了其相似产品中最好的 50~100 个标杆，进行数据对比和分析，每周更新数据，方便快速定位需要优化的产品及优化点，分别以曝光待提升、点击待提升、商家转化待提升 3 种场景做推荐，为商家直观展示并提醒本店该优化的产品，让商家洞察标杆优品的优秀之处，明确优化方向，如图 5-4-2 所示。

图 5-4-2　数据荐品

需提升搜索曝光的产品：是指与标杆相似品相比，搜索曝光不足，需要提升的产品。

需提升点击转化的产品：是指与标杆相似品相比，点击转化不足，需要提升的产品。

需提升商机转化的产品：是指与标杆相似品相比，商机转化不足，需要提升的产品。

行业流行趋势品：是指本店铺发品最多的主营行业中流行但本店还未发布的产品（流行是指最近 30 天买家搜索行为的统计，以搜索词的出现频次作为统计标准，即该类目下出现最多的词为最热）。

3. 详细分析

商家可通过输入或选择产品信息，选择产品类型，筛选可优化产品类型等多种途径来查看对应产品数据，产品的数据指标也可以根据商家的需求来选择，如图 5-4-3 所示。

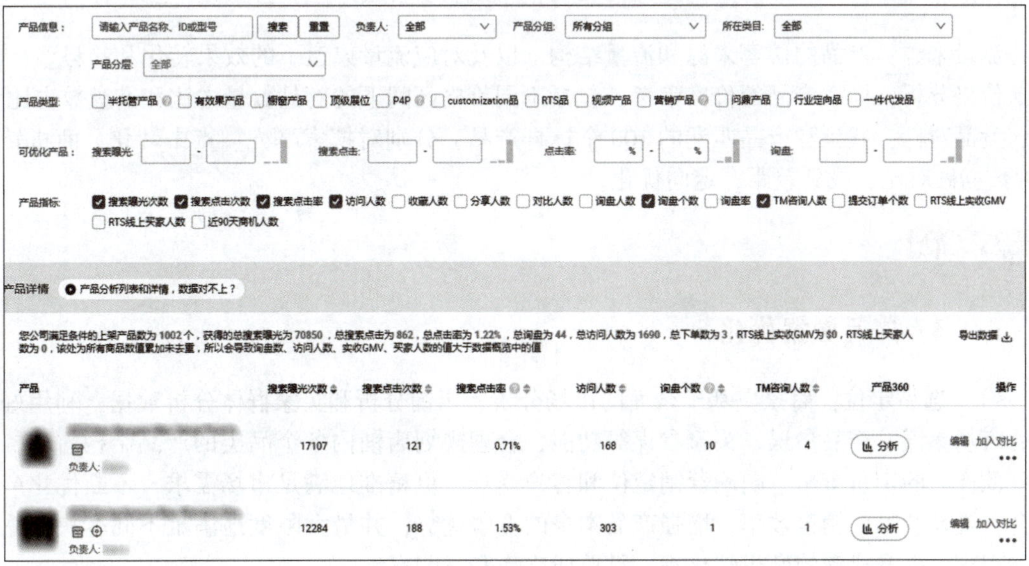

图 5-4-3　产品详细分析

在产品详情表中，点击单个产品的"分析"按钮，可以从关键词分析、趋势分析、访客地域、关联商品、流量来源、价格分析、竞品对标等多个维度来对该产品进行详细分析，如图 5-4-4 所示。

关键词分析：产品的引流关键词效果，包括曝光、点击及直通车曝光、点击、访问人数和询盘人数、TM 咨询人数等数据。

趋势分析：产品的效果趋势，包括近半年的曝光、点击、访问、询盘人数、TM 咨询人数、订单买家人数的累计数据以及对产品的历史操作记录。

访客地域：产品访客的国家地区、访客量和环比数据。

关联商品：访问该品的访客还访问过店铺内的哪些其他产品，以便及时调整关联营销。

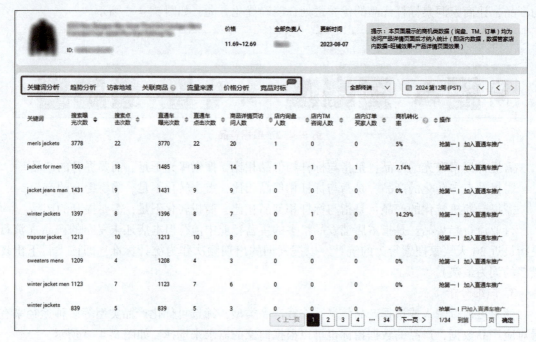

图 5-4-4　产品 360 分析

流量来源：产品的访客来源和流量结构，以及对应流量渠道下的效果转化和趋势。

价格分析：同款产品的价格参考，包括不同价格区间下的商品数量占比和询盘数占比。

竞品对标：找到和产品匹配的 100 个标杆产品，分别对搜索曝光、点击转化、商机转化3 种数据做对比，找到差距，定向优化。

【任务实施】

5.4.4　产品数据优化

（1）选品定位：商家应基于全面的市场分析、店铺分析和买家群体分析数据，利用好平台的市场参谋、产品参谋、买家参谋等功能，合理规划店铺内各个品类的产品结构占比，制定各款产品的定价策略，明确营销定位和客户受众，更精准地满足市场需求，不断优化产品组合，提高产品的销售效率，增强产品本身的竞争优势，并最大限度地满足不同客户群体的采购需求，提升店铺的商机转化率、订单成交率和复购率。

（2）提升优品数量：进入国际站后台"商品管理"板块的"商品运营工作台"页面，商家可以查看当前店铺的优品数。针对不同类型的优品，商家需要根据系统提供的建议来优化准优品，提升更多的优品数量，从而达到获取更多优质流量的目的，如图 5-4-5 所示。

（3）及时优化产品：进入国际站后台"数据参谋"板块的"产品参谋"页面，在产品分析的我的产品页面中，商家需要每周根据系统平台的推荐来优化产品，例如针对需提升搜索曝光的产品，可以通过直通车推广获取更多优质流量；需要提升点击转化的产品，可以通过优化产品标题、更换产品主图等方式；需要提升商机转化的产品，可以通过优化产品详情页、调整产品的起订量与价格等方式；针对系统推荐的需补充的行业流行趋势品，商家可以结合自身店铺定位和产品内容，扩充当前行业流行的产品，获取更多的优质流量。

图 5-4-5　商品运营工作台

（4）零效果产品清理：进入国际站后台"数据参谋"板块的"产品参谋"页面，在产品分析的零效果产品页面中，商家需要定期清理平台上的零效果产品。零效果产品是指商品详情访客数、收藏数、分享数、比价数、询盘、TM 咨询、批发订单、信用保障订单等全部数据都为 0 的产品。当产品超过 180 天后依然是零效果时，会被系统自动下架。商家可以选择下架或删除 120 天以上的零效果产品，提升店铺有效果产品占比，如图 5-4-6 所示。

图 5-4-6　清理零效果产品

【项目评价】

本项目主要介绍了店铺的各项数据分析与优化内容。首先介绍了商家星等级的定义和数据概括的功能内容，列举了店铺数据的问题、出现原因和解决方法。接下来介绍了如何利用流量参谋、市场参谋进行数据的分析和优化。最后介绍了商品分层以及优品运营的要求标准，学习产品分析下的功能板块和内容，掌握如何对产品进行优化的流程方法。希望读者们能充分了解各个数据工具的使用方法以及对应的分析优化流程，在提升平台星等级的同时不断增加优品数量，进一步提升平台的各方面数据，最终达到高询盘转化率和高订单成交率的效果。

项目 5 习题

项目 5 答案

项目 6
商机获取与管理

【项目介绍】

在商机获取与管理项目中，我们需要完成设置询盘接待，回复与管理询盘，获取 RFQ 商机并进行报价，配置 EDM 群发邮件，创建 EDM 营销活动等任务。在开始任务前，我们首先需要学习询盘的相关知识，包括询盘的定义、分类、询盘客户的类型以及回复询盘的步骤、技巧等内容。其次，我们需要了解 RFQ 的定义、特点、来源、分类标准以及报价权益，最后，需要了解 EDM 营销的相关知识，包括定义、特点、优势、数据指标等内容。

【学习目标】

知识目标：
1. 了解询盘的定义、分类与询盘客户的类型；
2. 了解询盘分析步骤与回复原则；
3. 了解 RFQ 的定义、来源与优势等相关知识；
4. 学习 RFQ 的商机分层，了解 RFQ 的服务分与对应权益；
5. 了解 EDM 的定义、优势、特点等相关知识。

技能目标：
1. 了解询盘的智能接待设置；
2. 掌握询盘的分析步骤与回复技巧；
3. 掌握询盘的基础管理操作；
4. 掌握 RFQ 商机的获取与报价流程；
5. 掌握 EDM 群发邮件配置与营销活动创建流程。

素质目标：
1. 培养互联网和信息技术应用能力，养成电商思维；
2. 提升现代商贸服务业从业心态，加强个人沟通与谈判能力；
3. 培养耐心细致的工作态度，养成严谨的工作习惯；
4. 提升个人人文底蕴与文化修养。

【知识导图】

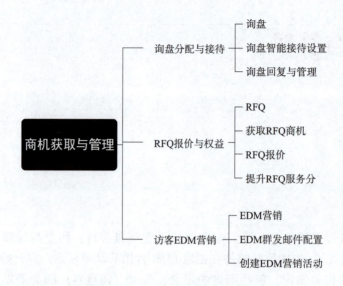

任务 6.1 询盘分配与接待

【任务描述】

随着国际站的询盘日益增多，香妮尔公司决定招聘一名业务员助理，帮助业务部门分担业务压力。请你对新来业务助理进行培训，帮助他掌握如何分析和回复询盘。同时为了提升对买家询盘的响应速率，你需要开启询盘智能接待功能并做好相关设置。

【任务分析】

在学会分析与回复询盘之前，首先要了解询盘的定义，学习询盘相关的基础知识内容，包括询盘的分类、询盘客户的类型等，掌握询盘的分析步骤与回复原则，才能够有针对性地对不同询盘做出相应的回复，有效提升询盘的转化率。在学习平台的及时回复率提升方式后，掌握询盘智能接待设置的要点与注意事项，更好地利用智能接待功能，提升店铺的沟通转化率。

【知识储备】

6.1.1 询盘

课件

1. 询盘的定义

询盘（Inquiry）又称询价，是指买方或卖方为了购买或销售某种商品，向对方发出的有关交易条件的询问及要求对方发盘的要求。目的在于询问产品价格以及相关信息，试探对方交易的诚意以及了解交易条件，是买卖双方交易磋商的开始。询盘通常采用口头、书面、电子邮件等形式。

询盘的内容一般涉及商品的价格、规格、品质、数量、包装、装运以及索取样品等。根据内容可以把询盘分为一般询盘和具体询盘，一般询盘是指买家为了解情况向卖家索取需要的商品目录本、价格单、样本或样品等。具体询盘是指买家想购买某种商品，并就指定商品要求卖家报价。在一般情况下，多数询盘的内容都是询问价格，所以在业务上通常把询盘称作询价。

询盘不是每笔交易必经的程序，如交易双方彼此都了解情况，不需要向对方探询成交条件或交易的可能性，则不必使用询盘。在业务过程中，询盘只负责寻求买或者卖的可能性，所以它并不具备任何法律约束，询盘的一方对能否达成协议不负有任何责任，所以询盘可作为双方的试探性接触且发出询盘的人可以同一时间面向多个交易对象。但如果交易成功，双方签订合同，询盘的内容会变成合同文件中不可或缺的一个部分，如果双方在合作过程中发生争议，询盘内容可作为处理争议的依据。

阿里巴巴国际站询盘是指国内外卖家通过阿里国际站，对商家发布的产品或公司信息发送的反馈或询价。商家可以进入国际站后台"商机沟通"板块的"询盘"页面，查看账号收到的所有商机信息，包括询盘商机和 TM 商机，如图 6-1-1 所示。

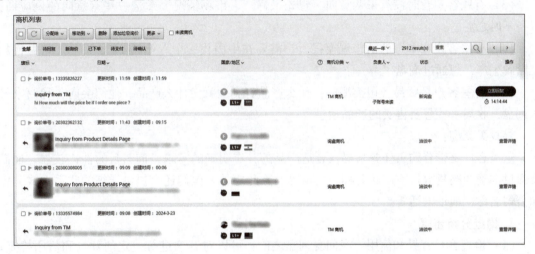

图 6-1-1　询盘列表页面

2. 询盘的分类

买方询盘：询盘是买方向卖方主动发出的一种咨询所需购买货物信息的一种电函。在实际业务中，询盘一般多由买方向卖方发出，买方询盘一般可分为：

（1）对多数大批量商品，买家应同时向不同地区、国家和厂商分别发送询盘，目的在于更好地了解国际市场行情，争取最佳的贸易条件。

（2）对规格复杂或项目繁多的商品，不仅要询问价格，而且要求卖家提供产品的详细规格、数量等，避免无效沟通。

（3）从询盘到最后成功与否，虽无法律约束，但应该尽量避免只发送询盘问询却没有购买诚意的做法，否则买方容易丧失信誉。

（4）对市场垄断力较强的商品，应当提出更多的品种并且要求卖方逐一报价，以防对方趁机抬价。

卖方询盘：卖家向买家发出的征询其购买意见的电函。卖家对国外客户发出询盘，大多是在市场处于动荡变化及供求关系反常的情况下，探听市场虚实、选择成交时机，主动寻找有利的交易条件。

3. 询盘的客户类型

索要样品型：这类客户大多是不发达国家和地区的客户，他们对价格、质量等并不关心，他们在意的是商家能否给他们提高免费的样品。

收集信息型：一类情况是这类客户刚刚进入这个行业，对行业市场情况了解并不充分，他们并不知道什么产品比较好做，所以通过发询盘来收集资料，包括产品品类、图片、价格、起订量等。另一种情况是来自竞争对手的询盘，他们需要了解行业市场的情况，了解同行商家的产品报价。

潜在客户型：

（1）有些客户有了供应商，想再增加几个供应商，或者与原供应商合作中止，想更换供应商，因此通过发送询盘寻找合适的供应商。

（2）有些客户之前是从其他国家的市场进口商品，了解到中国商品的性价比很高，所以发送询盘了解商品的价格、起订量等信息。

（3）有些客户暂时没有采购意向，想先了解一下市场情况，筛选一些有意向的供应商，以备不时之需。

（4）有些客户在本国的销售规模很大，需要在中国找一个专业的 OEM 工厂，帮做代加工贴牌生产，想通过询盘了解一下。

（5）有些客户是贸易公司类型的，什么产品有利润就卖什么产品，他们会向各种商家发送询盘，收集一些想要售卖的产品信息。

寻找买家型：

这类客户是带着购买任务来寻找合适产品的，有明确的需求，询盘目的性比较强。他们会提供准确的购货数量、产品名称、规格等。除此之外，他们还会提供详细的联系方式，比如公司名称、地址电话等。

4. 询盘分析步骤

（1）检查客户背景和信用：在回复询盘之前，可以对客户进行一定的背景和信用检查。查看客户的公司资料、历史交易记录、信用评级等信息，以了解客户的可靠性和信誉度。在国际站中，可以直接查看客户的买家等级、历史搜索行为以及采购金额等资料，这些都有助于我们对客户的规模实力做出更好的判断。

（2）仔细阅读询盘内容：详细阅读询盘内容，包括客户提出的问题、要求、产品规格等。理解客户的需求是分析询盘的第一步。

（3）了解客户的意向和需求：通过询盘内容、客户描述和提问的方式，了解客户的意向和需求程度，评估客户的购买意向，以及他们对产品或服务的具体要求。

（4）识别关键信息：确定询盘中的关键信息，例如产品数量、交付时间、规格要求等。这些信息将有助于判断能否满足客户需求，并提供相应的回复和报价。

（5）制定定价策略：了解市场竞争环境和同类产品的价格范围，以确定合理的定价策略。考虑产品的成本、质量、竞争优势等因素，并与客户的预算和需求相匹配。

（6）回复和报价：根据对询盘的分析，准备回复和报价的内容。回复应清晰、具体，并解答客户提出的问题。报价要明确列出产品价格、交付条款、质量保证等相关信息。

（7）跟进和记录：及时跟进客户的反馈和进一步沟通，记录和整理每个询盘的细节和结果，以便进行后续的跟进和分析。

5. 询盘回复原则

通常情况下回复询盘时，首先简短地重复询盘内容和日期并表示感谢；然后回答客户提出的问题，提供客户索取的材料展示自己的专业度；最后引导客户尽快下单，表明积极促成业务的态度。除此之外，在询盘回复时要遵循针对性、及时性、专业性原则。

（1）针对性：在询盘回复时一定要理解客户在询盘中提出的问题，有针对性地提供客户索取的资料或者信息，展现自己的专业度。

（2）及时性：询盘回复要及时，过慢的回复速度会给客户留下怠慢和不专业的印象。阿里国际站平台要求回复询盘的时间不超过 24 小时，否则会影响及时回复率。优秀商家的回复时间一般在 4 小时以内，所以收到询盘后，商家要以最快的时间针对客户的需求与问题进行回复。

（3）专业性：回复询盘需要准确回答客户提出的问题。如果客户询问技术指标，那要向技术人员或工厂咨询之后再回答。如果客户需要定制新规格的产品，应该仔细核实和计算之后再回答；如果客户询问交货期、支付条件、包装运输方式、通关与关税等问题，应该准确了解之后再回答。

除了以上三个询盘回复原则之外，最好不要使用模板式样询盘回复，做到与同行商家询盘回复的差异化，尽量让询盘个性化，激发客户对我们感兴趣，提高询盘回复转化率。

6. 询盘及时回复率

询盘及时回复率是指过去 30 天卖家在 24 h 内响应买家当天首条咨询的占比；不包含自动回复，需要手动回复。极速回复率是指过去 30 天卖家在 5 min 内响应买家当天首条咨询的占比（包含智能接待的有效回复）。智能接待有效回复指买家在智能接待触发后 5 min 内有回复。

商家接到买家采购咨询后能够快速响应，有助于提升店铺商品在搜索结果中的排名。商家回复时效是海外买家在进行选商采购决策时的重要参考因素，商家及时有效的回复与店铺的交易呈密切的正向关联。提升询盘的回复速度，商家可以做到以下几点：

（1）使用手机端及 PC 端阿里卖家。

下载阿里卖家 PC 和 App 客户端并开启消息通知提醒，确保能及时接收到买家的消息。在阿里卖家 App 端的会话列表中，会倒计时提醒，纳入回复时效统计的会话会透出倒计时提示，出现倒计时的会话优先回复，如图 6-1-2 所示。

（2）关注消息提示。

在询盘页面开启重要商机强提醒功能，包括电话提醒及微信通知触达功能，避免错过优质买家商机，如图 6-1-3 所示。

（3）开启智能接待。

智能接待产品是国际站针对外贸场景定制的商务机器人，帮助业务员实现零时差 365×24 h 秒回接待，如图 6-1-4 所示。目前包含"首问自动回复""FAQ（常见问题）自助解答""智能询问买家需求"三大功能，卖家可一键开启使用，支持自主配置对话内容，训练机器人帮手更加智能匹配最佳方案，降低店铺新手外贸员的接待门槛。智能接待在推进买家互动和交易转化上起到了明显作用，对买家二回率有 1.5 倍提升，询盘转化率 1.15 倍提升。

（4）提前做好商机分配设置。

根据店铺商机分配情况，设置询盘及 TM 分配逻辑，避免出现主账号对买家咨询逐一进行分配的情况，如图 6-1-5 所示。

图 6-1-2　阿里卖家 App 端会话列表页面

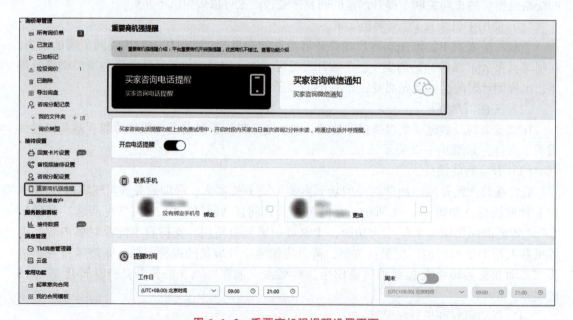

图 6-1-3　重要商机强提醒设置页面

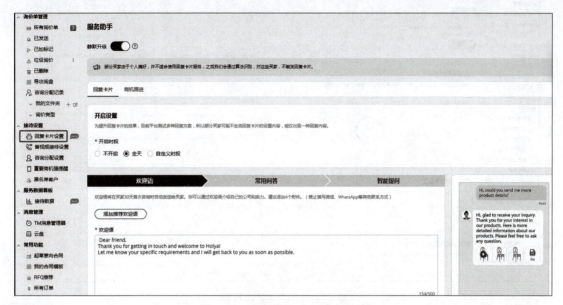

图 6-1-4　智能接待产品设置页面

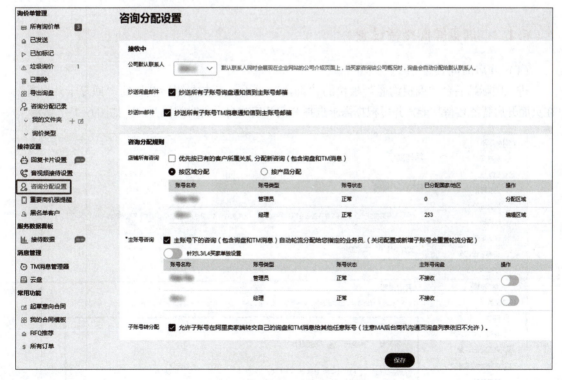

图 6-1-5　咨询分配设置页面

（5）分析接待数据。

善用接待数据分析并培养员工的接待意识和技能，通过查看询盘页面的服务数据看板下的接待数据，导出查看回复时效数据明细及员工数据明细，如图 6-1-6 所示。

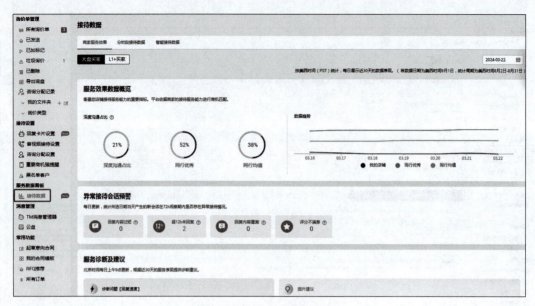

图 6-1-6　接待数据页面

【任务实施】

6.1.2　询盘智能接待设置

（1）开启时间设置。

进入国际站后台"商机沟通"板块的"询盘"页面，点击左侧导航栏的"回复卡片设置"，在页面开启智能接待功能，并可根据需求选择全天开启或自定义时间段开启，如图 6-1-7 所示。

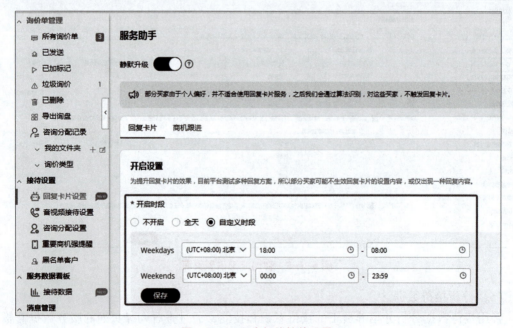

图 6-1-7　开启智能接待设置

（2）欢迎语设置。

建议表达简洁凝练，内容维度可以包含问候、对买家行动引导、结束语三个部分，引导买家进一步做需求表达。支持添加图片/文件/视频附件内容，如图 6-1-8 所示。产品特色或自身实力介绍建议放在附件内容里，欢迎语中不要填写其他联系方式，否则无法保存。

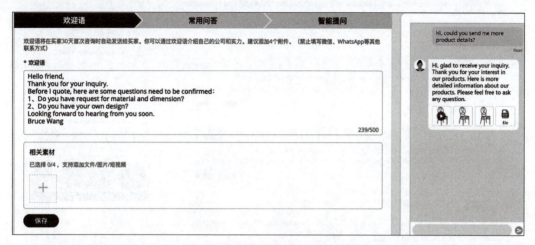

图 6-1-8　设置欢迎语

（3）常用问答设置。

FAQ 将在欢迎语之后展示给买家，初步解答买家的疑问。建议商家尽可能填写足够多的FAQ，算法将根据买家需求智能展示给买家。建议每个分类下至少填写 10 个 FAQ，填写越多算法越智能。商家可选择添加自定义 FAQ 或高频 FAQ 包，如图 6-1-9 所示。

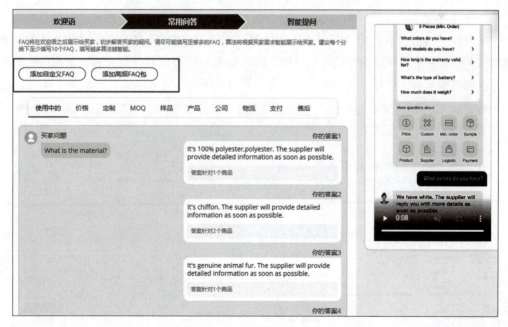

图 6-1-9　常用问答设置

（4）智能提问设置。

智能提问将在 FAQ 之后展示给买家，帮助商家自动收集完善买家需求。建议商家尽可能填写足够多的问题，算法将根据买家的需求智能展示给买家。建议至少填写 10 个问题，填写越多算法越智能，如图 6-1-10 所示。

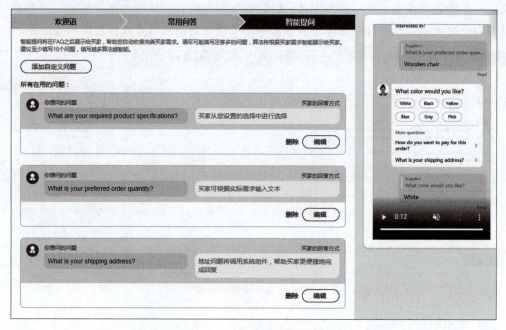

图 6-1-10　智能提问设置

6.1.3　询盘回复与管理

（1）查看询盘。

进入国际站后台"商机沟通"板块的"询盘"页面，商家可查看平台上的所有询盘以及接待数据。询盘列表中展示了询盘的发送日期、客户信息和地理位置、负责人、状态等信息，商家也可以通过输入询价单号、询价标题、发件人姓名或邮箱来搜索询盘，如图 6-1-11 所示。

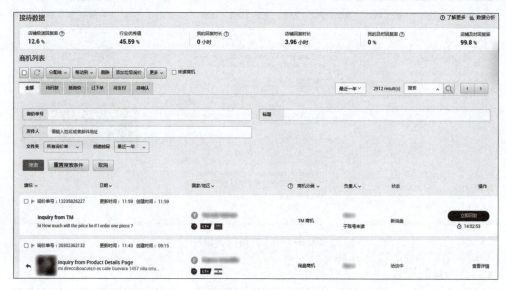

图 6-1-11　查看询盘

（2）回复询盘。

点击待回复询盘进入回复页面，在消息文本框中输入内容后点击"发送"，完成该询盘的回复。商家可选择使用常用的回复模板进行快速回复，还可直接向客户发送图片、视频、线上产品和产品目录，如图 6-1-12 所示。

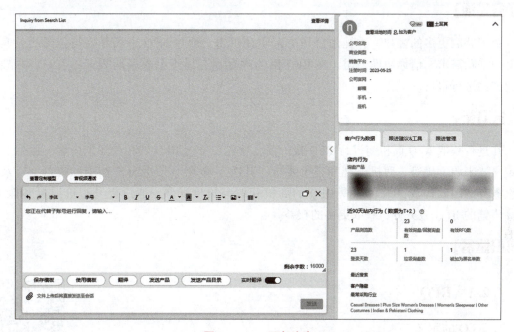

图 6-1-12　回复询盘

（3）管理询盘。

在询盘列表页面中，商家可新建命名文件夹，将询盘移动到对应文件夹中来完成询盘的分类；通过选择询盘，点击"分配给"并选择对应的子账号，完成询盘的分配。除此之外，商家还可以对询盘进行删除、添加到垃圾询价、设置旗标、标记状态、翻译询盘内容、添加客户等管理操作，如图 6-1-13 所示。

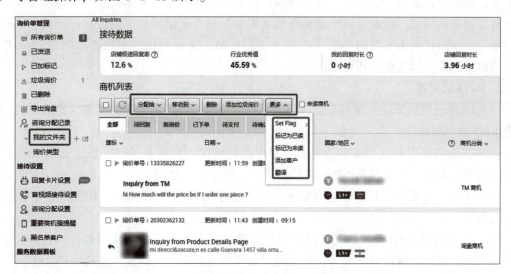

图 6-1-13　管理询盘

任务 6.2　RFQ 报价与权益

【任务描述】

为了获取更多的客户，香妮尔公司决定主动出击，通过 RFQ 市场寻找与公司产品匹配的客户采购需求。请你协助公司，在 RFQ 市场内寻找有男士毛衣采购需求的客户，并根据公司产品进行报价。

【任务分析】

在进行获取 RFQ 商机与进行 RFQ 报价前，首先要学习 RFQ 的相关知识内容，包括 RFQ 的定义、来源、优势、商机标准和报价要求；其次了解 RFQ 服务分的作用和权益，以及影响服务分的因素构成；最后掌握 RFQ 的商机获取与报价操作，通过提升报价质量和能力，提高店铺的 RFQ 服务分，获取更多的权益。

【知识储备】

6.2.1　RFQ

1. RFQ 的定义

RFQ，是英文 Request For Quotation 的缩写，意思是报价请求，即作为买方给卖方发一个询盘，其目的是采购商寻找合适的供应商。RFQ 在外贸活动中很常见，是获取订单的重要渠道之一。客户发采购信息，供应商看到后报价，最后促成双方成交。

课件

在阿里巴巴国际站中，RFQ 是买家主动发布采购需求的一种便捷方式，商家可以自主选择适合的买家并提供报价，这是一种开发新客户的有效手段。买家无需逐个寻找产品，只需公布自己的采购需求，商家可以根据买家的要求判断是否提供报价。通过这种方式，供应商从被动等待询价转变为主动向有需求的买家介绍产品。充分利用阿里巴巴国际站的 RFQ 功能，能够带来高质量的询盘和订单。

2. RFQ 的来源

（1）阿里巴巴国际站的站内布点，当买家在大市场中找不到合适的商家合作的时候，会出现 RFQ 的发布布点。

（2）当买家发布询盘 24 h 后商家都没有回复的情况下，买家又勾选了"如果 24 h 内此供应商没有联系我，请推荐其他匹配的供应商"，询盘会转为 RFQ。

（3）当买家发完询盘后，他还可以手动将此需求转化成一个 RFQ，那么询盘和 RFQ 会同时发布。

（4）站外通过 EDM 引入 RFQ：阿里巴巴通过采买到大量的展会买家邮件、咨询公司买家邮件等，通过发送邮件的方式，让买家通过邮件回复需求，可转成一条高质量 RFQ。

3. RFQ 的优势

（1）买家分类更加倾向于定制需求：大部分买家属于定制型买家，而其余则为解决方案型和现货需求型买家。

（2）买家国别优质：排名前十的买家国别包括美国、巴西、加拿大、英国、澳大利亚、俄罗斯、印度、墨西哥、德国和法国（按照排名顺序）。这些国家的买家占据了总商机的 47%。

（3）买家采购额较高：每笔采购额平均比整体市场高出 2.7 倍，每个客户的客单价比整体市场高出 4.6 倍。

4. RFQ 商机分类

国际站根据历史交易度（基于买家线上历史交易金额）、买家严肃度（基于买家线上交易、邮箱认证、国际站风控政策等）、买家活跃度（基于买家在国际站的访问、RFQ 发布、搜索、TM 沟通等活跃行为）、内容完整度（基于 RFQ 商机的内容完整度与字段填写完成度）四个维度制定了 RFQ 商机质量分，通过分数把 RFQ 的商机分为三类：金牌商机、银牌商机、铜牌商机：

（1）金牌商机。

标准：商机质量分≥70 且买家等级为 L4 或买家的交易力强，如年营业额 100 万元、线上采购额 1 万美金以上、单笔交易额 5 000 美金以上。

报价要求：金品诚企或出口通星等级 3 星及以上商家有此报价权，报价金牌商机需消耗 1 条金牌商机权益及 3 条报价权益。（金牌商机报价商家需满足违规<24 分，且严重知识产权侵权<1 次）。

（2）银牌商机。

标准：买家等级为 L2 或 L3，或者商机质量分≥70 分。

报价要求：报价银牌商机，需消耗 2 条报价权益。

（3）铜牌商机。

标准：商机质量分<70 且符合严肃商机需求发布规则（如非中国注册买家、非中国 VPN/IP、非违规钓鱼等）。

报价要求：所有商家可报价，铜牌商机需消耗 1 条报价权益。

5. RFQ 服务分与权益

RFQ 服务分是指以分值形式来衡量商家（公司维度）在 RFQ 市场里的报价数量、报价速度、报价质量、买家承接能力等综合表现的指标。商家表现越佳分值越高，分值越高就能获得越多的权益，也能获得越优质的 RFQ 优先报价权。

服务分值取决于三个因素：本月报价数（本月审核通过的报价数）；本月 6 小时报价数（本月审核通过的且报价时间在商机发布后 6 小时内的报价数）；本月有回复报价数（本月审核通过的且买家已回复的报价数），具体的分值根据每个因素的实际表现来决定，如图 6-2-1 所示。

不同的 RFQ 服务分对应不同的权益，目前的权益有金牌商机报价权、报价置顶条数奖励（置顶 RFQ 报价买家查看概率大，同一个 RFQ 只有三个置顶位）、畅行条数奖励（RFQ 报价席位已满时，依旧可以进行报价）、银牌商机提前 6 个工作小时的报价特权以及星等级的营销分加分，如图 6-2-2 所示。上月末的服务分决定了当月的权益发放。

商家可进入国际站后台"商机沟通"板块的"我的报价权益"页面，查看当月的 RFQ 预测服务分与可用权益，如图 6-2-3 所示。

图 6-2-1 RFQ 服务分决定因素

会员类型	上月评定服务分	金牌商机权益	银商机优享	报价置顶	报价畅行	星等级营销力加分
Verified PRO 行业领袖	≥80分	无限制		60条	60条	
	60-79分	100条	✓	30条	30条	
	<60分	50条		无	无	
Verified 金品诚企	≥80分	无限制		10条	10条	≥100分：+5分 ≥90分：+3分
	60-79分	15条	✓	5条	5条	
	<60分	5条		无	无	
出口通	≥80分	（3星以上）15条	✓	10条	10条	
	60-79分	（3星以上）5条	✓	5条	5条	
	<60分	（3星以上）3条		无	无	

- 注1：非金品诚企/行业领袖的商家当月是否发放金商机权益将基于上月5日评定星等级是否在3星及以上判断。例如9月3日是否发放金商机权益以8月5日星等级判定为准。
- 注2：星等级营销分加分：以每月3号出具的上月评定服务分决定本月5号星等级评定分具体营销力加分。

权益发放门槛

① 覆盖商家类型：中国大陆、中国香港、中国台湾地区出口通、全球宝、金品诚企商家会员、全球金牌供应商付费会员。
② 无严重违规记录：违规积分<24分，且知识侵权记振<1次。

图 6-2-2 服务分奖励规则

图 6-2-3 查看 RFQ 预测服务分与可用权益

6. RFQ 报价的考虑因素

（1）合理定价：在设置报价时，应考虑产品成本和期望利润，并将价格设定在接近或略低于市场正常价格的范围内。设置过高的价格很难获得客户的回应，而过低的价格不仅会影响利润，还可能引发客户对产品质量的怀疑。

（2）合理安排报价内容：在报价之前，应充分了解自己的产品信息，选择与主营产品相近且信息充实全面的产品。在报价时，除了附上产品图片外，还可以提供对产品的详细描述，包括公司实力等方面的介绍，并附上公司图片、认证证书、工厂车间照片等，让客户多了解商家的产品质量和公司实力。

（3）及时报价：RFQ 信息的报价审核一般需要 2 个工作日，而每个 RFQ 最多有 10 个报价席位。因此，需要及时关注 RFQ 市场的动态，如果有合适的 RFQ，应尽可能在第一时间进行报价。报价顺序越靠前，客户查看和回复的可能性就越大，优先选择剩余报价席位较多的 RFQ。

【任务实施】

6.2.2　获取 RFQ 商机

（1）进入国际站后台"商机沟通"板块的"RFQ 市场"页面，系统会根据店铺产品与历史报价向商家推荐 RFQ 商机，商家也可根据商机分类筛选对应的 RFQ 商机，如图 6-2-4 所示。

若系统推荐的商机不准确，进入国际站后台"商机沟通"板块的"商机订阅"页面，订阅产品类目及关键词，类目最多可以添加 5 个，关键词最多可以添加 24 个，如图 6-2-5 所示。订阅完成后，可开启商机推送功能，包括邮件、阿里卖家 APP 推送、微信提醒等通知方式，避免错失优秀商机，如图 6-2-6 所示。

课件

图 6-2-4　RFQ 市场页面

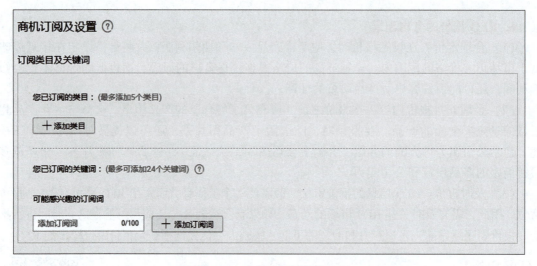

图 6-2-5　商机订阅及设置页面

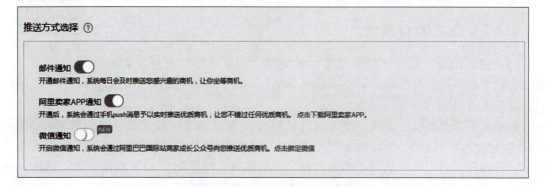

图 6-2-6　选择商机推送方式

（2）进入国际站后台"商机沟通"板块的"RFQ市场"页面，可直接在搜索框内输入关键词进行商机搜索。在搜索结果展示页，可通过选择发布时间与类目，查看更为准确的RFQ，如图 6-2-7 所示。

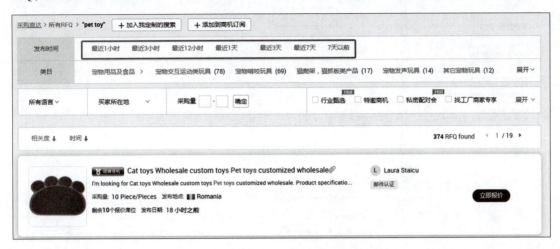

图 6-2-7　搜索 RFQ 商机

6.2.3　RFQ 报价

（1）进入国际站后台"商机沟通"板块的"RFQ市场"页面，通过搜索关键词或系统推荐找到合适的 RFQ 商机，点击"立即报价"按钮进行报价，如图 6-2-8 所示。

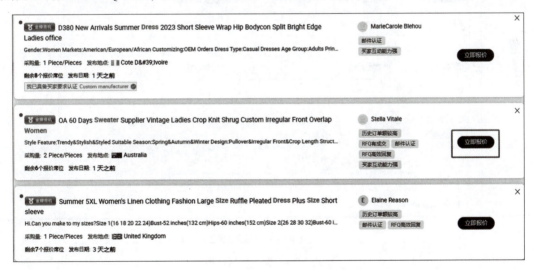

图 6-2-8　选择 RFQ 商机进行报价

（2）在报价表单页面，填写产品的信息，包括名称、细节描述、图片等，可直接导入国际站上已发布的产品，如图 6-2-9 所示。

（3）设置价格详情，具体包括产品的运输条款、港口价格、报价有效期、货币单位、数量单位和付款方式，如图 6-2-10 所示。订购数量和价格可根据区间设置，最多可以设置 3 个区间。RFQ 最多支持添加 10 个产品。

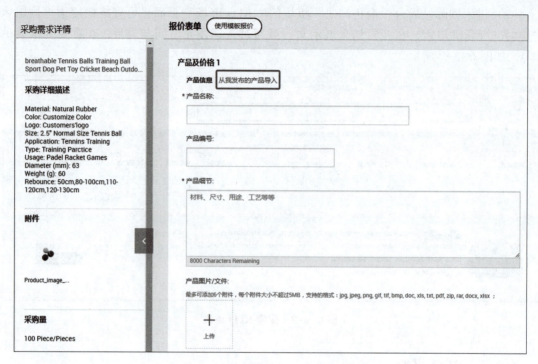

图 6-2-9　填写报价表单产品信息

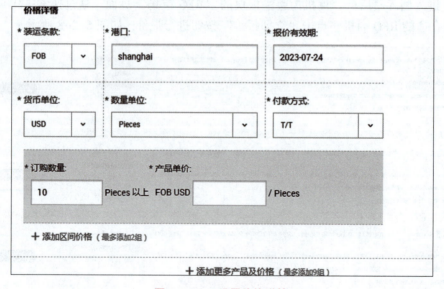

图 6-2-10　设置价格详情

（4）完善报价补充信息，包括是否提供样品以及给买家的消息及附件。最后点击提交报价，完成 RFQ 的报价。保存报价模板可在下次 RFQ 报价时直接导入该模板，最多可以保存 30 个模板，主账号与子账号创建的模板可以共用，如图 6-2-11 所示。

（5）进入国际站后台"商家沟通"板块的"报价管理"页面，可以查看最近 3 个月的报价状态，包括待买家查看、买家已查看、买家已反馈和订单环节等状态，帮助商家更好地分析 RFQ 报价遇到的问题，优化 RFQ 报价方式，如图 6-2-12 所示。

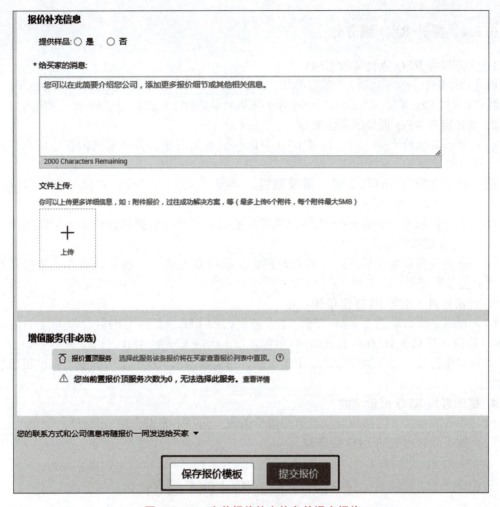

图 6-2-11 完善报价补充信息并提交报价

图 6-2-12 RFQ 报价管理页面

6.2.4 提升 RFQ 服务分

1. 提升当月 RFQ 累计实收 GMV

除了通过 RFQ 报价获得新客户的订单外，还可以起草信保交易订单关联到 RFQ 交易链路。如果一个客户是通过 RFQ 成交的，那么该客户的后续复购订单也会计入 RFQ 的 GMV 统计范围内。

2. 提升当月 RFQ 报价买家回复率

（1）要提升报价质量，首先回复 RFQ 中询问的相关问题，分析买家的核心诉求，并做价格、优势的呈现。

（2）跟上介绍公司的六要素（做成模板）：生产年限、年产量、产能、支持的定制类型、合作的大品牌、证书等介绍。

（3）针对买家不回复的 RFQ 要持续跟进，根据买家的邮箱做邮件营销，建议报价后隔天营销一次，后期隔周营销一次。

（4）报价被买家查看后，商家可获取到买家的联系方式，可根据联系方式进行营销跟进，提高买家回复率。

3. 提高当月 6 小时 RFQ 报价响应率

（1）根据主要市场的上下班时间，搜索新发布的 RFQ，如：美国客户每天上午 9:00—10:00，欧洲客户每天 16:00—18:00，尽可能多报 1 天内发布的 RFQ。

（2）越先提报，在买家端后台显示越靠前，在买家发出 RFQ1 小时内发出报价更容易获得回复。

4. 提升当月 RFQ 报价个数

（1）积极参加每月的挑战赛获取更多报价条数，同时不要浪费每一条报价。

（2）购买额外付费的 RFQ 服务包。

任务 6.3　访客 EDM 营销

【任务描述】

香妮尔公司决定利用国际站内的 EDM 营销工具，对店铺近 30 天内的活跃客群进行 EDM 营销，向客户推送当季最新款的产品信息。请你完成 EDM 邮件群发配置，并协助公司创建 EDM 营销活动。

【任务分析】

在进行 EDM 营销活动之前，需要了解 EDM 营销的定义与优势，熟悉 EDM 营销的步骤，同时对 EDM 营销的数据分析指标也要有所了解。通过熟练掌握配置 EDM 群发邮箱与创建 EDM 营销活动的操作流程，高效利用 EDM 营销工具进行客户开发。

【知识储备】

6.3.1 EDM 营销

1. EDM 营销的定义

EDM 营销（Email Direct Marketing）也叫 Email 营销、电子邮件营销，是指企业在用户

课件

允许的前提下，向目标用户传递发送 EDM 邮件，建立同目标顾客的沟通渠道，向其直接传达相关信息，用来促进销售的一种营销手段。它具备三要素：用户许可、电子邮件传递信息、信息对用户有价值。

在阿里巴巴国际站中，EDM 营销是一种常见的营销方式，帮助商家挖掘新客户、维护老客户，向客户传递有价值的产品或销售信息。商家每日可以通过 EDM 免费发放 200 封邮件给客户，超出部分收费 2 元/1 000 封。

2. EDM 营销的优势

（1）成本低：与传统的营销方式相比，邮件营销的成本更低廉，且更为迅速。

（2）个性化定制：根据社群的差异，制定个性化内容，让客户根据用户的需要提供最有价值的信息。

（3）信息丰富全面：文本、图片、动画、音频、视频、超级链接都可以 EDM 体现。

（4）操作简单，效率高：目前市场上有很多成熟的邮件营销产品，企业可以通过专业的邮件营销平台，比如阿里巴巴客户通，在短时间内批量发送邮件。

（5）精准营销：一些邮件营销产品可以帮助企业测试什么样的营销内容更受订阅者的欢迎，点击率会更高，然后把能最受客户欢迎的版本发给剩余的联系人。

（6）监控营销效果：企业可以通过查看邮件到达率、用户下单率等数据，来分析邮件营销的效果，便于企业根据分析结果进行优化，以达到更准确的营销行为。

3. EDM 营销的步骤

（1）确定目标受众。

在进行 EDM 营销之前，首要任务是确定目标受众。企业应该深入了解自己的产品或服务的特点，并明确目标客户的需求和兴趣，以制定相应的营销策略。例如，如果企业的产品主要面向年轻人，那么在邮件内容和设计上就需要更加时尚、活泼，以吸引年轻人的注意力。通过准确把握目标受众的特点和偏好，企业能够在 EDM 营销中有效地传达信息，提高邮件的开启率和响应率，从而达到更好的营销效果。

（2）制定营销策略。

制定营销策略是 EDM 营销的关键。企业需要根据目标受众的需求和兴趣，制定相应的营销策略，以吸引和激发客户的购买兴趣和参与度。例如，可以通过向客户赠送优惠券或折扣码，提供特别的折扣或优惠，激发客户的购买欲望；或者通过分享有趣、有价值的内容，如故事、案例研究、行业见解等，吸引客户的兴趣和关注。这有助于建立与客户的良好互动，并增强他们对品牌的忠诚度。

（3）设计邮件内容和样式。

邮件内容和样式是 EDM 营销的重要组成部分。邮件应清晰传达产品或服务的价值和优势，内容需要简洁明了、有吸引力，同时要针对客户的需求和兴趣，定制邮件内容。邮件样式需要美观、简洁，同时要符合企业的品牌形象。此外，邮件的排版、字体、颜色等也需要考虑到读者的视觉感受。

（4）保证邮件的送达率。

邮件的送达率是 EDM 营销的关键。如果邮件无法送达，那么所有的营销策略和设计都是徒劳的。为了保证邮件的送达率，企业需要注意以下几点：避免使用垃圾邮件关键词，如"免费""赚钱"等；避免发送过于频繁的邮件，以免被视为垃圾邮件；确保邮件列表的准确性，避免发送给无效的邮箱地址；使用专业的邮件营销软件，可以提高邮件的送达率。

（5）分析邮件营销效果。

邮件营销的效果需要进行分析和评估。企业可以通过邮件打开率、点击率、转化率等指标来评估邮件营销的成效。此外，通过客户反馈和调查问卷等方式，深入了解客户需求和反馈，以持续改进和优化邮件营销策略。这种综合的评估方法能够为企业提供有价值的见解，帮助其实现更高效、更具影响力的邮件营销活动。

4. EDM 营销的数据指标

（1）送达率：送达率＝发送成功邮件数量/发送的总邮件数量，用来衡量邮箱列表地址的有效性；送达率越高，表明邮箱列表有越多有效的邮箱。

（2）打开率：打开率＝打开量/发送的总邮件数量，用来评估用户对邮件的兴趣程度；打开率越高，表明用户对我们的邮件越感兴趣。通常吸引用户打开的关键在于邮件的标题，往往决定了收件人是否有兴趣打开邮件。有用户愿意打开邮件，才能顺利展开邮件营销活动，所以商家要密切跟踪每一次发送邮件后的打开情况，并根据打开率数据调整标题及用户群的选取。

（3）点击率：点击率＝点击量/发送的总邮件数量，用来评估用户对邮件内容的兴趣程度；它可以直接洞察有多少客户对邮件内容感兴趣。点击率越高，说明用户对我们的邮件内容越感兴趣。如果 EDM 邮件打开率高，但点击率却很低，说明用户对邮件标题感兴趣，但是对邮件内容不感兴趣，那么商家需要调整 EDM 的内容。

（4）退订率：退订率＝退订用户数量/发送的总邮件数量，衡量用户对邮件营销的认可度；退订率越低，说明用户列表对邮件内容是较认可的。

（5）投诉率：投诉率＝投诉用户数量/发送的总邮件数量，衡量用户列表对邮件营销的认可度；投诉率越低，说明用户列表对邮件内容是较认可的。

（6）转化率：转化率＝成交用户数/发送的总邮件数量，衡量用户对邮件营销内容及商品的喜爱度；转化率越高，说明用户对这类型的邮件及商品更容易成交。

理想的购物链路是用户打开了营销邮件，对邮件感兴趣，没有跳出，没有取订，也没有投诉，点击邮件进入站点之后，看到自己的喜欢的商品最后完成购买。但也会有不少的用户在各个环节跳出了，所以商家在做邮件营销时，一定要测试好用户、标题、邮件内容、落地页链接，并且每封邮件都要做好数据分析，才能有效提升转化率。

【任务实施】

课件

6.3.2　EDM 群发邮件配置

（1）进入国际站后台"客户管理"板块的"EDM 设置"页面，点击"阿里云实名认证"后进行阿里云账号登录，若没有阿里云账号，可注册一个，如图 6-3-1，图 6-3-2 所示。

（2）登录后，根据自身情况选择认证方式（个人实名认证审核时间 10 min 左右，企业实名认证时间需要审核 3 天左右），如图 6-3-3 所示。实名认证决定了账号归属，如企业使用的账号进行个人实名认证，在人员变动交接账号或账号下财产出现纠纷时，可能给个人/企业都带来麻烦，甚至带来经济损失，并且可能影响提现和获取发票，建议使用企业实名认证。

图 6-3-1　EDM 群发邮件配置页面

图 6-3-2　阿里云登录页面

图 6-3-3　实名认证页面

（3）回到"EDM 设置"页面，选择"方式一"项，如图 6-3-4 所示。方式一适用于已有阿里云域名或计划购买新域名的商家，难度小，配置快，系统会自动执行二级域名设置，DNS 解析，发信地址设置，SMTP 密码设置。点击"方式一"后进入快捷邮件推送设置，开通邮件推送服务，如图 6-3-5 所示。

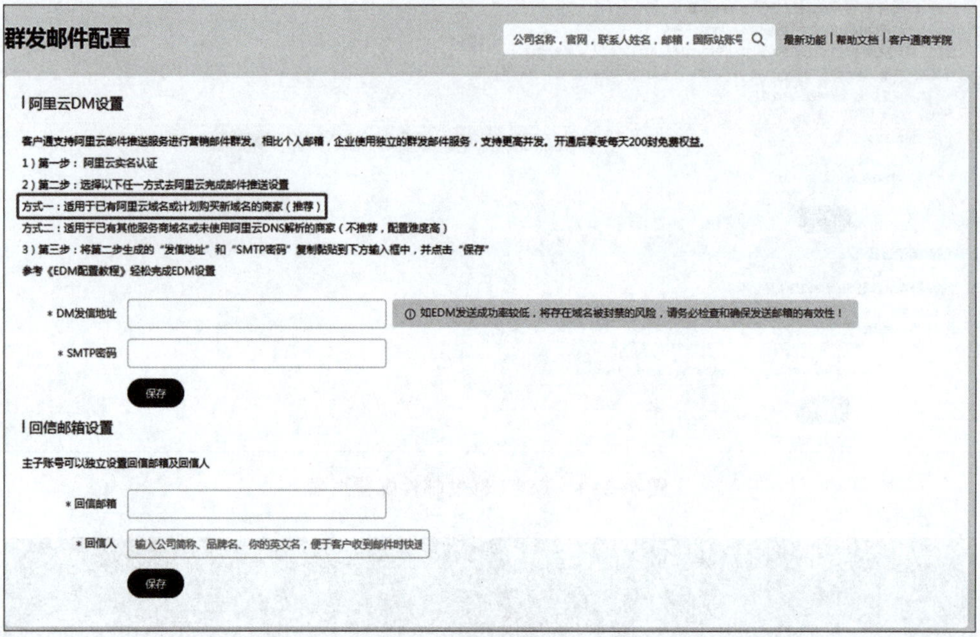

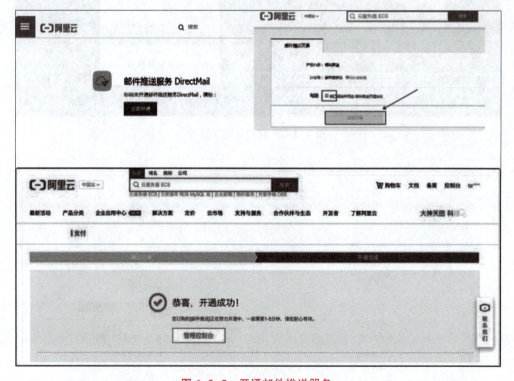

图 6-3-4　EDM 设置页面选择"方式一"项

图 6-3-5　开通邮件推送服务

（4）再次回到"EDM 设置"页面，点击"方式一"，系统会提示"邮件推送服务无权访问您的云资源，去授权"，如图 6-3-6 所示。

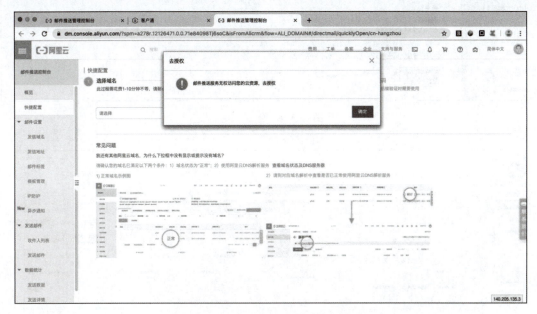

图 6-3-6　系统提示云资源授权页面

（5）弹出授权页面，操作"同意授权"，授权给系统自动帮助你进行解析配置，如图 6-3-7 所示。

图 6-3-7　云资源访问授权页面

（6）若阿里云账号下无域名，则点击"购买域名"，如图 6-3-8 所示。域名要完成实名认证（需要 1~3 天）。

（7）域名购买完成后需要进行实名认证，并检查域名状态必须为"正常"，如图 6-3-9 所示。

（8）确定域名处于"正常"状态后，再次回到客户通 EDM 配置页面，点击"方式一"进入"快捷配置"页面，选择对应的域名，点击"生成发信地址"，如图 6-3-10 所示。系统会自动执行二级域名设置、DNS 解析，发信地址设置，SMTP 密码设置。

（9）复制系统自动生成的"发信地址"和"SMTP 密码"到客户通，如图 6-3-11 所示。

（10）进入国际站后台"客户管理"板块的"EDM 设置"页面，将复制的"发信地址"

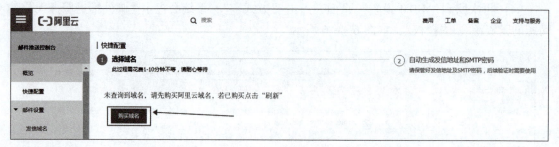

图 6-3-8　购买域名

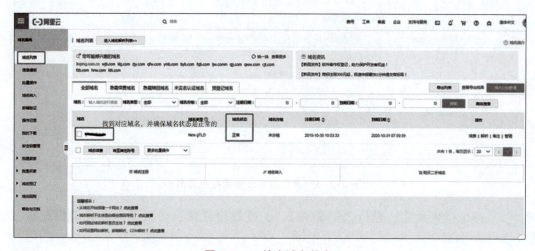

图 6-3-9　检查域名状态

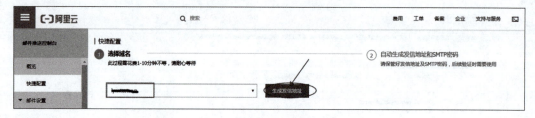

图 6-3-10　生成发信地址

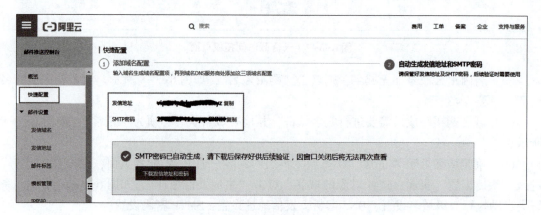

图 6-3-11　复制发信地址与 SMTP 密码

和"SMTP 密码"粘贴到输入框中，点击"保存"，不保存无法配置回信邮箱，如图 6-3-12 所示。

图 6-3-12　粘贴并保存发信地址与 SMTP 密码

（11）设置回信邮箱和发信人，主账号设置好发信地址，子账号不需要再设置发信地址，主子账号会共用一个发信地址。回信地址可以设置主子账号各自的回信地址，如图 6-3-13 所示。

图 6-3-13　填写回信邮箱和发信人

6.3.3　创建 EDM 营销活动

（1）进入国际站后台"客户管理"板块的"模板管理"页面，创建 EDM 营销邮件模板。可以根据需求，选择新建模板或模板库内下载模板，如图 6-3-14 所示。

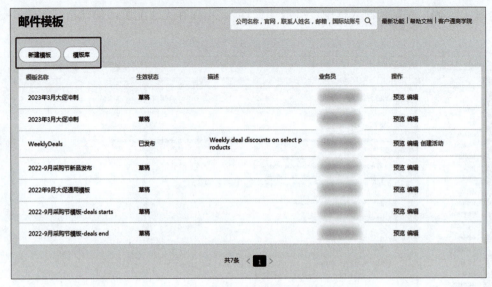

图 6-3-14　创建邮件模板

（2）点击"模板库"，可预览和下载模板，阿里会不定期地推出不同主题的内容模板。选择合适的模板下载，如图 6-3-15 所示。

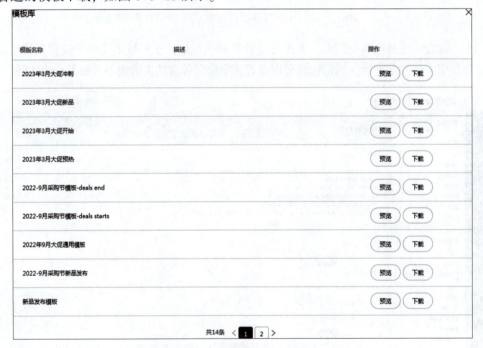

图 6-3-15　选择模板库中的模板

（3）在模板列表中可查看已下载的模板，点击"编辑"，可对模板的名称、描述、主题进行修改，另外可添加或删除模板内的店铺产品，并可通过创建优惠券的形式，提高转化率，如图 6-3-16 所示。编辑完成后，点击"发布"，邮件模板创建成功。

（4）进入国际站后台"客户管理"板块的"客户营销"页面。在页面中设置 EDM 营销信息，包括选择客群、邮件渠道、邮件模板、活动时间等信息，设置完成后，点击发布，如图 6-3-17 所示。

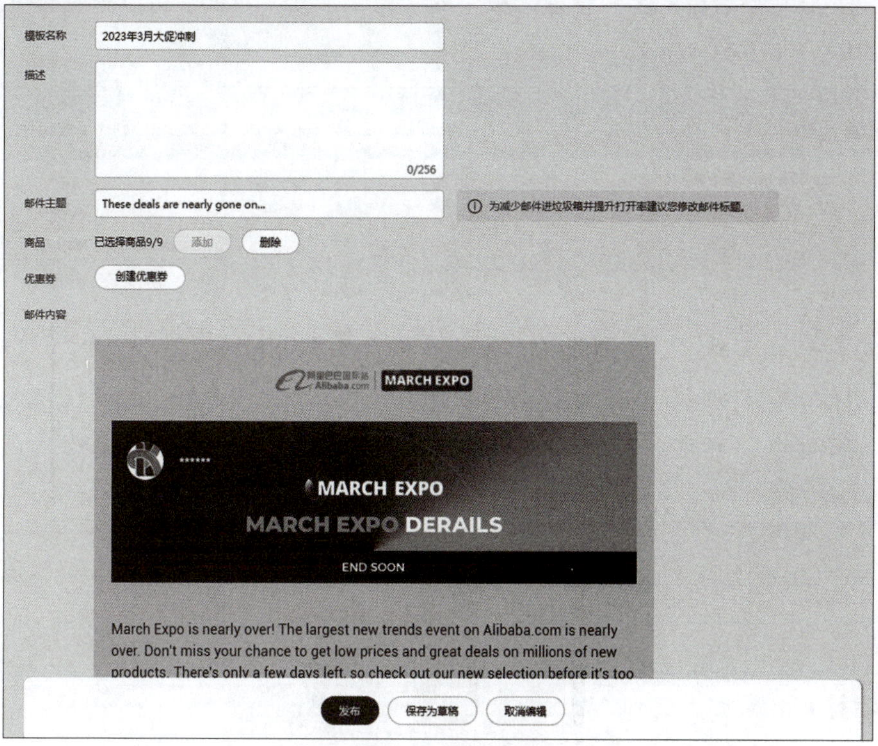

图 6-3-16 编辑邮件模板

图 6-3-17 设置 EDM 营销活动信息

（5）进入国际站后台"客户管理"板块的"营销活动"页面，可以查看营销活动的效果，如图 6-3-18 所示。

活动名称	阶段	生效状态	目标客户群体	投放渠道	投放成功客户	负责人	操作
	结束	已生效		站内	1		查看效果
	结束	已生效		站内	1		查看效果
	结束	已生效		站内	4		查看效果
	结束	已生效		站内	3		查看效果

图 6-3-18　查看营销活动效果

【项目评价】

在阿里巴巴国际站上，买家会主动发布采购需求信息来寻找合适的供应商，商家根据买家的采购需求和自身的产品匹配程度进行报价。RFQ 在大幅提升买家采购效率的同时，也帮助商家更好地完成订单交易的转化。商家需要合理利用好 RFQ，提升 RFQ 服务分，获取更多的 RFQ 报价权益，通过高质量的 RFQ 报价来促成双方交易。

在外贸交易中，询盘是商业谈判中的实质性的第一步。当我们收到询盘时，首先需要对询盘客户进行背景调查，通过客户的真实性来判断询盘的真伪。其次了解询盘的内容，理解客户需求并及时逐一回复客户，提供详细报价。积极沟通与跟进重点客户，与客户建立信任关系，提供优质售前售后服务，满足客户期望，从而促成交易。

EDM 营销是一种有效的营销手段，可以帮助企业提高品牌知名度、产品销售等方面的效果。但要想进行有效的 EDM 营销，需要制定符合目标受众需求的营销策略，设计出美观、简洁的邮件内容和样式，保证邮件的送达率。通过分析邮件营销效果，不断改进和优化 EDM 营销策略。

项目 6 习题

项目 6 答案

项目 7

客 户 管 理

【项目介绍】

客户管理这一项目，要求我们熟练使用客户通工具运营管理客户，通过交换名片获取客户的联系方式，利用公海客户池和客群深入挖掘潜在客户，对客户进行高质量营销。要完成这些任务，需要我们深入学习客户通的各项功能以及使用场景和作用，了解名片、公海客户、客群的相关内容知识，掌握客户通的基本管理操作，学会索要与发出名片、管理公海客户、创建客群等操作技能。

【学习目标】

知识目标：

1. 了解客户通的功能、使用场景和作用；
2. 了解名片的定义和来源；
3. 了解公海客户的定义与相关内容；
4. 了解固定客群与动态客群的定义与区别。

技能目标：

1. 掌握客户通建档、查找、管理等基本操作；
2. 掌握名片的索要、发出、交换等操作；
3. 掌握公海客户的管理与分配操作；
4. 掌握客群的创建和管理操作。

素质目标：

1. 培养互联网和信息技术应用能力；
2. 培养外贸行业工作者的人文底蕴；
3. 养成耐心细致的工作态度。

【知识导图】

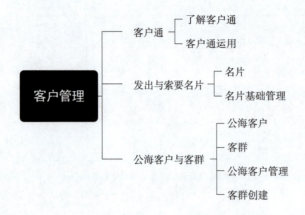

任务 7.1　客户通

【任务描述】

香妮尔是一家主营服饰类产品的公司，其国际站已经开通运营了一段时间，积累了不少客户资源。请你利用客户通，定期给客户进行建档并编辑客户的具体资料，同时通过设置条件筛选优质客户。

【任务分析】

在使用客户通之前，首先要了解客户通的定义、功能、使用场景、作用等内容。通过掌握客户通的建档、查找、管理等操作，帮助我们更好地运营跟进客户。在跟进客户时，要利用客户分层原则，对客户进行层级划分，优先跟进营销优质的客户。

【知识储备】

7.1.1　了解客户通

1. 客户通的定义

随着近年来外贸环境的变化，外贸模式也发生了改变（客户数多采购金额小），外贸商家如果依旧按照传统的客户跟进形式，效率低，产出的效果也不理想，客户通在这样的背景下应运而生。

课件

作为一款专业化的客户管理运营的 CRM 工具，它提供了客户分析、会员运营、粉丝运营、智能营销、客户开发、客户跟进、客户盘点、客户撞单等多项功能，在商家和客户管理之间架起了一座桥梁，如图 7-1-1 所示。

客户通的核心作用是帮助商家智能识别客户，针对小型客户采取批量客户营销的方式，针对大型客户支持一对一的重点跟进，在帮助商家提高跟进效率的同时，也提升了客户的服务质量。利用高效精准的客户营销、跟进功能，提升了平台的成交转化率，实现了店铺客户数据的可识别可运营。

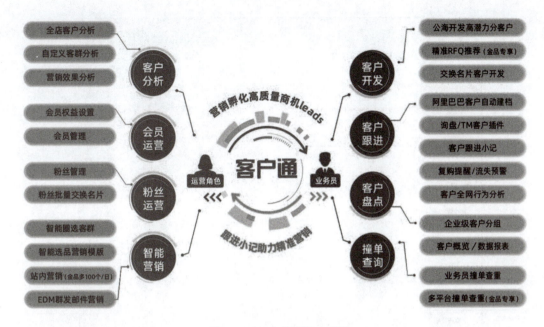

图 7-1-1　客户通核心功能

2. 客户来源

客户通中的客户一般分为：

（1）收到询盘的客户（包括正常询盘买家、垃圾询盘买家、拉入黑名单的买家、对RFQ 报价有回复的买家、营销询盘/访客营销有回复的买家）。

（2）收到阿里卖家询盘的客户。

（3）收到名片的客户。

（4）直接下单的客户（下单后会自动进入客户通的客户列表，如果客户付款，会被系统标记为成交客户）。

（5）线下导入的客户。

3. 客户信息

进入国际站后台"客户管理"板块的"客户列表"页面，点击客户的名字，可查看该客户的详细动态信息，包括客户的订单跟踪、店内足迹、商机沟通记录以及客户的站内行为：产品浏览数、有效询盘数、有效 RFQ 数、最常采购行业、最近询盘产品等信息，如图 7-1-2 所示。

4. 客户分层

在客户列表中，可以对客户进行快速编辑跟进信息的操作。通过编辑完善客户信息，包括更新客户阶段、更新采购意向、更新采购品类、更新跟进小记等操作，对客户进行分层，在后续客户运营管理中，可以更直观地了解客户主要信息和跟进阶段，如图 7-1-3 所示。

根据成交阶段对客户进行分层，层层推进，有效盘活各类客户，如表 7-1-1 所示。通过统一的标准化客户分层，用数据化衡量客户的管理健康度，明确公司的客户资产情况，同时可以了解当前客户管理存在的优势和不足，针对后续的客户管理运营工作策略制定提供方向。

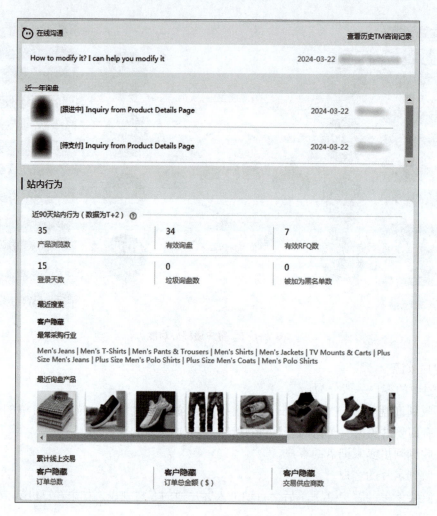

图 7-1-2　查看客户信息

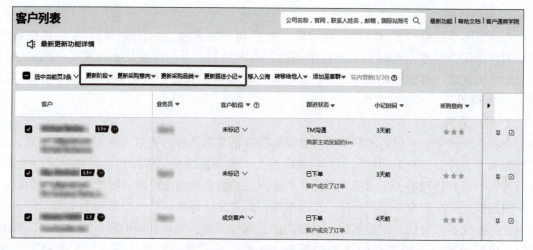

图 7-1-3　客户分层

表 7-1-1　客户分层标准

客户阶段	客户分组	定义	星级
询盘客户	低意向客户	还没有完全认可公司和公司产品（需要对比同行价格）	1 星
	中意向客户	认可公司但是需要选品	1 星
	高意向客户	认可公司和产品，需要确认订单细节	2 星
		近期内完成货款支付的客户	3 星
样单客户	样单客户	成交后没有联系的客户	0 星
		成交后有售后问题、不满意产品的客户	1 星
		成交后满意产品，但没有复购意愿的客户	1 星
		近期要下单的客户	2 星
		近期内要完成货款支付的客户	3 星
成交客户	成交客户	成交后没有联系的客户	0 星
		成交后有售后问题、不满意产品的客户	1 星
		成交后满意产品，但没有复购意愿的客户	1 星
		近期有复购意愿的客户	2 星
		近期内要完成货款支付的客户	3 星
复购客户	复购客户	复购后没有联系的客户	0 星
		复购后有售后问题、不满意产品的客户	1 星
		复购后满意产品，暂时没有复购意愿的客户	1 星
		近期有复购意愿的客户	2 星
		近期内要完成货款支付的客户	3 星

5. 客户识别

客户通提供了高潜复购和流失预警的客户识别功能，帮助卖家对这些客户进行及时的跟进沟通，一方面提升客户的下单复购率，另一方面避免了重要客户的流失，如图 7-1-4 所示。

高潜复购：历史与你成交过信保订单的买家，近 7 天存在搜索等找品行为，预测此客户近期存在采购意向。针对这些客户，建议结合客户最近 90 天内的网站行为数据，推荐店铺的新品或者店铺最近的促销活动。

流失预警：历史与你成交过信保订单的买家，近 7 天与其他商家有过询盘等接触行为，预测此客户可能存在流失风险。针对这些客户进行客户关怀沟通，了解客户对上一次采购的满意度。

6. 客户分析

客户通提供了客户分析的功能，通过查看客户全链路分布数据，掌握各个类型客户数的变化趋势，如图 7-1-5 所示。

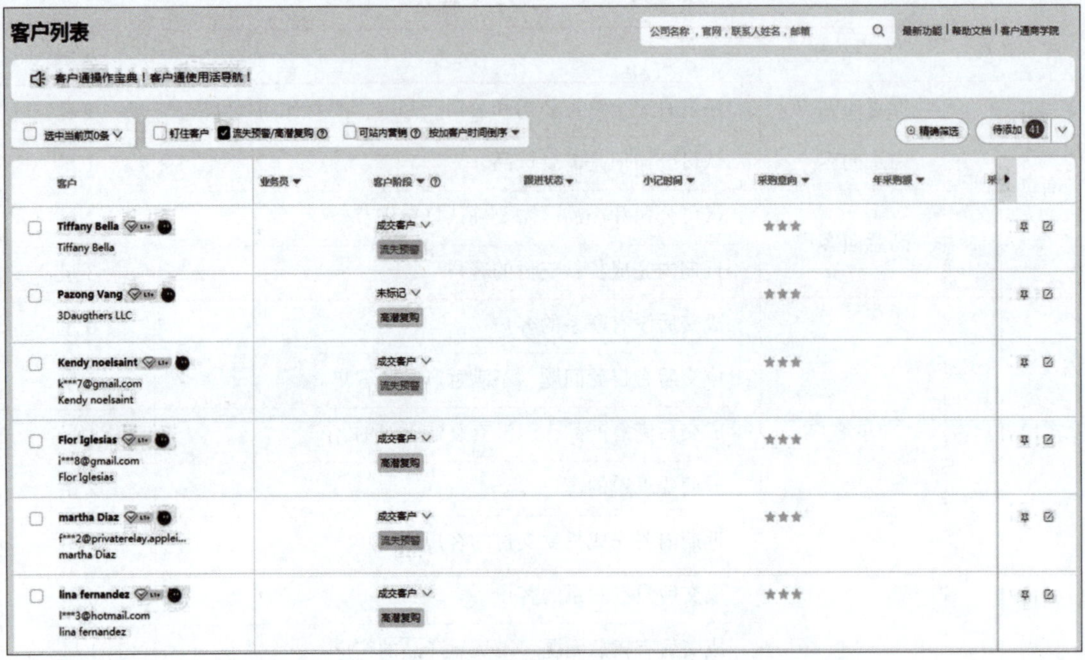

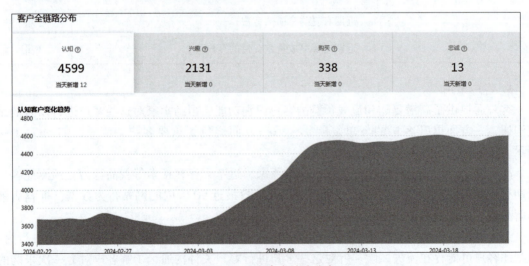

图 7-1-4　客户识别

认知客户：被动与本店铺接触的客户；包含 30 天内，在本店铺国际站的广告中点击过，或在搜索中点击过、在首页的导购产品中点击过店铺、点击过 1 次店铺商品的客户。

兴趣客户：对店铺有主动兴趣的客户；包含最近 30 天内，浏览过大于等于 2 次店铺商品、收藏过店铺、主动发起过询盘操作、主动回复 RFQ 报价的客户。

购买客户：最近 3 年内购买了店铺商品的所有客户，减去店铺的忠诚客户。

忠诚客户：近 1 年内购买过店铺商品大于等于 2 次的客户。

图 7-1-5　客户全链路分布

通过查看进店关键词排行，访问本店商品排行等数据，帮助卖家了解客户店铺引流关键词与受欢迎的产品。全网搜索词排行、全网浏览品类排行、全网询盘品类排行、全网浏览商品排行、全网询盘商品排行等数据分析模块对卖家的选品与广告推广提供了方向，如

图 7-1-6 所示。

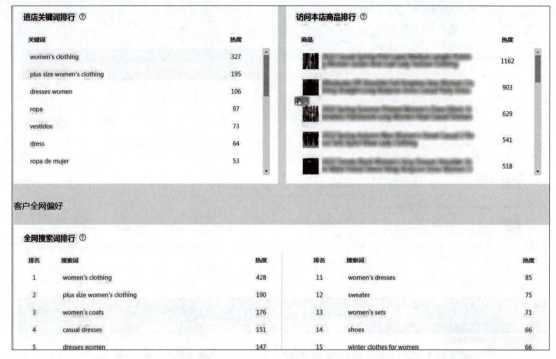

图 7-1-6　店铺商品排行与客户全网偏好

【任务实施】

7.1.2　客户通运用

1. 客户建档

（1）开通客户通。

进入国际站后台"客户管理"板块的"客户概览"页面，进行客户通注册，补全企业的商家信息后提交。首次登录客户通的用户需要几分钟时间完成客户数据的同步。

（2）添加询盘客户。

针对站内询盘客户，可直接通过询盘列表添加客户到客户通中，第一时间完成客户的建档，避免客户的流失，如图 7-1-7 所示。

（3）添加阿里卖家询盘客户。

针对阿里卖家的询盘客户，可直接在与买家的聊天对话框中，点击"加为客户"，添加到客户通，如图 7-1-8 所示。

（4）添加线下客户。

在客户列表中的右上角，点击"添加线下客户"，进行手动录入，同时可以通过 Excel 模板进行导入，批量添加新客户，如图 7-1-9 所示。

2. 客户查找

进入国际站后台"客户管理"板块的"客户列表"页面，点击"精确筛选"按钮，可通过选择"客户阶段""采购意向""买家分层""年采购额""商业类型""客户来源"等

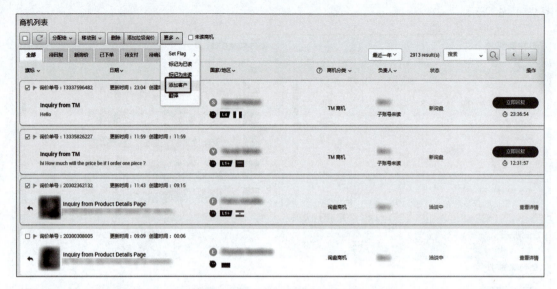

图 7-1-7　询盘列表添加询盘客户

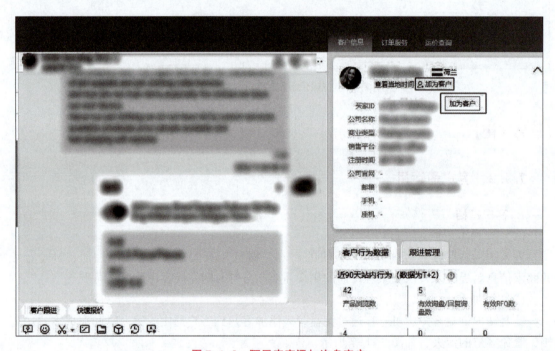

图 7-1-8　阿里卖家添加询盘客户

多个条件进行客户筛选，条件设置完成后点击确定获取相关客户信息，如图 7-1-10 所示。

3. 客户管理

（1）进入国际站后台"客户管理"板块的"客户列表"页面。选择需要编辑的客户，可进行更新阶段、更新采购意向、更新采购品类、更新跟进小记、移入公海、转移给他人、添加至客群等操作，如图 7-1-11 所示。

（2）点击客户列表后的"快速编辑"按钮，可快速编辑客户的跟进信息和其他信息，如图 7-1-12 所示。

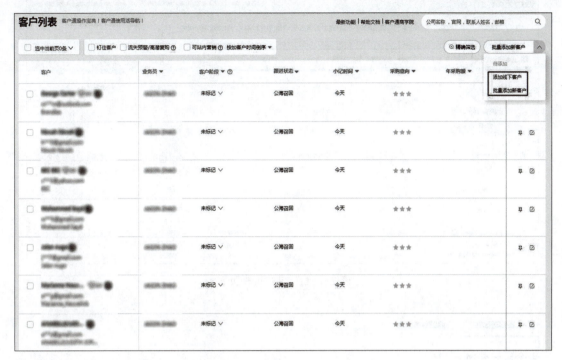

图 7-1-9 手动录入线下客户

图 7-1-10 精确筛选客户

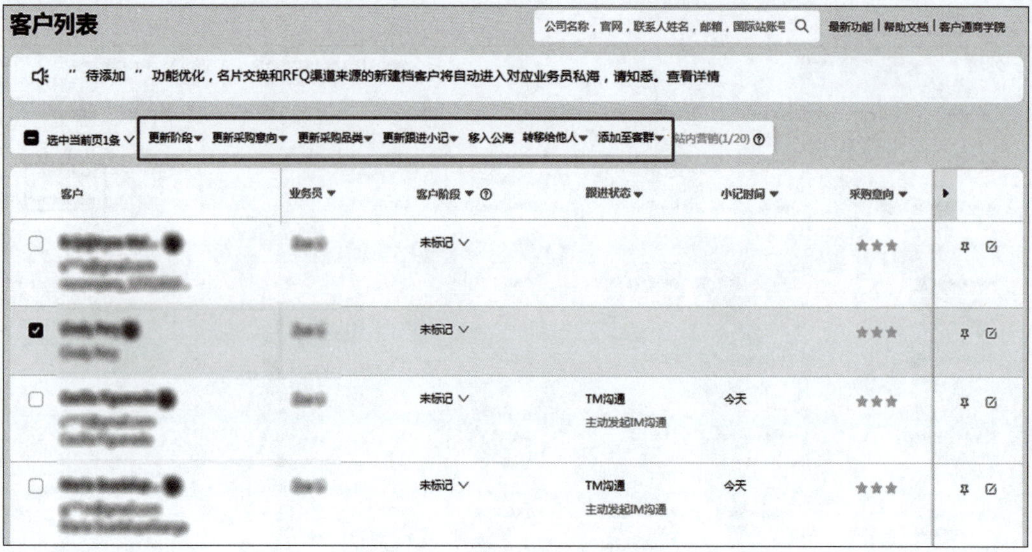

图 7-1-11 客户列表页面

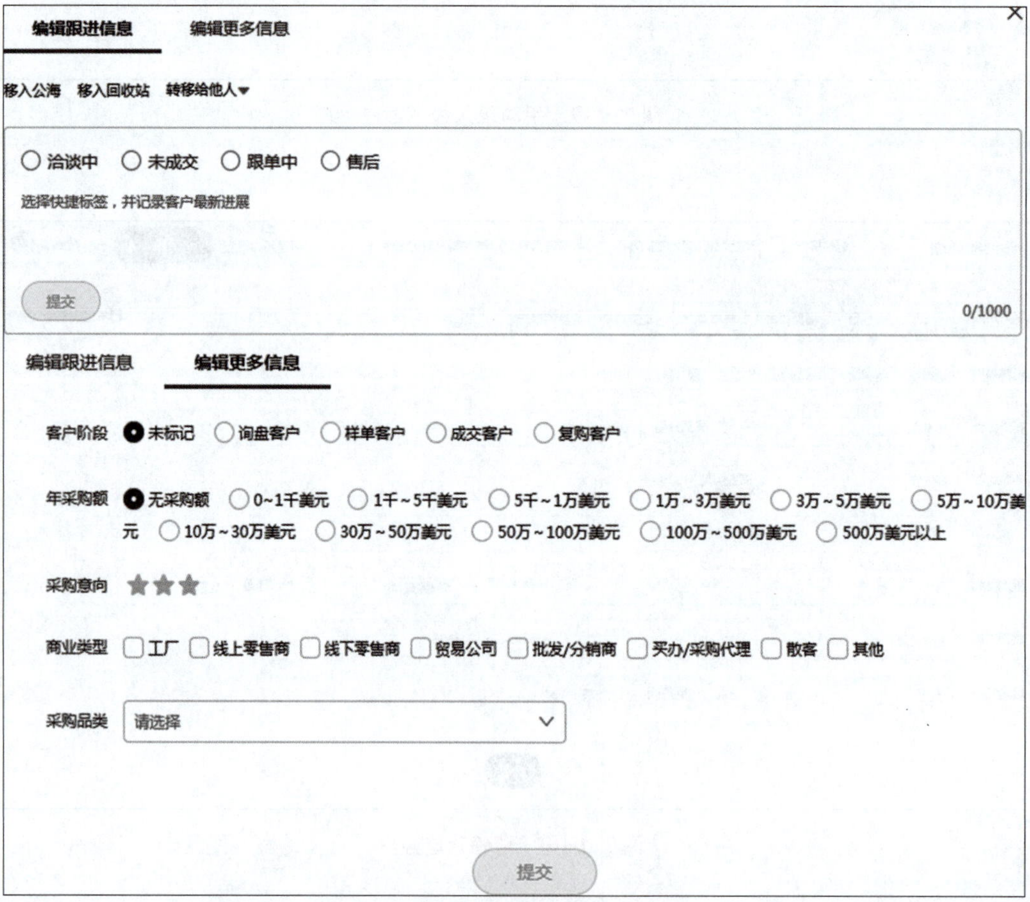

图 7-1-12 快速编辑客户信息

任务 7.2　发出与索要名片

【任务描述】

为了拓展香妮尔平台上的获客渠道，你需要每周定期处理国际站上的客户名片，包括向客人索要名片、发送名片、和粉丝交换名片等。

【任务分析】

首先，我们需要了解国际站名片包含的信息，通过修改自己的名片内容，方便客户查看我们的联系方式。其次，了解名片的来源并掌握名片的基础管理操作。最后，学会在粉丝列表与粉丝进行名片的交换，主动出击，获取客户商机。

【知识储备】

7.2.1　名片

1. 名片的定义

课件

名片是标示姓名及其所属组织、公司单位和联系方法的纸片，交换名片是商业交往的第一个标准官式动作。国际站中的客户名片，包含了客户的邮箱、电话、传真、网站链接等信息，如图 7-2-1 所示。

卖家可通过进入后台账户页面，在商业信息中修改自己的名片信息。可修改的内容包括备用邮箱、电话、传真以及 Facebook 和领英的社交链接。

saadat	Chat Now	发出我的名片
Email:		隐藏这张名片
Tel:		
Fax:		
Mobile:		
Website:		
‹ Back		
2023-8-11 From Inquiry by		

Mary	Chat Now	发出我的名片
Email:		隐藏这张名片
Tel:		
Fax:		
Mobile:		
Website:		
‹ Back		
2023-8-11 From Inquiry by		

图 7-2-1　发出的客户名片

前沿视角

亚洲纺织成衣展（AFF）在日本东京开幕。浙江嘉兴日本 AFF 参展团的 50 家参展企业，共计 96 人乘坐包机，嘉兴云翔针织有限公司外贸部经理朱宇便是乘坐包机前来参展的企业方之一。成立于 2001 年的嘉兴云翔针织有限公司，是一家生产袜子的工贸一体制造业企业，产品主要出口到日本、英国等国家。此次朱宇随团出国，主要目的之一就是拜访老客户。

一次见面胜过千封邮件，朱宇用实际行动证实了这句外贸行话，此次拜访老客户达成了一笔 200 万美元的新意向订单，此前与该客户的合作金额不过几十万美元，这个新订单已经可以占到去年该公司出口额的 1/3，据了解，去年该公司出口额约 3 000 万元人民币，而在疫情前销量好的年份，一年出口额接近 8 000 万元人民币。疫情阴霾正逐步散去，他也看好明年的商机。该公司为参加这次展会，花费了近两个月时间准备样品等，在展会的首日，新产品就吸引了不少客商，同时朱宇还与好几位新客户交换了名片。他解释，在外贸这一行中，交换名片一般意味着客户对该公司产品感兴趣，之后双方将持续跟进，有望达成新合作。

近几年，外贸企业生存不易，嘉兴市鼎盛服饰有限公司同样如此。该公司总经理孔志明直言，过去三年一些客户单量在萎缩，但同时由于难以出国参展、开发客户导致没有新的客源补充，导致公司整体的外贸出口量下降。孔志明在日本与客商洽谈中明显感觉到，其实客商也在寻找货源，在他看来，此次嘉兴组织企业走出去的时机恰到好处，效果也比较显著。为了此次参展，孔志明打包了三个大箱子，共计 100 多件新产品，此次该公司展出的最新研发的新型材料，就让不少客户"看了又看"，孔志明数了数，展会前两天就收到了 20 多张新客户的名片，"每一张名片背后都是一个合作意愿"。

2. 名片的来源

人脉中的名片来源主要有以下几个渠道：

（1）买家在发送询盘的时候选择发送了名片给卖家，如图 7-2-2 所示。

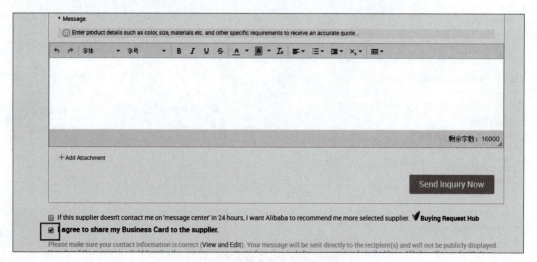

图 7-2-2　通过发送询盘发送名片

（2）买家在发送 RFQ 的时候选择发送名片给卖家，如图 7-2-3 所示。

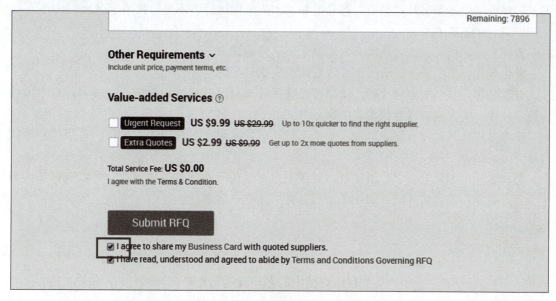

图 7-2-3　通过 RFQ 发送名片

（3）当卖家在询盘后台或者 RFQ 后台向买家申请名片后，买家同意发送名片，卖家也可以收到名片，如图 7-2-4 所示。

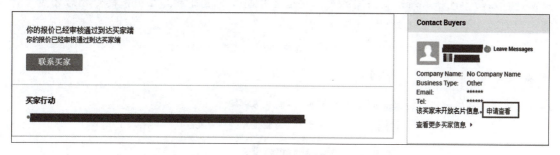

图 7-2-4　向买家申请发送名片

（4）买家在自己的管理后台"商圈-Connections"场景直接发送名片，如图 7-2-5 所示。

图 7-2-5　买家直接发送名片

提醒：通过非询盘和 RFQ 的场景获得沟通关系，如实时营销、访客营销、推荐买家等买家记录也是出现在名片记录里，但是需要卖家去索取名片，不是直接展示名片。

3. 名片的基础操作

索要名片：指买家或者采购商向卖家索要名片的请求。

发出名片：指卖家主动给买家或者采购商发送自己的名片。

分享名片：收到买家名片后，卖家可以选择分享自己的名片给对方。交换名片后双方成为商业伙伴，买家也可以看到卖家的联系方式。

隐藏名片：名片没有删除功能，如果不想让名片在可见名片列表中显示，可以选择隐藏名片。

撤回名片：如果分享名片给买家，后续不想再让买家看到自己的名片，可以选择撤回名片，之后买家在收到名片的页面中无法看到卖家的联系信息。

 工作小技巧

如何给直播中的客户发送名片？

卖家可以在买家进场通知区看到新进直播间的买家信息，包括买家标签 ｛订单买家（Order）、粉丝（Fan）、询盘（Inquiry）、新客（New Client）｝，买家的国籍，买家的名字，以及进入直播间的来源（旺铺、商品详情、会场等），主播可以根据买家信息在直播间多与买家进行互动，包括给新进直播间的买家发送名片或者发送目录，在买家接受之后才能进行进一步沟通，如图 7-2-6 所示。

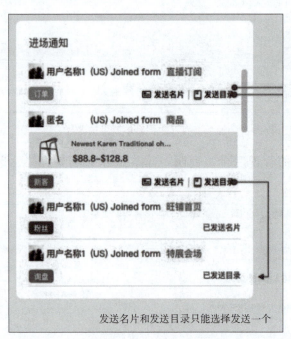

图 7-2-6　直播间买家互动

注意：只有当买家在直播间的时候才可以发送名片或发送目录，所以卖家一定要及时发送。直播间发送的名片卖家无法修改信息，统一使用系统默认样式。

【任务实施】

7.2.2 名片基础管理

1. 修改名片信息与处理名片索要请求

（1）进入国际站后台，点击右上角的"账户中心"，进入账户中心页面，点击"商业信息"，进入商业信息页面，如图 7-2-7 所示。

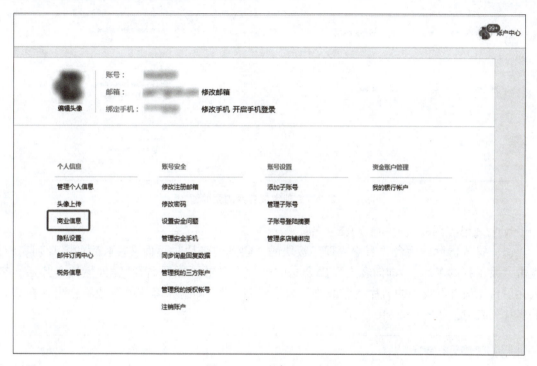

图 7-2-7 账户中心页面

（2）在商业信息页面中，点击"Contact Information"一栏中的编辑，进入名片编辑页面，如图 7-2-8 所示。

图 7-2-8 修改个人名片

（3）进入国际站后台"客户管理"板块的"索要名片的请求"页面，在页面中确认发出请求的客户信息，点击"Send"即同意买家索要名片的请求，点击"Reject"即拒绝客户的索要请求，如图 7-2-9 所示。

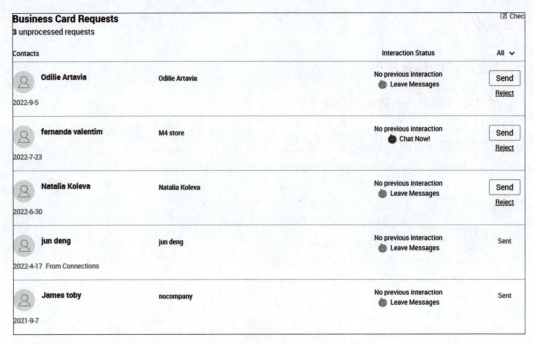

图 7-2-9　处理客户名片的索要请求

2. 管理已收到的名片和主动交换名片

（1）进入国际站后台"客户管理"板块的"收到的名片"页面，在收到的名片列表中，点击"发出我的名片"，即向客人发出公司的名片；点击"撤回名片"，即撤回名片后，客人在后台无法查看我们的名片；点击"隐藏这张名片"，即这张客户的名片不会出现在收到的名片列表中，如图 7-2-10 所示。

图 7-2-10　处理收到的名片

（2）进入国际站后台"客户管理"板块的"粉丝列表"页面，点击"待交换名片"，进入可以交换名片的粉丝列表页面，如图 7-2-11 所示。点击客户右侧的"交换名片"按钮，完成与粉丝名片互换，也可选择多个客户，点击批量交换名片。

| 粉丝列表 | | | | | 公司名称，官网，联系人姓名，邮箱，国际站账号 🔍　最新功能 \| 帮助文档 \| 客户通商学院 | | | |

累计粉丝数 ⑦ **3095**　未建档为客户 ⑦ **2083**　已建档为客户 ⑦ **1012**　　待交换名片 ⑦ **2083**

☑ 选中全部2083条 ∨　批量交换名片

姓名	关注时间 ▼	国家/地区 ▼	采购品类 ▼	未建档 ▽	店内足迹	买家分层 ▼	未发送 ▽	操作
☑	2023-08-04 03:26:33	澳大利亚		未建档			未发送	AI
☑	2023-08-01 21:18:56	美国		未建档			未发送	AI
☑	2023-07-29 12:32:47	美国		未建档			未发送	AI
☑	2023-07-28 11:11:56	英国		未建档			未发送	AI
☑	2023-07-27 00:58:57	美国		未建档			未发送	AI
☑	2023-07-26 17:19:24	美国		未建档			未发送	AI

图 7-2-11　粉丝列表交换名片

任务 7.3　公海客户与客群

【任务描述】

宠乐是一家以宠物用品为主营产品的公司，在国际站上拥有着优质的公海客户资源。请你从公司的公海客户中筛选一些优质客户添加到自己的客户池中，并针对自己的客户进行分类，创建合适的客群。

【任务分析】

公海客户作为店铺的公共客户池，拥有丰富的客户资源。而开启公海强开设置后，有效地盘活了客户池中的客户。掌握公海客户的筛选要素来获取优质的客户，添加到自己的客户池中。另外我们还需要了解固定客群、动态客群的定义和区别。最后熟练掌握公海客户的基础管理操作和创建不同类型的客群操作。

【知识储备】

7.3.1　公海客户

1. 公海客户的定义

公海客户，是指店铺内部的公共客户池，店铺名下的所有子账号都可查

课件

看公海客户，其他店铺不可见。商家可以在公海客户池中，筛选出优质客户，优先添加到自己的客户池中。若商家在添加公海客户后，规定时间内未及时跟进的客户，会回归到公海客户池中，避免占用和浪费客户资源。

2. 公海客户筛选条件

商家在公海客户池中需要对客户进行有条件的选择，一般来说，以下五个条件是关键因素：

（1）买家等级：L1~L4 的买家等级，等级越高代表买家的实力规模越大。

（2）店内行为：近期是否访问过店铺产品，是否有发送询盘或产生过订单交易。

（3）近 90 天站内行为：产品浏览数和有效询盘数，判断买家的真实度。

（4）最常采购行业：采购行业是否与商家主营行业相符合。

（5）最近询盘产品：近期询价产品是否与商家的主营产品相符合。

3. 公海强开与询盘转移

公海强开：帮助商家对买家做更好的盘活，避免出现业务员陆续将客户捡回私海，导致新业务员在公海无客户可捞，业务员对于私海客户也未进行有效盘活的情况。

询盘转移：开启后，当业务员将客户加为自己的客户，或主账号将客户分配给业务员时，同时将此客户近一年的询盘转移给此业务员。

商家可以在国际站后台客户管理板块的"公海设置"页面对公海强开与询盘转移进行设置，如图 7-3-1 所示。

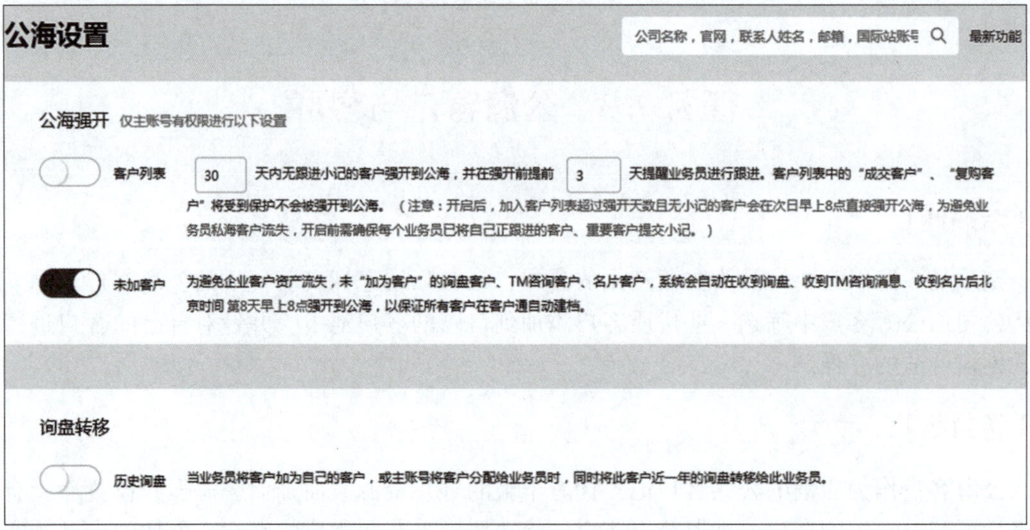

图 7-3-1 公海设置

7.3.2 客群

1. 客群的定义

客群，即客户群体，指的是将客户通过条件筛选建立为不同的群体，实现客户的差异化运营。客群管理是帮助商家做客户的分组管理，了解客群的客户偏好、行为等画像的工具，精准地满足客户需求，提升营销客户的转化率。客群管理最多可设置 50 个客群，每个客群最多可添加 2 万个客户。

进入客群管理页面，系统会默认显示 6 个客群，包括活跃 RFQ 客户、店铺忠诚客户、店铺成交客户、店铺粉丝、近 30 天询盘买家、近 30 天订单买家，商家可自行选择客群启动，如图 7-3-2 所示。

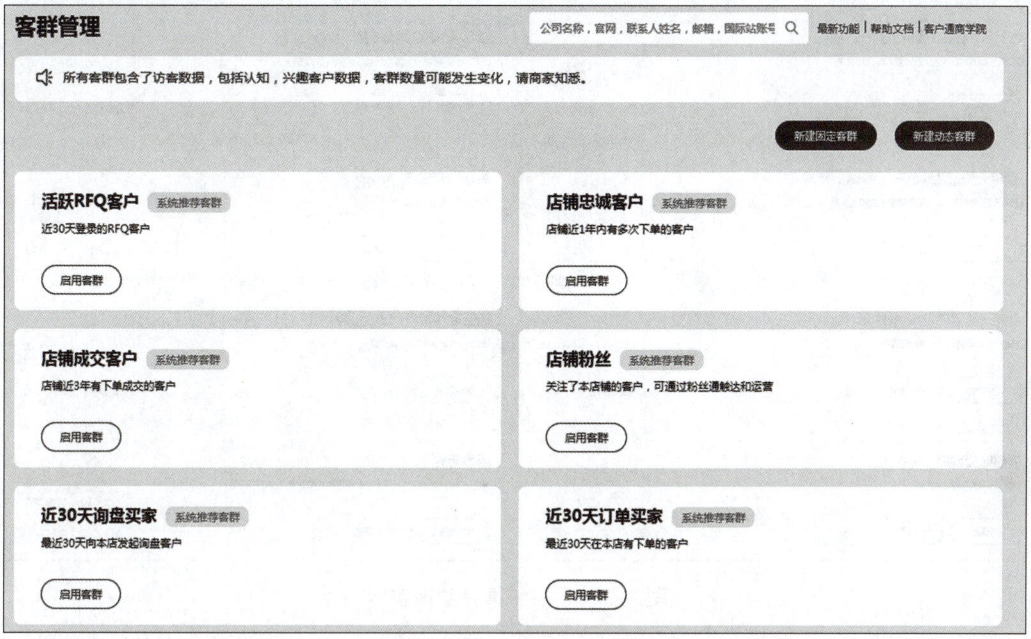

图 7-3-2　系统默认客群

2. 固定客群管理

固定客群，需要商家在客户通的客户池中手动选择客户添加到客群中，如果商家不手动添加客户至客群中，固定客群中的客户数、客户内容不会发生改变。

固定客群管理适用于一些固定客户群体的营销运营，可按照客户的地域、采购量、客单价、采购产品类型等进行客群分类。针对这些客户群体，需要针对性地进行营销，倾斜部分资源。例如，按照客户的地域，定期推送该区域时下最流行的产品款式；按照客户的采购量，对客户进行满减或打折的活动营销推送；按照客户的客单价，定期推送在客单价区域内的产品进行营销；按照客户的采购产品类型，除了及时推送最新的该类型产品外，还可根据客户的忠诚度，提供更多的折扣。

3. 动态客群管理

动态客群是系统根据规则自动生成的客群，每天系统都会根据商家设置的规则去自动添加符合的客户进客群。例如：设置一个美国客户的动态客群，那么每天新增的美国客户包括访客和客户通内客户，只要是美国的都会自动加入这个客群内。

动态客群的客户为客户通内的客户，可以通过客户通进行营销。系统会根据客户类型的分类向商家推荐多种类型的动态客群，如图 7-3-3 所示。

通过动态客群的"分析洞察"功能，可以查看客群内的买家特征和机会、买家画像、来源、偏好等数据，如图 7-3-4 所示。

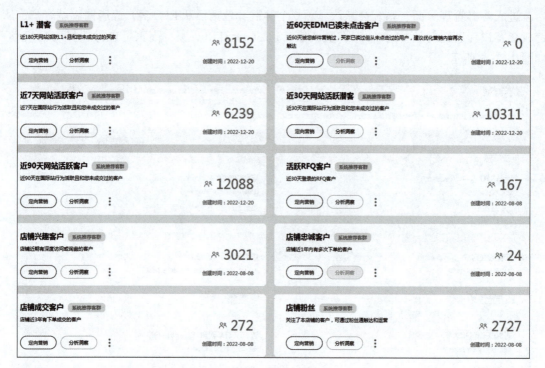

图 7-3-3　系统推荐动态客群

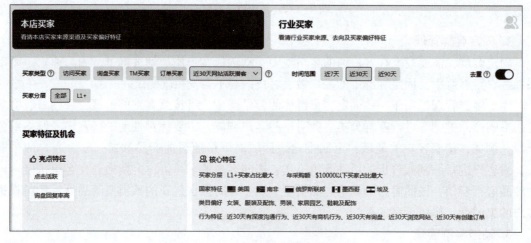

图 7-3-4　动态客群分析洞察功能

知识小窍门

Q：为什么有的客群显示客群分析，有的不显示？

A：客群分析只有在客户数量为 50 个以上才会显示"客群分析"按钮。

Q：客群里面圈选的客户有重复怎么办？

A：在客户营销中，其实在客群里面客户重复是正常现象，营销的逻辑选客是按照场景来选择，比如一个美国客人领了优惠券。如果卖家设置了两个客群，一个客群叫作美国客户，一个客群叫作领取了优惠券的客户，这个就是会重复，因为构造的营销场景不一样，重复是正常的。因为营销内容不同，场景不同，一个客户收到 2 次营销也很正常，一次针对美国客户场景营销，一次针对优惠券场景营销。

Q：建立客群时，选择"全部客户"，是包括哪些范围的客户？为什么公海中仍有大批客户显示无客群？

A：新建客群时的"全部客户"，只有主账号能看到。这里的"全部客户"，指的是该主账号下所有业务员的所有私海客户，不包括"公海客户"。子账号只能看到"我的客户"和"公海客户"。

【任务实施】

7.3.3 公海客户管理

（1）进入国际站后台"客户管理"板块的"公海客户"页面，点击公海客户页面右上角的"精确筛选"，设置筛选条件后并点击确定，获取对应的客户信息，如图 7-3-5 所示。

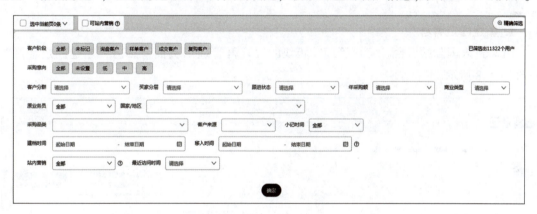

图 7-3-5 筛选客户

（2）在客户列表中选择客户，点击"加为我的客户"，完成将公海客户添加为自己的私海客户的操作，如图 7-3-6 所示。

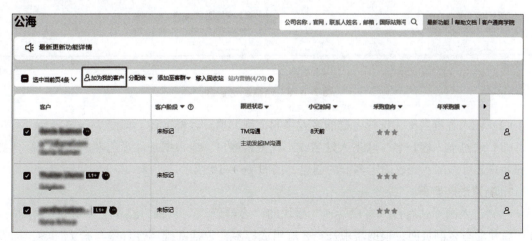

图 7-3-6 添加公海客户为自己私海客户

（3）在客户列表中选择客户，点击"分配给"并选择业务员，完成公海客户分配到该业务员私海客户池的操作，如 7-3-7 所示。

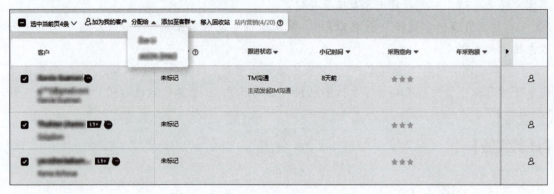

图 7-3-7　分配公海客户

7.3.4　客群创建

1. 新建固定客群

（1）进入国际站后台"客户管理"板块的"客群管理"页面，点击"新建固定客群"，如图 7-3-8 所示。

图 7-3-8　新建固定客群

（2）输入客群名称，选择客群的客人来源范围，填写客群描述，如图 7-3-9 所示。

（3）通过输入客户名、联系人姓名或邮箱搜索客户，或根据条件筛选客户，选择符合要求的客户进行添加，完成固定客群的创建，如图 7-3-10 所示。

2. 新建动态客群

（1）进入国际站后台"客户管理"板块的"客群管理"页面，点击"新建动态客群"。进入新建动态客群页面，根据需求选择客群组成标签，包括基础属性标签与行为标签，标签可选择多个，如图 7-3-11 所示。

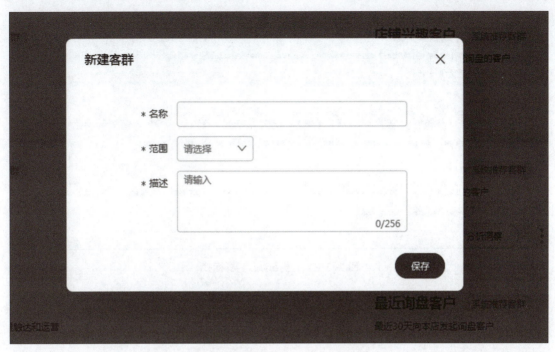

图 7-3-9　填写固定客群基本信息

图 7-3-10　添加固定客群客户

（2）根据选择的标签，设置详细的标签条件，填写客群名称，点击创建，完成动态客群的创建，如图 7-3-12 所示。

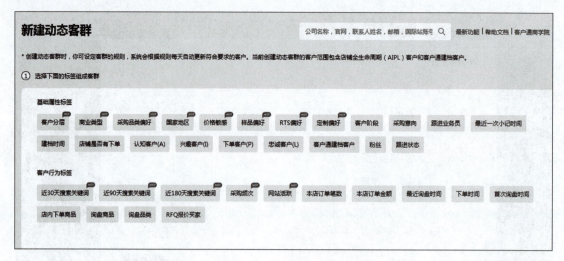

图 7-3-11　选择动态客群标签

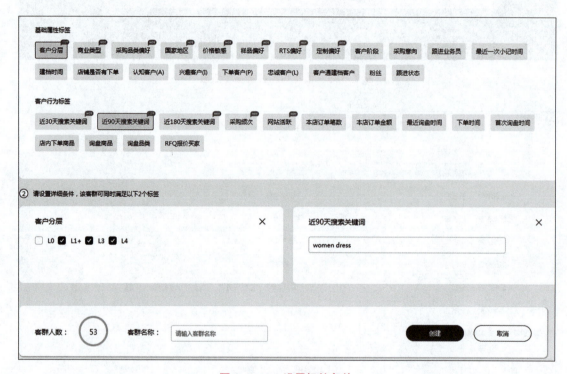

图 7-3-12　设置标签条件

【项目评价】

客户通作为外贸行业唯一的一款客户运营 CRM，专注于帮助商家提升客户成交转化率。了解客户通的核心功能和应用场景，利用客户通有效管理自己的客户。养成在客户通里及时为客户建档，筛选优质客户进行跟进营销的习惯，同时预防高质量买家的流失。

公司的名片信息包括邮箱、备用邮箱、电话、手机、传真以及社交链接，完整填写名片信息，在发送名片后，买家可快速了解我们的联系方式。处理收到的名片，主要是对收到名片的客户发出公司的名片，达成名片互换的目的。在粉丝列表中交换的名片属于主动营销行为，选择合适的客户进行交换，主动出击提升获取客户商机的可能性。

　　公海客户池中的客户数量基数大，质量参差不齐，因此在添加或分配客户时需要通过仔细筛选，选择符合条件要求的客户进行添加或分配的操作。固定客群与动态客群两者的面向客户群体不同，在创建客群时要明确客户目标，对不同客群进行精准营销与资源倾斜，提升客户的交易转化率。

项目 7 习题

项目 7 答案

项目 8

交易与物流

【项目介绍】

交易与物流这一项目，需要我们独立完成在线订单管理和发货，起草和修改信用保障订单，选择订单的国际物流方式，设置产品运费模板以及在阿里物流平台自主下单等任务。要完成这些任务，需要我们学习信用保障订单的相关知识，了解常见的国际物流方式与选择原则，掌握国际站信用保障订单、运费模板、物流订单的所有相关实操内容。

【学习目标】

知识目标：

1. 了解在线交易订单的类型；
2. 了解信用保障订单的内容；
3. 了解常见的国际物流方式；
4. 了解国际物流方式的选择原则。

技能目标：

1. 掌握国际站的在线交易订单的基础管理操作；
2. 掌握国际站信用保障订单的起草与修改操作；
3. 掌握产品运费模板的设置方法；
4. 掌握阿里巴巴国际站物流平台的自主下单操作。

素质目标：

1. 培养互联网和信息技术应用能力；
2. 培养现代商贸服务业从业心态；
3. 养成耐心细致的工作态度。

【知识导图】

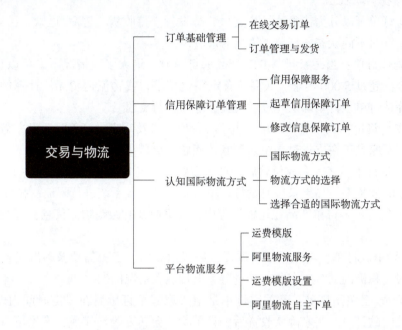

任务 8.1　订单基础管理

【任务描述】

宠乐是一家以宠物用品为主营产品的公司，公司现整理出国际站上近一年来交易金额前十名的客户，请你通过查找并查看这些客户的订单内容，总结他们近一年来采购的主要产品类型。你还需要帮助业务员对店铺内的待发货订单进行发货。

【任务分析】

在任务开始之前，我们首先要学习关于在线交易订单的相关知识，包括订单类型、订单状态以及如何处理不同状态下的订单，其次要掌握订单的基础管理操作和订单发货流程。

【知识储备】

8.1.1　在线交易订单

1. 在线交易订单类型

当买家进入国际站店铺的时候，可以看到两种产品：一种是可以直接下单的 RTS（Ready To Ship）产品，这一类产品不需要卖家确认，买家可以直接起草订单并进行支付，等待卖家发货；若买家所在地区通过运费模板无法计算出运费，则订单需要卖家在后台补充运费后确认订单。另一种产品为定制款产品，这类产品无法直接下单，需要买家发送询盘与卖家进行细节沟通，再起草在线信用保障订单。

不论是 RTS 产品还是定制类产品，买家与卖家都可以起草在线交易订单。起草订单的端

课件

口包括无线端与 PC 端，订单类型可以是新订单，也可以是已有订单返单。

2. 在线交易订单状态

在线交易订单可以分为待确认、待支付、待发货、待收货、售后/退款、已完成/已关闭等多种状态。针对不同状态的订单，需要对应管理。

（1）待确认订单：当买家起草 RTS 产品的订单时，绝大多数情况下是可以直接支付的。当出现订单金额超过 5 000 美金，或买家有定制化需求，或物流运费无法计算的情况时，需要卖家手动确认订单。订单确认完成后，买家才可进行支付。

（2）待支付订单：买家起草订单后由于各种原因未及时支付订单时，卖家需要及时与买家沟通，了解买家是否在支付过程中遇到其他问题，提醒买家及时付款。

（3）待发货订单：客人完成付款后，订单需要在规定时间期限内发货。如超时发货，会降低平台的及时发货率。如果未按时发货订单过多，还会被系统进行限流、扣分等处罚。

（4）待收货订单：订单产品在运输过程中，卖家应及时跟踪物流信息，提醒买家货物到达时间。

（5）售后/退款订单：当出现订单需要售后或退款时，卖家需要及时跟进，了解买家退款的真实原因，积极沟通解决问题，尽量避免退货退款情况的发生。

（6）已完成/已关闭订单：已关闭订单是指买家起草订单后在一定时间内未进行支付，被系统自动关闭的订单。买家确认收货后，订单状态会转变为已完成，卖家可以邀请买家对订单进行评价。真实的买家评价可以提升产品的信息质量，吸引更多客户，从而提升交易转化率。

知识小窍门

极速退款订单阿里巴巴国际站针对买家直接下单的信用保障交易订单推出的一项快速服务权益，在一定情形下，系统支持自动退款，减少买家退款等待时长。极速退款包含三种权益：2 小时无理由退款、逾期发货退款和 5 天不响应退款，符合条件的订单如表 8-1-1 所示。

表 8-1-1 极速退款订单类型

极速退款适用条件	订单类型	订单支付方式
2 小时无理由退款	信用保障交易订单（不含e收汇订单）无金额限制	支持的线上支付方式: Credit/Debit Card, Online Transfer, Online Bank Payment, Apple Pay, Google Pay, PayPal
逾期发货退款	信用保障交易订单（不含e收汇订单）且注册买家订单金额在500美金内，潜力买家小B买家、企业类买家和金标买家订单金额在1 000美金内；	
5 天不响应退款		

【任务实施】

8.1.2 订单管理与发货

1. 查看订单

进入国际站后台"交易管理"板块的"所有订单"页面，可查看所有在线订单。卖家也可以通过选择订单状态来查看对应订单，包括待确认订单、待支付订单、待发货订单、待收货订单、售后/退款订单、已完成/已关闭订单等，如图 8-1-1 所示。

图 8-1-1　查看订单

2. 查找订单

在"所有订单"页面中，通过设置筛选条件查找订单，常用的筛选条件有"订单状态""业务员""目的国家/地区""创建时间""订单金额""注册国家/地区""起草方""订单类型""商机来源""运输方式""交易币种""出口方式""订单优惠"等。卖家也可在搜索框内直接输入订单号、邮箱、姓名、用户账号、标注、产品名等信息查询相应的订单，如图 8-1-2 所示。

图 8-1-2　查找订单

3. 订单发货

（1）进入发货页面。

进入国际站后台"交易管理"板块的"所有订单"页面，在订单状态栏选择"待发货"。在待发货订单页面中选择相应订单，点击"去发货"按钮，如图 8-1-3 所示。

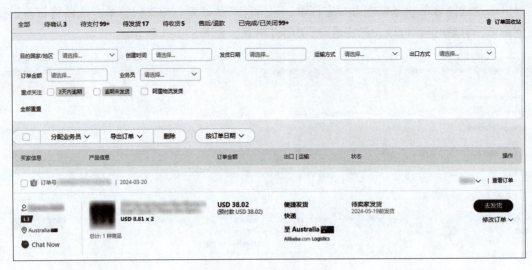

图 8-1-3　待发货订单

（2）添加发货批次。

勾选发货商品并输入发货数量，订单支持分批次发货，最多可分 10 个批次发货，如图 8-1-4 所示。

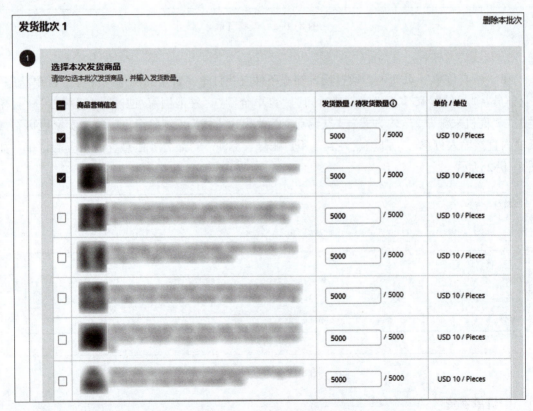

图 8-1-4　选择本次发货商品

（3）提交物流信息。

如果通过阿里物流发货，则可选择系统提供物流方案后进行发货，物流订单会直接与信用保障订单绑定，也可先通过阿里物流平台下单，再关联物流订单。如果订单是通过线下物流发货，则需要提交物流凭证，如图8-1-5所示。

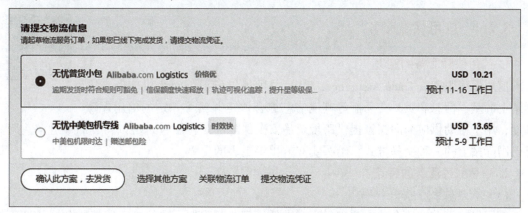

图 8-1-5　提交物流信息

（4）提交出口信息。

如卖家在起草订单选择自营出口为出口方式时，需要在发货页面填写报关信息，如图8-1-6所示。当订单的物流凭证已完成上传且相应出口报关单已完成通关放行，实际报关金额达到订单金额的80%时，订单转为"已发货"状态，发货时间为通关放行日期。

图 8-1-6　提交出口信息

任务 8.2　信用保障订单管理

【任务描述】

宠乐公司在国际站上接到了一笔来自英国客户的订单，客户需要采购一些宠物玩具，宠物衣服、宠物用品等。请你根据客户的需求，起草一笔信用保障订单，并根据客人后续可能出现的追加采购需求，修改该信用保障订单。

【任务分析】

在任务开始前，我们首先学习信用保障服务的相关知识，包括信用保障的定义、特点、开通条件、服务范围以及注意事项，其次了解普通版信用保障服务和升级版信用保障服务的内容与区别。最后熟练掌握信用保障订单的起草与修改操作，在修改订单过程中，要了解信用保障订单在不同状态下的可修改范围。

【知识储备】

8.2.1 信用保障服务

课件

1. 信用保障服务的定义

信用保障服务（Trade Assurance，TA）是阿里巴巴根据每个供应商在国际站上的基本信息和贸易交易额等其他信息综合评定并给予一定的信用保障额度，用于帮助供应商向买家提供跨境贸易安全保障的一种服务。可以将其简单理解为阿里巴巴国际站上的一种交易方式，给买卖双方提供更多的保障。

2. 信用保障服务的特点

（1）合规收款，提升效率。

信用保障订单支持全球本地支付，成本低，到账时间快，国际 T/T 跨境收款全链路可视化，提供了锁汇和提前申报的一体化服务。

（2）保障交易，让买卖双方更放心。

阿里巴巴国际站平台作为中立的第三方，提供了专业的一对一免费纠纷调解、信用卡拒付保障等服务，保障了买卖双方的交易安全。

（3）彰显卖家实力更全面。

保障能力打标，保障知识筛选，客户评价数据对外展示，彰显了卖家的交易实力，赢得买家信任，促进快速成交。

3. 信用保障服务开通条件

（1）公司法人或实际控制人及关联公司无其他不良诚信记录。

（2）网站累计违规扣分<48 分（若同一公司合作多个主账号，一个账号≥48 分，则所有账号不能开通信用保障服务）。

（3）网站严重侵权行为累计被投诉<3 次（若同一公司合作多个主账号，一个账号累计≥3 次，则所有账号不能开通信用保障服务）。

（4）无其他潜在风险。

另外，国际站免费会员也可以免费开通信用保障服务，但需要进行企业或者法定代表人的支付宝实名验真。

4. 信用保障服务范围

信用保障订单的保障服务范围是在买家确认收货的 30 天之内，包含 30 天。如果订单被平台关闭，任何一方都应在收到订单关闭通知的 30 天内发起纠纷。保障的金额为订单的实收金额，如果产生纠纷，最大的赔付金额就是订单的实收全款。

从 2022 年 11 月开始，阿里巴巴国际站对信用保障交易的保障时效进行了升级，L3 和 L4 买家可以发起纠纷的时间由确认收货或收到订单被平台关闭通知之后 30 天内，调整为 60 天内。而 L0、L1、L2 的买家可发起线上纠纷的时间不变，依旧是 30 天。

5. 信用保障服务注意事项

（1）如何合理选择发货时间避免未如约发货的风险？

信用保障服务中需要填写发货时间来保障订单如约发货，但是 T/T 收款方式的到款时间又非常不确定，如果您当心到账时间对交期的影响，建议您在起草合同时选择收到货款后几天（自然日）内发货的合同条款。

合同确认后如果发货日期需要变更，请您和买家保持沟通并及时修改合同，合同修改之后需要买家确认后才生效。

（2）如果有附加合同条款，需要怎么填写？

如果合同内还有其他发货期及质量约定之外的补充条款，可以在备注内填写。

（3）什么时候可以生产备货？

T/T 付款到账时间较长，建议在收到买家的款项，确认预付款收齐后（代表收到这部分预付款就愿意进行备货及发货）再着手备货。

e-Checking 授权支付后，可能存在扣款失败的情况，建议在款项到达一达通账号后，再着手备货。

信用卡支付成功后，当后台显示"待卖家发货"的状态后，可以进行备货，款项预计 2~4 个工作日到达一达通账号。

（4）信用保障服务中，怎么确保尾款安全？

第一种方式，合理评估风险，和买家协商确认预付款比例，降低尾款收款风险。第二种方式和传统贸易一样，建议收到买家支付的尾款之后再放货，比如可以和客户协商好见尾款给提单等。

6. 信用保障服务流程

信用保障服务订单操作流程主要分为四个步骤：

（1）起草信用保障订单。

（2）买家付款。

（3）卖家发货。

（4）确认收货与评价。

7. 信用保障服务升级

为了解决跨境交易场景下买卖双方的信任问题和履约不确定性，提升交易撮合效率，控制交易风险，让商家以更低价格更便捷地享受到全面优质的交易保障服务，国际站平台全新推出信用保障服务升级版（Trade Assurance Plus，简称"TA Plus"），其对商家的核心价值体现在：

（1）保障升级：基于到货时效保障、无忧退货保障、拒付综合服务、高效收款结汇、合规申报等一系列保障能力，为商家提供交易全链路保障方案。

（2）扩大商机：5 大核心流量场景（开机屏、首页、会场、搜索、行业垂直会场）帮助商家增加平台曝光，并通过到货保障、无忧退等商品前台标识展现商家保障能力，促进买家下单，提升支付转化，如图 8-2-1 所示。

TA Plus 服务推出后，商家可以根据自身需求灵活选择信用保障服务基础版（原有模式）或信用保障服务升级版，从而获得丰富和灵活的服务模式选择。对比信用保障服务模式基础版，TA Plus 核心从保障服务维度进行整合升级，如图 8-2-2 所示。

8. 信保订单修改范围

可直接下单的产品订单，在不同状态下可修改的范围不同，但均不支持系统延长发货时间或修改订单约定发货时间。其他场景下的信保订单，在预付款未支付且订单未发货，卖家修改订单无需买家确认。但如果买家支付过（例如有过支付失败的记录），修改订单是需要买家确

图 8-2-1 升级版信用保障服务的核心价值

子服务项	信用保障服务 基础版 （简称 TA）	信用保障服务 升级版 （简称 TA Plus）
交易担保	• 基础交易保障：保发货和商品质量 • 协商和仲裁服务：双方无法协商一致，平台会介入解决纠纷 • 平台垫赔和体验补偿：平台向买家垫付退款并给予客户体验给与一定比例补偿	✓ 基础交易保障：保发货和商品质量。 ✓ 协商和仲裁服务：双方无法协商一致，平台会介入解决纠纷 ✓ 平台垫赔和体验补偿：平台向买家垫付退款并给予客户体验给与一定比例补偿
信用保障额度	• 信用保障基础额度：商户可以在信保额度范围内提前拿到货款	✓ 在信用保障基础额度之上，额外获得升级额度。总额度扩大为基础额度的1.5~4倍
拒付综合服务	• 欺诈防控及争议预警服务 • 基础抗辩服务 • 拒付保障基础额度：$2000/季度	✓ 欺诈防控及争议预警服务 ✓ 专业抗辩服务，提升成功率 ✓ 在信用保障基础额度之上，额外获得升级额度，总额度提升至$12000/季度
无忧退货保障服务	• 仅支持无忧退-商家海外仓模式（商家需额外开通及付费） • 要求商家自行提供海外退货仓 • 商家需介入纠纷处理，参与退货审核 • 商家获得退货费赔付，需自行承担买家退款	✓ 升级版自带无忧退-平台海外仓模式，商家无需额外开通 ✓ 平台提供海外退货仓，商家无需具备海外仓； ✓ 商家无需介入纠纷处理，省时省力 ✓ 平台承担退货运费及对实家退款
到货保障	• 物流延误向买家补偿10%订单金额	✓ 物流延误向买家补偿10%订单金额
收费标准	TA订单按实收金额2%收取交易服务费 封顶 $100~300	商家开通TA Plus后，可按订单维度选择TA或TA Plus模式。 TA Plus订单按实收金额3%收取交易服务费，封顶 $150~350

图 8-2-2 信用保障基础版与升级版对比

认的，买家需登录买家的 MA 后台才能确认。订单具体修改范围可通过以下网址查询：

https：//service. alibaba. com/page/knowledge？ pageId = 127&category = 1000122449&knowledge = 20142321&language=zh.

【任务实施】

课件

8.2.2 起草信用保障订单

（1）设置交易信息。

进入国际站后台"交易管理"板块的"起草信用保障订单"页面。设置订单的结算方式与交易币种，如图 8-2-3 所示。

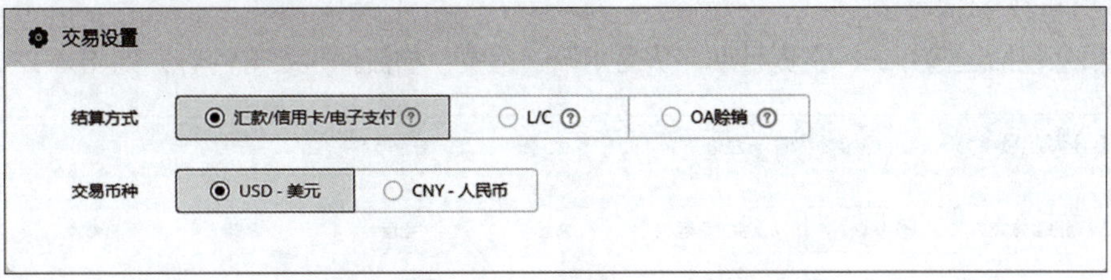

图 8-2-3 选择结算方式与交易币种

（2）填写买家信息。

填写买家的完整信息，包括邮箱、名字及收货地址，如图 8-2-4 所示。

注意：买家的邮箱必须为海外买家邮箱，订单起草后买家的个人信息无法修改。收货地址在订单的预付款到账前，可以由卖家直接修改，预付款到账后，卖家修改后需要买家确认。订单发货后，将不可修改收件地址；订单支付完成后，将不可修改收货目的国。

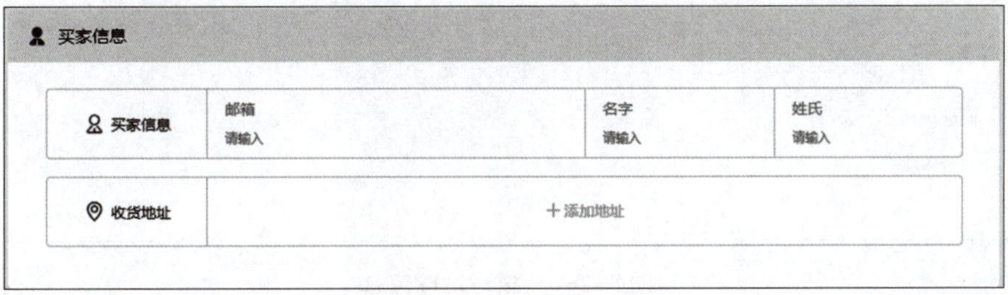

图 8-2-4 填写买家信息

（3）填写产品信息。

产品信息可添加产品或添加合同。添加合同，需要填写产品名称，并上传合同模板。添加产品，可导入国际站已发布产品，如图 8-2-5 所示。

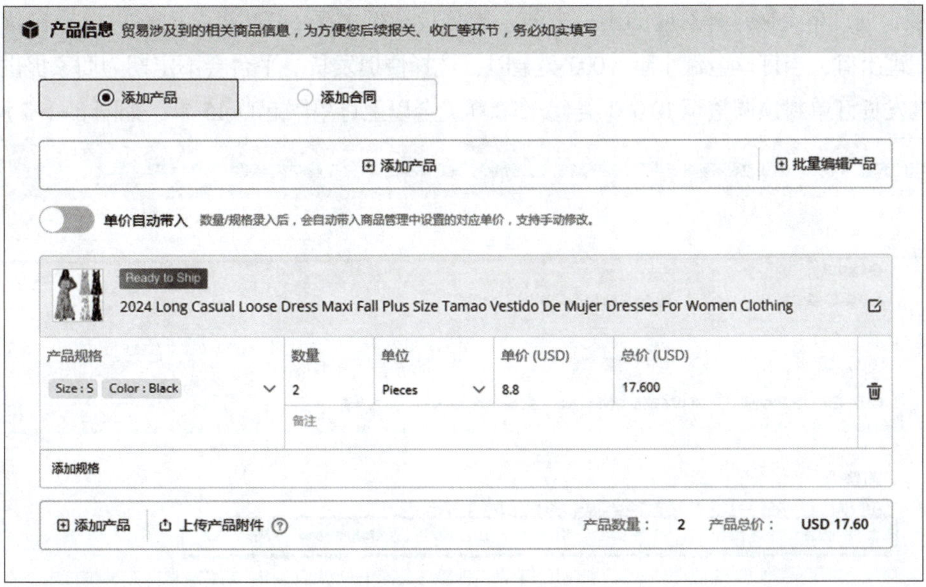

图 8-2-5 填写产品信息

（4）填写运输信息。

运输信息包括运输方式、发货日期、贸易术语、运费、物流保险费等内容，如图 8-2-6 所示。

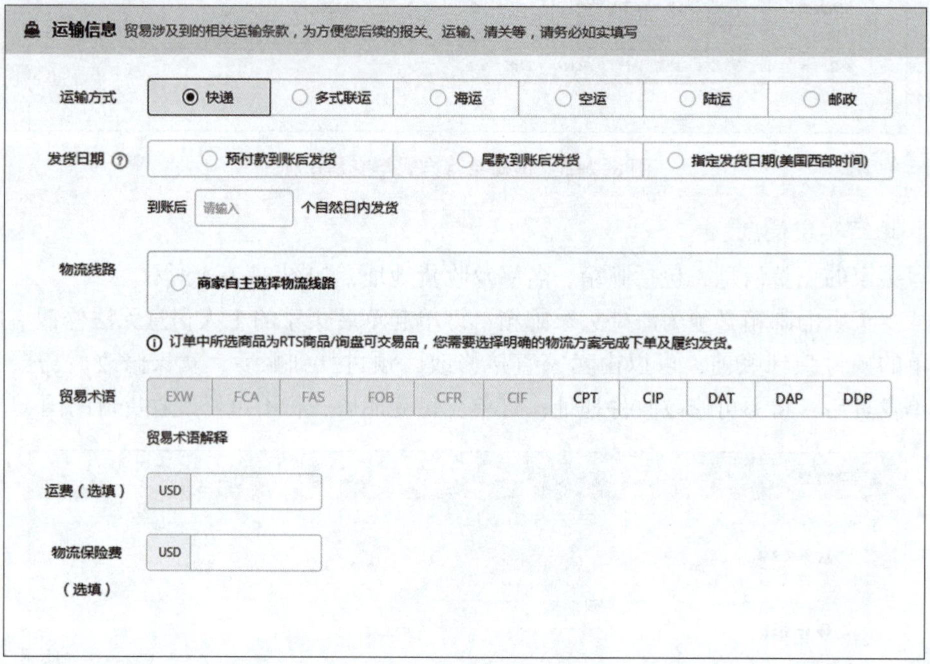

图 8-2-6　填写运输信息

在填写发货日期的时候，要把节假日与周末都统计在内，给订单留有足够充分的备货时间，避免因为交期过短而导致延迟发货的情况发生。运输的信息涉及订单后续的报关、运输、清关等，需要如实填写。

（5）选择出口方式。

一般根据订单金额选择对应的出口方式。当订单金额大于 5 000 美金时，可选择自营出口或一达通代理出口，当订单金额小于 5 000 美金时，选择便捷发货。平台会不定期为商家提供大单权益，便携发货订单封顶调整至 10 000 美金，5 000 美金以上订单限起草 15 单，如图 8-2-7 所示。

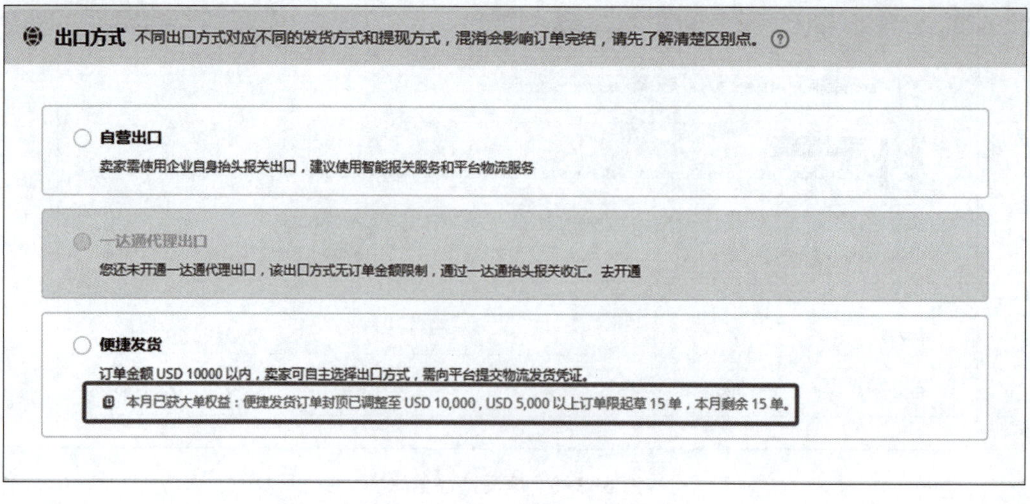

图 8-2-7　选择对应出口方式

（6）提交信用保障订单。

根据订单情况来选择信保服务类型，不同类型的信保服务收取的手续费不同，保障的范围也不同。填写支付条款时，预付款必须大于等于 1 美元，预付款比例根据订单情况设置。订单备注中可写订单细节事项、额外说明等内容。点击"提交订单"按钮，完成订单起草操作，如图 8-2-8 所示。

图 8-2-8　提交订单

8.2.3　修改信用保障订单

（1）进入国际站后台"交易管理"板块的"所有订单"页面，找到需要修改的订单，点击订单右侧的"修改订单"按钮，如图 8-2-9 所示。

（2）在订单页面中根据要求修改订单，检查修改后的订单信息无误后，点击"提交订单"，完成修改，如图 8-2-10 所示。

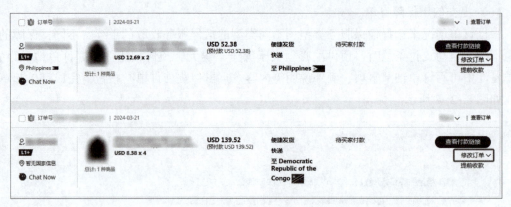

图 8-2-9　选择修改订单

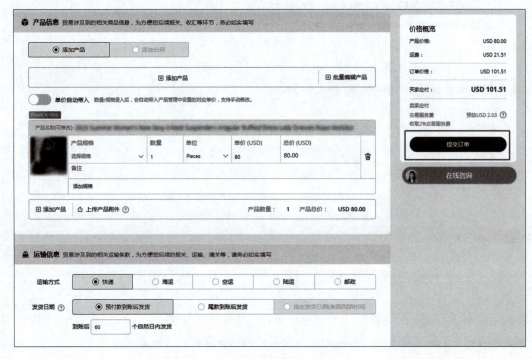

图 8-2-10　修改订单

任务 8.3　认知国际物流方式

【任务描述】

宠乐公司在国际站上接到了一笔来自澳大利亚客户的 20 万美元的订单，订单交期为 30 天，货物生产周期为 15 天。请你为这笔订单选择合适的物流方式。

【任务分析】

首先我们需要了解常见的国际物流方式，包括批量货物与零散货物的运输方式，不同物流方式的优缺点不同；其次了解国际站上支持的物流方式。根据物流方式的选择原则，综合考虑客户的交期和运输时效与成本等因素，选择最合适的物流方式。

【知识储备】

8.3.1　国际物流方式

课件

（1）批量货物的国际物流方式。

批量货物的国际物流方式有国际空运、国际海运、国际公路运输、国际铁路运输，不同的运输方式有不同的特点。

国际空运：以其迅捷、安全、准时的效率赢得了相当大的市场，大大缩短了交货期，具有快速、机动的特点，是国际贸易中贵重物品、鲜活货物和精密仪器运输所不可缺的方式。

国际海运：国际贸易中最主要的运输方式，占国际贸易总运量的 2/3 以上，其优势在于运量大，费用低，航道四通八达；缺点是速度慢，航行风险大，航行日期不易确定。按照船舶的经营方式，国际海运可分为班轮运输和租船运输。

国际公路运输：国际货物借助一定的运载工具，沿着公路作跨及两个或两个以上国家或地区的移动过程，起重要的衔接作用。其特点决定了它最适合短途运输，可以将两种或多种运输方式衔接起来，实现多种运输方式联合运输，做到进出口货物运输的"门到门"服务。

国际铁路运输：在国际贸易中仅次于海运的一种主要运输方式。其最大的优势是运量较大，速度较快，运输风险明显小于海洋运输，能常年保持准点运营等。

（2）零散货物的国际物流方式。

零散货物的国际物流方式选择多，不同的货物和需求对应着不同的物流方式。

国际小包：指重量在 2 kg 以内，外包装长宽高之和小于 90 cm，且最长边小于 60 cm，通过邮政空邮服务寄往国外的小邮包。国际小包分为普通空邮和挂号两种。前者费率较低，邮政不提供跟踪查询服务，后者费率稍高，可提供网上跟踪查询服务。它的优势在于运输网络基本覆盖全球，货物可以寄送到全球几乎所有国家和地区；劣势是有明显的尺寸和重量限制，虽然价格上便宜，但是时效慢，且会有丢包的风险。

一般跨境卖家所销售的电子产品、饰品、配件、服装、工艺品都可以采用此种方式来发货。目前常见的国际小包服务渠道有中国邮政小包、新加坡邮政小包、香港邮政小包、荷兰小包、瑞士小包、俄罗斯小包、中国邮政 E 邮宝等。

国际商业快递：速度快，服务好，丢包风险低，目前最常见的国际快递公司有 DHL、UPS、Fedex、TNT。比如，使用 UPS 从中国寄包裹送到美国，最快可在 48 小时内到达，TNT 发送欧洲一般 3 个工作日可到达。但基本快递费过于昂贵，还会有燃油费、偏远费等额外费用，运费变动较大。一般只有在客户强烈要求时效性的情况下才会使用，而且会向客户收取运费。

跨境专线物流：一般通过航空包舱方式运输到国外，再通过合作公司进行目的国的派送。优势在于其能够集中大批量到某一特定国家或地区的货物，通过规模效应降低成本。因此，其价格一般比商业快递低。在时效上，专线物流稍慢于商业快递，但比邮政包裹快很多。市面上最普遍的专线物流产品是美国专线、欧洲专线等，也有不少物流公司推出了中东专线、南美专线、南非专线等。

海外仓：跨境电商物流痛点的一个解决方式。物流成本低，从海外直接发货给客户，相当于境内快递。送货时效快，解决了运输、报关、清关等各方面复杂的操作流程所需耗费的时间，更快更有效地海外发货。仓储管理经验丰富，有专业的管理人员负责管理；缺点是库存压力大，仓储成本高，资金周转不便。

8.3.2 物流方式的选择

课件

1. 国际物流方式选择原则

物流对于跨境卖家来说也是很重要的一环，所以要慎重选择。在选择物流服务时，卖家应该考虑六个原则：

（1）类别筛选原则：比如有些物流服务商在服装领域有独特优势，有专门针对轻小包的国际专线；有的物流服务商专注于大而重的品类，所以可以根据服务商擅长的领域和品类进行筛选。

（2）时效性原则：一个合格的物流服务商，专业水平的体现是稳定快速的物流时效。尤其是遇到关键节点的时候，稳定靠谱的服务商很重要。跨境物流会涉及国内运输、出口国清关，目的国清关，以及尾市配送，卖家在选择物流服务商时，应尽可能获取最近的发货时效数据，以有效降低售后风险。

（3）成本控制原则：重点在于产品的包装方式，部分物流服务商在包装过程中过度浪费和损耗，导致超尺寸或者超装、重量增加，运费也会随之增加。

（4）配送安全原则：快递的安全交付可以减少很多不必要的损失和售后风险，比如丢失、损坏等；在此基础上，找出有专业配送管理体系的物流服务商，大多数物流服务商在规模和实力上都旗鼓相当，因此考察他们在配送的质量和各个环节上的安全可控性尤为重要。

（5）价格优化原则：首先要了解物流服务项目的价格是否透明、合理、稳定，有明确的计费模式，然后优先考虑性价比高的服务商。

（6）服务意图原则：服务态度是除了价格和时效之外最重要的因素。在选择服务商的时候，也要考虑物流公司在服务上的细节与态度。

2. 选择国际站物流方式

阿里巴巴国际站上目前有2种发货物流方式：线上发货和线下发货。卖家根据自身情况来选择合适的物流方式。

线上发货，是指在阿里巴巴国际站平台上直接用阿里提供的物流服务进行发货。不论是海运整柜或拼箱、空运、快递或多式联运，还是集港拖车、散货交仓，阿里物流都能够提供相对应的解决方案，只需在后台将目的地、发货地、货物的尺寸重量信息输入后，就可查询到多个不同的方案。这样的发货方式操作简单便捷，通过阿里物流便可享受到完善的一站式服务。

线下发货，是指通过货物代理公司进行发货，由其负责货物的运输。市场上的货物代理公司有很多，提供的货运方式覆盖范围也很广，海运、空运、陆运、铁运、快递等方式都涵盖在内，能满足不同卖家、不同货物的物流需求。线下发货的优势是选择性多，物流渠道丰富，价格相对于其他平台来说更优惠，对接的人员服务专业省心。但因为货代公司众多，在合作前需要仔细甄别，尽量选择正规专业的货代公司，不能单单从运费成本来考虑，货运时效、服务这些也在考虑范围内，避免因小失大的情况发生。

【任务实施】

8.3.3　选择合适的国际物流方式

（1）进入国际站后台"物流服务"板块的"查询报价并下单"页面，设置发货地、目的地、包裹信息，查询不同运输方式下的方案时效与价格，如图 8-3-1 所示。

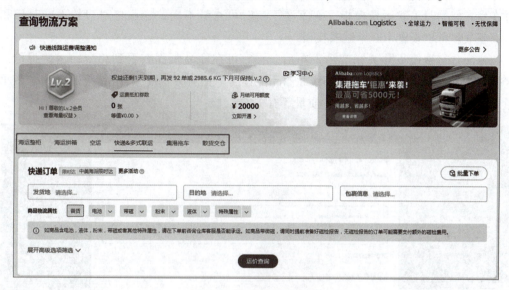

图 8-3-1　查询物流方案

（2）联系线下合作的货物代理公司，提供发货地、目的地以及产品包裹信息，询问物流报价。不同的货物代理公司给出的报价也不同，因此可以多询问几家。

（3）将平台提供的物流方案与线下货物代理公司的方案进行综合对比，包括运费价格、时效性、安全性的对比，选择出合适的物流方式。

任务 8.4　平台物流服务

【任务描述】

宠乐公司最近需要上传一批 RTS 类产品，但平台还未设置运费模板，请你完成运费模板的设置。另外平台上有一笔订单需要通过阿里物流进行发货，请你协助业务员进行阿里物流下单操作。

【任务分析】

在设置运费模板前，首先要了解运费模板定义和运费国别化等内容。其次要在掌握运费模板设置流程的同时，还要学会利用运费试算工具，对运费模板进行校验，确保运费设置无误。通过阿里物流下单时，要充分了解阿里物流与线下物流的区别，学习阿里物流的会员体系以及对应权益，最后熟练掌握阿里物流下单的完整流程。

【知识储备】

8.4.1 运费模板

1. 运费模板的定义

运费模板用于设置 RTS 商品的运输详情，包含快递承运商、运输时长、运费及目的国。通过在发布商品时关联运费模板，买家在下单时可查看不同快递服务对应的不同时长和运费。商家最多可以设置 100 个运费模板。

商家配置运费模板并关联产品发布后，买家可在商品页面查看到相应的运费报价，如图 8-4-1 所示。此运费报价的计算跟此商品配置的"销售方式（按件卖/按批卖）"，最小起订量以及每件/每批商品的长宽高、质量等有关。

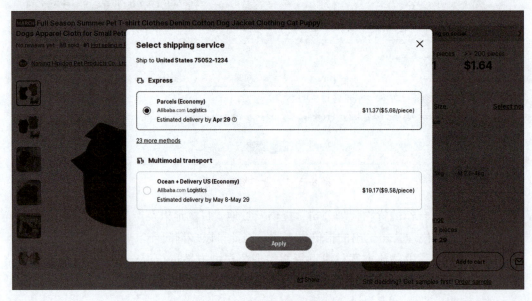

图 8-4-1　产品页面运费详情

商家在产品发布页面设置的每件/每批商品的长宽高、质量等信息在商品发布后，会在商品详情页中展示，如图 8-4-2 所示。

Key attributes	Samples	Customization	Certifications	Ratings & Reviews	Know your supplier	Product desc

Packaging and delivery

Selling Units:	Single item
Single package size:	30X20X3 cm
Single gross weight:	0.200 kg

Show less ∧

图 8-4-2　产品尺寸、质量信息

2. 运费国别化

随着阿里巴巴国际站 RTS（快速交易）的买家数和订单数的不断增加，为了满足不同国家的海外买家对于运费确定性的需求，帮助中国供应商更好地承接及转化海外买家，国际站平台要求商家针对核心国家配置对应运费，进一步提升商品的转化率。

RTS（快速交易）的买家十分关注物流和运费的价格，平台经过研究历史数据表明，有配置买家对应国家物流模板的商品比未配置的商品，在交易转化率上有显著提升；同时，是否配置了买家对应国家的物流模板，将影响商品在对应国家买家的排序。举例说明，对于来自德国的买家来说，配置了德国物流模板和运费报价的商品对比未配置的商品，将会获得更多的展示机会和更高的交易转化率。

目前的核心国家为：美国、印度、英国、墨西哥、秘鲁、菲律宾、阿拉伯、巴西、印尼、澳大利亚、俄罗斯、南非、法国、哥伦比亚、泰国、巴基斯坦、德国、尼日利亚、意大利。

3. 运费试算

为帮助商家在配置运费模板后，清楚地了解所有阿里物流可承运线路的运费计算过程，更好更准确地计算自己商品的运费，平台在运费模板页面为商家提供了运费试算的工具，如图 8-4-3 所示。

图 8-4-3　运费试算

选择商品，补充目的国和邮编，点击"运费试算"，系统会展示所有阿里物流方案的预计运输时效与实际运费价格，商家可根据自己的需求选择对应方案。点击"展开明细"可查看该运输方案包含的所有费用项，如图 8-4-4 所示。

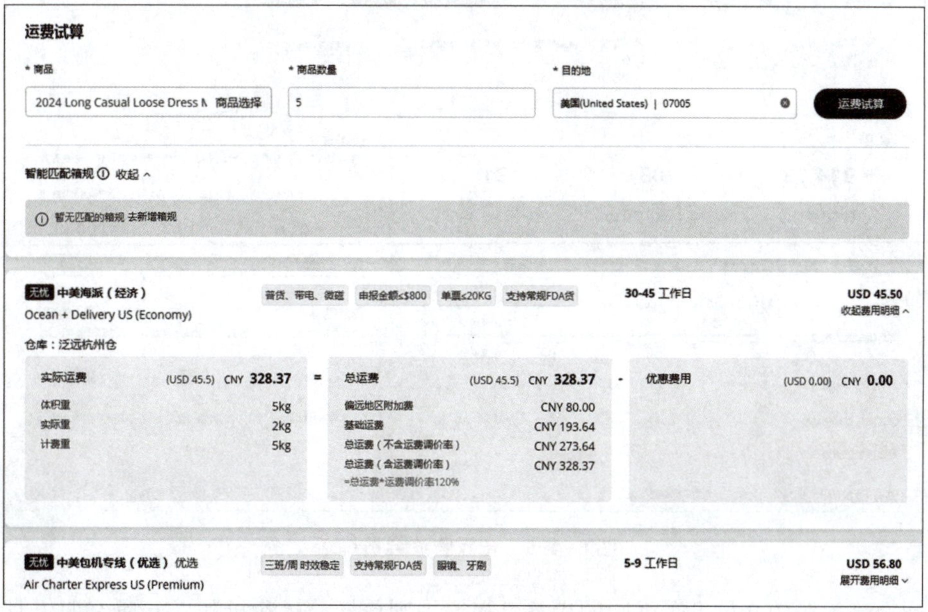

图 8-4-4　运费试算费用展开明细

8.4.2　阿里物流服务

1. 阿里物流的定义

阿里物流是指阿里巴巴跨境物流服务平台，平台为商家提供了包括国际快递、空运、海运、陆运、海外仓等多种全链路可视的跨境物流整体解决方案，解决了中小外贸企业跨境物流协同难、费用乱、不透明等难题。

阿里物流的三大核心优势包括：全球运力、智能可视、无忧保障。

（1）全球运力：阿里物流拥有全球 220 多个国家和地区的运力网络，包含了海陆空快、多式联运 DDP 等多样化运输方式，运力灵活可控，有专业保障。还推出了无忧中美包机专线、无忧美妆个护专线等 40+国家化和行业化专线。

（2）智能可视：阿里物流平台提供了在线查价一键下单，可视化订单管理，提供运费模板快捷配置等工具，提升了多订单物流管理的效率。不仅如此，利用数字化物流大数据，物流全流程节点状态可视，随时掌握货物的运输动态信息。

（3）无忧保障：阿里物流提供了充足舱位保障、到货时效保障、价格透明稳定等服务保障，平台专业客服一对一服务，快速响应商家的任何问题。

2. 阿里物流会员权益

为了让使用阿里物流的客户尊享更多权益，阿里巴巴国际站物流打造了物流会员体系，平台将按照卖家上个自然月使用快递完成发货的累计快递单量或快递质量自动进行评级。卖家可以在后台"物流服务"板块中的"物流客户权益"页面，查看自己的物流等级和可享受的权益与福利，如图 8-4-5 所示。

图 8-4-5　查看物流会员等级

不同物流等级的会员享受不同的权益，权益细则包括：运费折扣、专属客服、月结免服务费、赠送保险、信保保障特权，如图 8-4-6 所示。物流会员等级评定并更新的时间为每月6 号，等级和权益生效时间为当月 6 号到次月 5 号。

图 8-4-6　阿里物流会员查看不同等级权益

【任务实施】

8.4.3　运费模板设置

（1）新建运费模板。

进入国际站后台"物流服务"板块的"运费模板"页面，点击新建模板，如图 8-4-7 所示。

图 8-4-7　新建运费模板

（2）基础信息设置。

填写模板的名称，以及发货邮编，选择解决方案，平台目前提供的解决方案有带电解决方案、普货解决方案、大件重货 DDP 解决方案（≤2.4 m）、美容个护解决方案、眼镜解决方案。填写运费调整比例，通用运费模板设置完成。如果需要搭配多元物流方式、自由配置运输国别、调整运费比例等，则选择自定义模板配置，如图 8-4-8 所示。

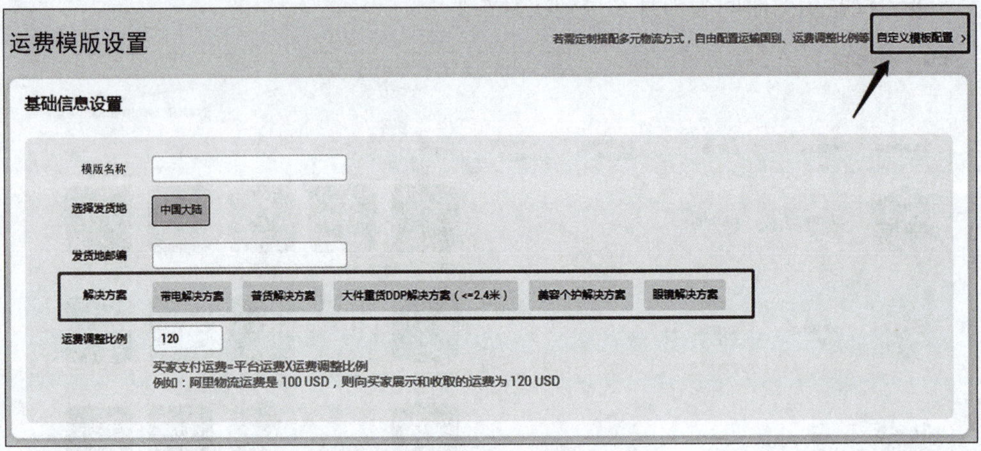

图 8-4-8　基础信息设置

（3）物流方式选择。

自定义模板中，选择合适的物流路线，系统提供了优选物流、标准物流、经济物流、快递小包、多式联运等多种运输方案，如图 8-4-9 所示。

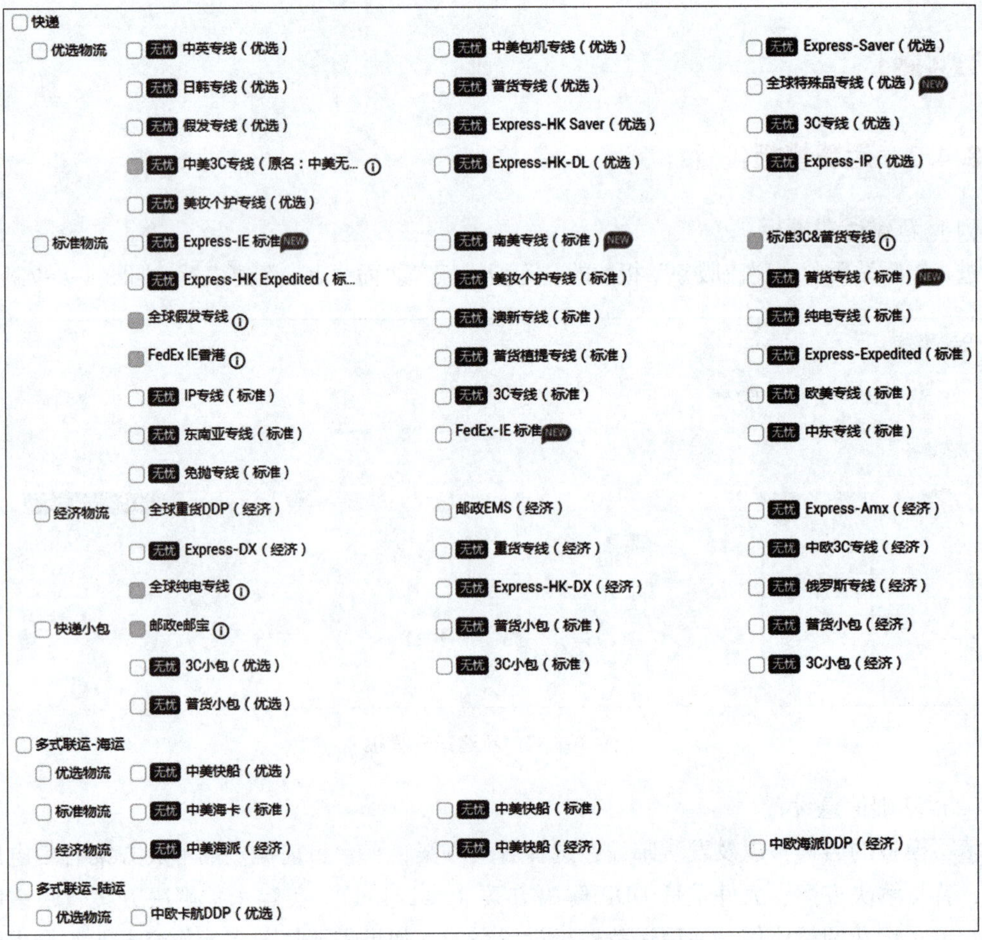

图 8-4-9　物流方式选择

（4）填写运费详情。

运费模板中的物流类型包括阿里物流和自有物流，根据物流类型填写运费详情。阿里物流详情填写，如图 8-4-10 所示：

a）详情配置：选择服务类型。

b）发往国家和地区：默认勾选"全部国家和地区"，商家可以去掉默认勾选，按需选择配置。

c）计费类型：阿里物流价表示按平台物流报价计算运费；卖家包邮表示运费由卖家承担，买家可选择对应阿里物流方案发货，卖家根据买家选择的线路在平台下单并自行承担物流费用。

d）收费细则：运费调整比例（即调价率）设置，调价率允许大于、等于、小于 100%，系统向买家展示和收取的运费金额=阿里物流价×调价率/（1-信用保障交易服务费 2%）。

举例：当买家选择阿里物流、FedEx IP 仓到门去美国，平台快递价格为 100 元，设置调价率 110%，向买家展示和收取的运费金额=阿里物流价×调价率/（1-信用保障交易服务费 2%），根据以上计算公式，最终展示给买家的运费金额=100 元×110%/（1-2%）= 112 元。

注意：同一个服务商既有门到门又有仓到门服务，只能勾选配置一次。

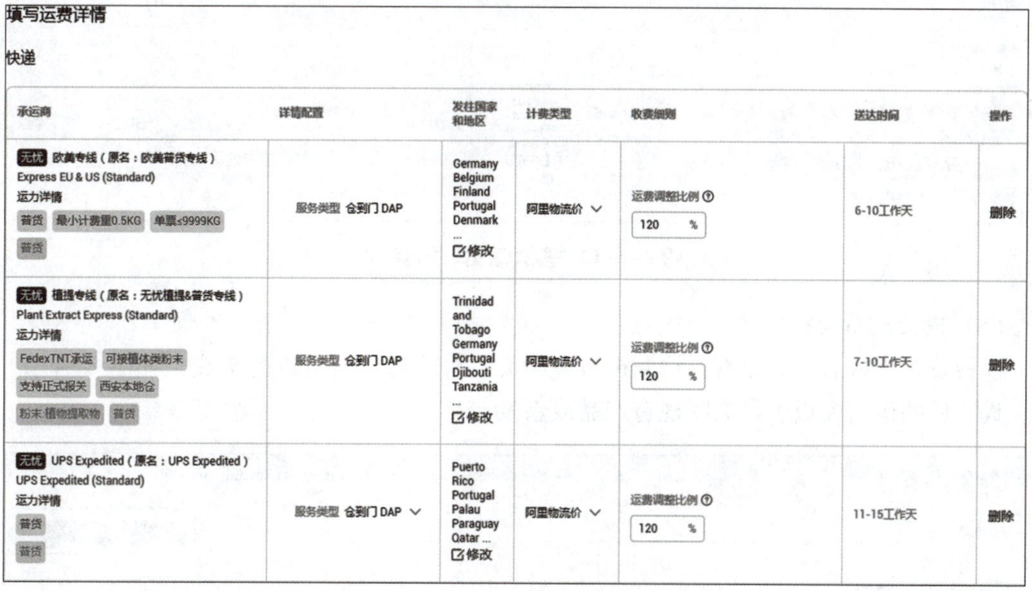

图 8-4-10 阿里物流运费详情填写

自有物流详情填写，如图 8-4-11 所示：

a）承运商：DHL、UPS、FedEx 或者 other。

b）发往国家和地区：商家可以一键勾选"全部国家和地区"，也可以按需选择配置。

c）计费类型：按质量计费表示运费按质量计算，通常设置首重及续重运费，如商家配置选择按重量计费，则表示运费按商家配置的重量来计算，总运费为首重运费+续重运费；按数量计费表示按商品数量计算运费，按首重件数和增加件数计算，商家配置选择按数量计费，则表示运费按商家配置的数量来计算，总运费为首重运费+续加运费；卖家包邮表示卖家自行线下发货且承担运费，买家不需要支付运费。注意，自有物流仅支持快递方式。

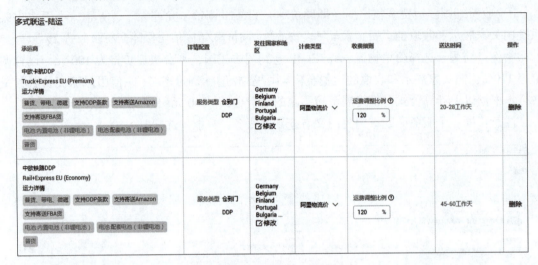

图 8-4-11　自有物流详情填写

如有海运拼箱或铁路需求，商家也可选择相应线路并配置规则，如图 8-4-12 所示。

多式联运-陆运						
承运商	详细配置	发往国家和地区	计费类型	收费规则	送达时间	操作
中欧卡航DDP Truck+Express EU (Premium) 运力详情 普货、带电、微磁　支持DDP条款　支持寄送Amazon 支持寄送FBA货 电池:内置电池（非锂电池）　电池配套电池（非锂电池） 普货	服务类型 仓到门 DDP ☑修改	Germany Belgium Finland Portugal Bulgaria ...	阿里物流价 ∨	运费调整比例 ⑦ 120　%	20-28工作天	删除
中欧铁路DDP Rail+Express EU (Economy) 运力详情 普货、带电、微磁　支持DDP条款　支持寄送Amazon 支持寄送FBA货 电池:内置电池（非锂电池）　电池配套电池（非锂电池） 普货	服务类型 仓到门 DDP ☑修改	Germany Belgium Finland Portugal Bulgaria ...	阿里物流价 ∨	运费调整比例 ⑦ 120　%	45-60工作天	删除

图 8-4-12　多式联运-陆运配置

（5）提交运费模板。

模板设置完成后，商家需要检测模板健康度，检测通过后可进行提交，如图 8-4-13 所示。提交后的运费模板可以关联现有产品或新发产品。

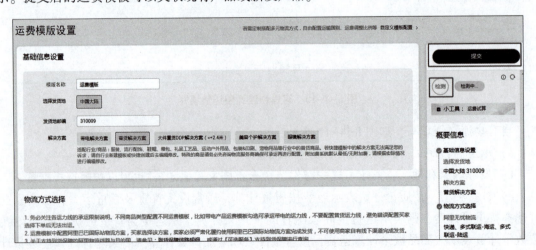

图 8-4-13　提交运费模板

📖 **知识小窍门**

为什么运费模板会提示运费过高?

直接下单品（含 Ready to Ship 商品）运费虚高不但会影响买家对店铺产品的第一观感，更会影响买家沟通洽谈、起草下单意愿，容易引起买家流失。为了给买家在 RTS 赛道提供更多的高曝光商品，帮助商家提升交易转化率，平台对运费模板配置的"运费调整比例"进行优化治理，细节如下:

1）新建运费模板，商家选择快递/小包/多式联运阿里物流，运费调整比例需≤120%（建议调整区间为 100%~120%，低于 100% 可能导致运费亏损）。

2）历史配置的运费模板中若快递/小包/多式联运有阿里物流运费调整比例高于 120%，卖家需尽快去优化配置，让商品显示有竞争力的运费金额。

8.4.4　阿里物流自主下单

（1）查询物流方案。

进入国际站后台"物流服务"板块的"查询报价并下单"页面，选择物流运输方式，填写订单信息后进行查询。以快递方式为例，输入发货地、目的地、包裹信息，点击运价查询，如图 8-4-14 所示。

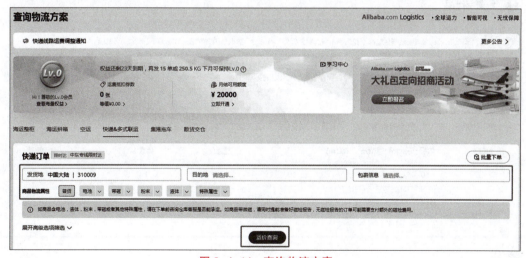

图 8-4-14　查询物流方案

（2）选择物流方案。

选择合适的物流方案并起草物流订单，方案下单分为普通下单和信用保障下单两种形式，普通下单不会关联信保订单，信保下单可直接关联到信保订单，如图 8-4-15 所示。

（3）起草物流订单。

在订单页面填写包裹信息、商品信息、发货地址、包裹寄送方式、收货地址以及申报信息，填写完成并确认运输费用，点击提交订单，如图 8-4-16、图 8-4-17 和图 8-4-18 所示。

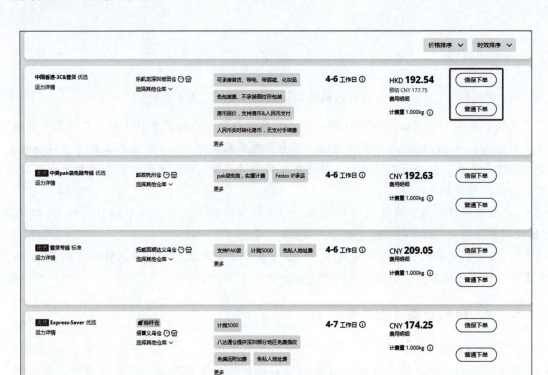

图 8-4-15　选择物流方案

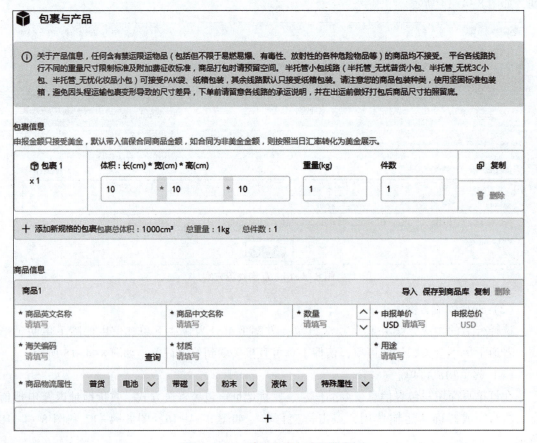

图 8-4-16　填写包裹与产品信息

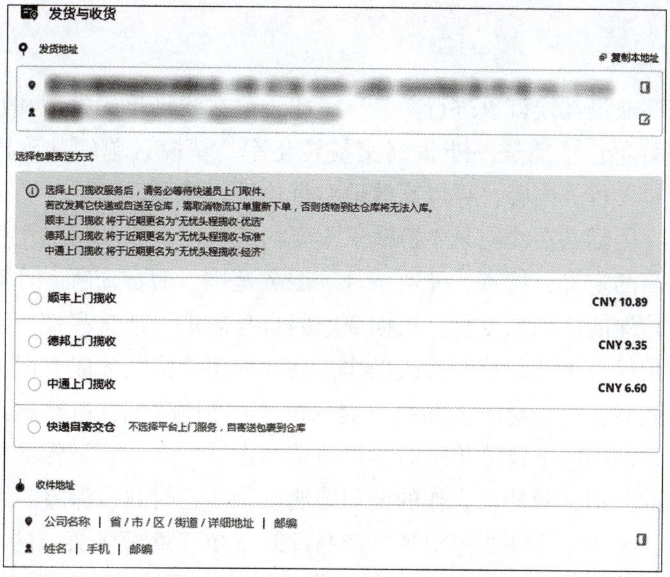

图 8-4-17　填写发货与收货信息

图 8-4-18　填写申报信息

【项目评价】

商家与客户需要通过在线订单进行交易，因此了解在线订单的类型和状态，用不同方式处理不同状态下的订单，才能进一步提高交易转化率。掌握订单的基础操作，包括订单查看、订单查询、订单发货等内容，可以高效地对订单进行管理。

信用保障服务在国际站在线交易中扮演了重要的角色，深入学习信用保障服务相关知识内容，包括信用保障的定义、特点、开通条件、服务范围、服务流程、注意事项等。了解普通版信保和升级版信保的区别和变化，根据商家的自身需求灵活选择使用不同版本的信用保障服务。熟练掌握信保订单的起草与修改操作，高效利用信保服务促成买卖双方的交易。

在选择物流方式时，应该对线上和线下提供的不同物流方案进行综合考虑，包括价格、时效性、安全性。在询问线下物流价格时，尽量选择正规、专业、资深的物流公司，最好是之前有过良好合作的公司，对初次合作的公司要明确价格、时效、保险。

设置运费模板，是为了方便买家对现货产品即时下单，缩短了买家的购物流程。因此在设置模板时要考虑运输成本与时效性，确保运费模板的合理性。通过阿里物流平台下单时，结合订单货物的装运方式、包裹尺寸与数量、运费金额、运输时效性等多个因素来选择合适的物流方式，多查询，多比较，选择合适的物流方案。

项目 8 习题

项目 8 答案

项目 9

跨境支付与结算

【项目介绍】

在跨境支付与结算这一项目中，我们需要独立完成选择合适的订单支付方式，向客户进行在线收款，国际站账户的资金结汇与提现，以及其他的一些资金基础管理等任务。要完成这些任务，我们需要了解常见的国际支付方式和选择支付方式时考虑的要素，掌握国际站在线订单收款，账户资金结汇，资金提现到账户，以及其他的资金管理等一系列的操作和内容。

【学习目标】

知识目标：

1. 了解国际货款常见的主要支付方式；
2. 了解国际支付方式的选择原则；
3. 了解在线交易的收款方式与收款流程；
4. 了解资金结汇和提现的规则。

技能目标：

1. 掌握信保订单在线收款流程；
2. 掌握平台资金的结汇与提现操作；
3. 掌握平台资金的基础管理方法。

素质目标：

1. 培养互联网信息技术应用能力；
2. 培养洞察力和数据判断能力；
3. 提升现代商贸服务业从业心态；
4. 培养自学能力。

【知识导图】

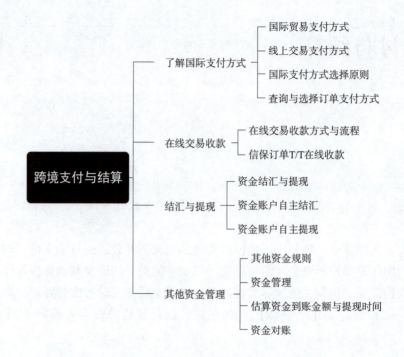

任务 9.1　了解国际支付方式

【任务描述】

宠乐是一家以宠物用品为主营产品的公司，公司最近在国际站上接到了来自澳大利亚客户的 10 万美元订单，请你协助公司和客户协商该笔订单的支付方式。客户支付完成后，请你通过订单详情查询客户的支付时间、支付金额和方式等信息。

【任务分析】

在任务开始前，首先要了解常见国际支付方式有哪些，包括线下与线上的支付方式，以及这些支付方式所具备的特点。接下来通过学习国际支付方式选择的原则，帮助我们更好地判断在订单交易中应该选择哪种支付方式，不仅需要站在卖家的角度，还要站在买家的角度考虑。最后通过查看在线订单的支付方式，帮助我们预估款项到账时间。

【知识储备】

9.1.1　国际贸易支付方式

1. 信用证

信用证（Letter of Credit，L/C），是指银行根据进口人（付款方）的请求，开给出口人（收款方）的一种保证承担支付货款责任的书面凭证。在信用证内，银行授权出口人在符合信用证所规定的条件下，以该行或其指定的银行为付款人，

课件

开具不得超过规定金额的汇票，并按规定随附装运单据，按期在指定地点收取货物。总结来说，信用证是一项有条件规定的由银行背书的支付承诺。

信用证在国际贸易中还提供担保作用。国际贸易的买卖双方签订了货物买卖合同，双方会在合同条款中选择采用信用证的方法作为支付手段。通常买方向自己的开户银行申请开出信用证。在信用证担保关系中，买方称为"开证人"或"申请人"，银行称为"开证银行"，而卖方称为"受益人"。由于信用证是银行提供的，所以银行从中提供了担保作用：银行一定会向卖方付款的。卖方发货后，取得单证。卖方在开证银行收到货款，及时将单证交给银行，银行再将单证的货权转让给买方。买方在申请银行开出信用证时，向银行交付了一定比例的保证金。当买方收到货物时就要向银行交付剩余的款额。所以，从上述运作过程中，可以看出银行提供了信用，信用证也是一种保证的合约。

信用证的三大特点是：①自足性文件：信用证虽然是以销售合同为基础，但一旦成立就会成为独立于销售合同外的一项契约，信用证业务的所有当事人只受信用证条款的约束。销售合同的买卖双方是否违约，与银行是否解除付款承诺没有关系。②银行负首责：在信用证业务中，开证银行要负有第一性付款的责任，在单证严格相符的情况下，开证银行必须付款，不能以"单证不符"以外的任何理由进行拒付。③纯单据业务：不管货物质量如何，银行只凭单据付款，不以货物为准。银行不是销售合同的当事人，它只要求受益人提交的单据条款与信用证的条款相符即可，对于货物情况、运输情况、单据真伪、邮寄丢失等情况均不负责。

信用证支付的一般程序是：①进出口双方当事人应在买卖合同中，明确规定采用信用证方式付款。②进口人向其所在地银行提出开证申请，填具开证申请书，并交纳一定的开证押金或提供其他保证，请银行（开证银行）向出口人开出信用证。③开证银行按申请书的内容开立以出口人为受益人的信用证，并通过其在出口人所在地的代理行或往来行（统称通知行）把信用证通知出口人。④出口人在发运货物，取得信用证所要求的装运单据后，按信用证规定向其所在地行（可以是通知行，也可以是其他银行）议付货款。⑤议付行议付货款后即在信用证背面注明议付金额，如图 9-1-1 所示。

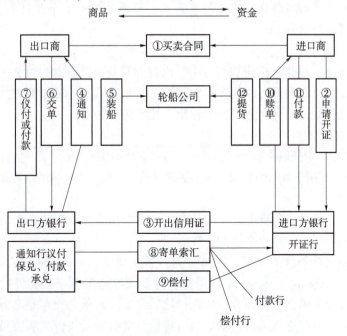

图 9-1-1　信用证业务流程

信用证的付款条件就是受益人提交信用证规定的单据，做到"单证相符""单单一致"。因此在采用信用证支付时，卖家对信用证条款和所提交单据的审核至关重要。阿里巴巴国际站上推出的"一达通超级信用证"服务，由一达通包揽审证、制单、审单、交单、收汇等业务，如果对信用证没有足够经验，买家也可以采用这个服务。

📑 **拓展阅读**

一达通推出"超级信用证"解决 1 000 亿美元市场痛点

阿里巴巴 B2B 部推出的"超级信用证"，是依托一达通外贸综合服务平台，为外贸中小企业量身定做的一款产品，旨在为中小企业提供一站式信用证基础服务，省去企业对传统信用证结算过程中的重重担忧。

一达通将投入近百人的信用证专家团队，与外贸企业直接对接，在信用证草稿起草、正本审核、单据准备、银行对接等多重环节亲自操刀，提供增值服务，在提高企业效率的同时，也大大降低了企业结算风险。

此外，"超级信用证"项目还将实现与银行信用证系统直连，从信用证通知、交单到资料审核实现各环节电子化交互。中国银行、建设银行、平安银行等将相继在阿里巴巴驻点，设置专员与阿里巴巴对接。同时，"超级信用证"的打包贷款服务，还可以让客户拿到信用证正本后，就可申请高达70%的信用证金额备货款，帮助客户减少备货期间资金压力，也可以拿着现金采购，从而提升议价能力。

值得一提的是，为了提高企业资金周转，阿里巴巴还在"超级信用证"中提供"买断收汇风险"的服务。只要信用证通过阿里巴巴团队测评不存在风险，那么企业可以选择买断收汇风险，提前拿到由阿里垫资的100%贷款。

"超级信用证"的推出被业内视为一达通外贸综合服务平台通过构建专业、高效的信用证业务服务中心，通过切实解决信用证结算痛点，帮助外贸中小企业提高接单及融资效率，进而助力我国外贸回稳向好。

2. 托收

托收（Collection）是指在进出口贸易中，出口方开具以进口方为付款人的汇票，委托出口方银行通过其在进口方的分行或代理行向进口方收取货款的一种结算方式。根据托收时是否向银行提交货运单据，可分为光票托收和跟单托收两种。

（1）光票托收。

托收时如果汇票不附任何货运单据，而只附有"非货运单据"（发票、垫付清单等），叫光票托收。这种结算方式多用于贸易的从属费用、货款尾数、佣金、样品费的结算和非贸易结算等。

（2）跟单托收。

跟单托收有两种情形：附有金融单据的商业单据的托收和不附有金融单据的商业单据的托收。在国际贸易中所讲的托收多指前一种。

跟单托收根据交单条件的不同，又可分为付款交单（Documents Against Payment）和承兑交单（Documents Against Acceptance）两种。付款交单是卖方指示境外的代收行在买方付款以后再将卖方的全套单据交给买方，即先付款后交单。而承兑交单是卖方指示境外的代收行可以在买方承兑卖方开立的远期付款汇票后将全套单据交给买方，买方可以先凭单提取货物，等汇票到期日再履行付款义务，即先交单后付款。

托收业务的一般流程：①买卖双方签订合同，合同中规定使用托收方式收付货款。②卖方在规定的装运期装运货物后，缮制好整套的货运单据，开立即期（或远期）汇票，出具托收委托书委托当地的可以从事托收业务的银行（托收行）收取货款。③托收行根据托收委托书的指示，委托其在进口人当地的分支行或代理行（即代收行）代收货款，同时，将全套货运单据及汇票寄交代收行。代收行一般是进口人所在地的银行。④代收行通知付款人，汇票及单据已到（即提示）。⑤付款赎单，即支付货款而取得象征货物所有权的全套货运单据。如果使用的是即期汇票，付款人立即支付货款，取得象征货物所有权的全套货运单据（接着就可以提货、销售），这种托收方式称为即期付款交单。如果使用的是远期汇票，付款人立即承兑汇票，在汇票到期日支付货款，取得全套货运单据（接着就可以提货、销售），这种托收方式称为远期付款交单。如果在付款人承兑汇票后，银行就把象征货物所有权的全套货运单据交给付款人，称为承兑交单。⑥代收行收到货款后，应立即通知托收行货款已收妥并转账。⑦托收行收到货款后，立即通知委托人货款已收妥并转账。具体流程如图 9-1-2 所示。

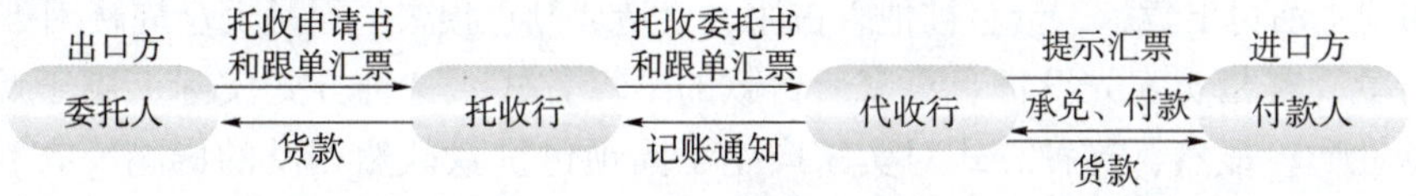

图 9-1-2　托收业务一般流程

托收属于商业信用，银行办理托收业务时，既没有检查货运单据正确与否或是否完整的义务，也不用承担付款人必须付款的责任。托收虽然是通过银行办理，但银行只是作为卖方的受托人行事，并没有承担付款的责任，买方不付款与银行无关。卖方向进口人收取货款靠的是买方的商业信用。因此，托收对于卖方来说有很大的风险，能否收到货款完全取决于买方的信用。相反，托收对买方则比较有利，可以免去开证的手续以及预付押金，还有可以预借货物的便利。

托收方式对买方比较有利，费用低、风险小、资金负担小，甚至可以取得卖方的资金融通。对卖方来说，即使是付款交单方式，因为货已发运，万一对方因市价低落或财务状况不佳等原因拒付，卖方将遭受来回运输费用的损失和货物转售的损失。远期付款交单和承兑交单，卖方承受的资金负担很重，而承兑交单风险更大。托收是卖方给予买方一定优惠的一种付款方式。对卖方来说，其是一种促进销售的手段，但必须对其中存在的风险持慎重态度。

我国外贸企业以托收方式出口，主要采用付款交单方式，并应着重考虑三个因素：商品的市场行情，进口方的资信情况即经营作风和财务状况，以及相适应的成交金额。其中特别重要的是商品的市场行情，因为市价低落往往是造成经营作风不好的商人拒付的主要动因。市价坚挺的情况下，较少发生拒付，且即使拒付，我方处置货物也比较方便。

我国外贸企业一般不采用承兑交单方式出口。在进口业务中，尤其是对外加工装配和进料加工业务中，往往对进口料件采用承兑交单方式付款。

3. 汇付

汇付亦称"汇款"，是国际结算支付方式之一，指买方通过第三者（一般是银行）使用各种结算工具，主动将款项汇付给卖方的一种支付方式。常用的汇款方式有三种：①信汇（M/T），即汇出行应汇款人申请，将其交来的汇款通过信汇委托书邮寄至汇入行，委托其解付给收款人。②电汇（T/T），即汇出行应汇款人申请，以电报或电传通知国外汇入行，委托其将汇款支付给指定收款人。③票汇（D/D），即汇出行应汇款人申请，代开以汇入行为付款人的汇票，交给汇款人自行邮寄或携带出国，交给收款人向汇入行领取汇款。

现今普遍使用的是电汇方式。电汇的本质特点是商业信用。在电汇过程中，一般分为两种形式。先付款后发货（T/T In Advance），买方付款后卖方按照合同发货，这种形式俗称前 T/T。而先发货后付款（T/T After Arrival）的方式称为后 T/T，卖方发货后买家按照合同支付货款。前者考验的是卖方的信用，而后者则考验买方的信用。在汇款业务中，银行不保证货款的支付。

不论采用哪种方式，在贸易项下，汇款都可以分为预付货款和货到付款两种。

预付货款，是指买家（进口商）先将货款的全部或者一部分通过银行汇交卖家（出口方），卖方收到货款后，根据买卖双方事先约定好的合同规定，在一定时间内或立即将货物发运给进口商。预付货款对卖家是有利的，对于卖家来说，货物未发出，已经收到一笔货款，等于利用他人款项，或者等于得到无息贷款；收款后再发货，预收的货款成为货物担保，降低了货物出售的风险，如果买家毁约，卖家可没收预付款；买家甚至还可以做一笔无本钱的生意，在收到货款后再去购货。反过来，预付货款对卖家是不利的，因为卖家未收到货物，已经先垫款，将来如果货物不能收到或不能如期收到，或即使收到货物又有问题时，将遭受损失和承担风险；而且，货物到手前付出货款，资金被他人占用，会造成利息损失甚至是资金周转困难。

货到付款，是指卖家先发货、买家后付款的结算方式。这种方式实际上属于赊账交易或者延期付款性质。显然，这种方式对卖家产生了同预付货款截然相反的影响，有利于买家而不利于卖家。所以在外贸交易中，买家倾向于运用货到付款的方式，而卖家则偏好预付货款的方式。在实际操作中，采用哪一种方式是由买卖双方力量对比决定的。

9.1.2　线上交易支付方式

阿里巴巴国际站上的线上支付方式只针对信用保障订单开放，线上的支付方式主要分为以下两大类：

（1）T/T 、Visa、Mastercard、e-Checking。

不同的支付方式对应的到账时间、支付和退汇的手续费、预计退汇时间等方面都是有区别的。表 9-1-1 展示了不同支付方式下的预估到账时间。

表 9-1-1　不同支付方式对应的到账时间

支付方式	到账时间
信用卡、Paypal、Googlepay、Apple pay	准实时到账（通常 1~2 小时内）
Online Transfer 包含：Trustly、ideal、sofort、PayU、P24 Bancontact. EPS（欧洲地区电子 TT）；MOLpay（马来西亚）；MOLpay（泰国）电子 TT；DragonPay（菲律宾）；DOKU（印度尼西亚）Pay-easy（日本）电子 TT	欧洲电子 TL 1~5 个工作日 日本/泰国电子 TT：1~2 小时 菲律宾/印尼 TT：1~2 个工作日 马来电子 TT：1~3 个工作日
T/T 电汇	3~7 个工作日， （本地 TT 收款账号到账时间为 1~2 个工作日 注：到账后需手动关联资金， 订单才会显示到账状态）
BOLETO（巴西本地支付）	3~4 个工作日
Western Union（西联汇款）	1 个工作日
Local Bank Card issued in Korea	1~2 小时

（2）L/C。

阿里巴巴国际站为没有信用证经验的买家推出了"一达通超级信用证"的服务，由一达通包揽审证、制单、审单、交单、收汇等业务。

9.1.3　国际支付方式选择原则

选择支付方式时，总体原则是安全、快速、便捷、费用少，主要从以下几个方面来考虑：

（1）客户信用。

在选择支付方式时，首要考虑的是确保收汇的安全性。客户的信用状况直接关系到收款的安全性。对于信用良好的客户，可以选择多种支付方式；而对于信用无法保证的客户，应尽量选择更安全的结算方式，例如信用证、前 T/T 等。

（2）货物销路。

支付方式的选择在一定程度上决定了交易能否成功达成。如果货物销路良好，可以选择最适合自身并且相对安全的支付方式，例如前 T/T；如果货物销路不够畅通，客户通常会要求采用对其更有利的支付方式。为了达成交易，商家可能需要承担一定的收汇风险，并需要在后续的支付过程中做好资金风险管控的工作。

（3）贸易术语。

贸易术语在合同履行过程中确实决定了买卖双方的责任和义务。如果商家使用简单的贸易术语，需要承担的责任和义务较少，可以按照客户提供的结算方式进行交易，但前提是这种方式符合自身的承受能力。如果商家承担的责任和义务较多，就应该选择安全性较高的支付方式，最大限度地降低收汇风险。

（4）合同金额。

合同金额越大越要谨慎，尽可能选择安全的收汇方式，如前 T/T 或 LC，而对于合同金额较小的订单，客户信誉较好的，则各种支付方式皆可选，一般选择操作简单的结算方式，如 T/T。无论合同金额大小，都应在选择支付方式时综合考虑客户信用、交易风险以及自身能力来做出合适的决策。

国际贸易支付方式选择，会直接影响卖家是否能够安全、快捷地得到货款。在选择时，不仅要考虑自己的风险，也要考虑买家的成本，力图达到双赢的目标。所以，要根据对方的资信等级、货物的供求状况、合同金额的高低、运输方式和种类、财务结算成本高低等因素来决定。同时，灵活运用组合的、综合的支付方式来进行国际贸易的结算，以分散结算的风险。

【任务实施】

9.1.4　查询与选择订单支付方式

1. 查询信保订单支付方式

（1）进入订单列表。

进入国际站后台"交易管理"板块的"所有订单"页面，在订单列表中选择需要查询的订单，点击"查看订单"按钮，如图 9-1-3 所示，订单详情页面如图 9-1-4 所示。

图 9-1-3　所有订单页面

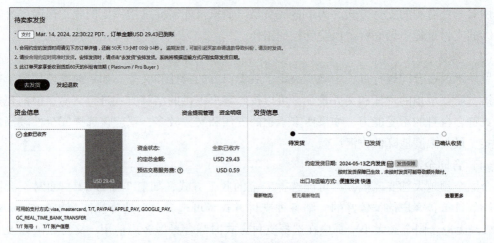

图 9-1-4　订单详情页面

（2）查看付款方式。

在订单详情里，点击资金信息栏的"资金明细"按钮后，在支付记录页面中可以查看客户的付款时间、付款方式、金额、付款状态等信息，如图 9-1-5 所示。

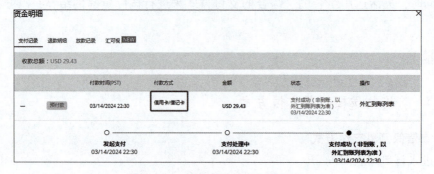

图 9-1-5　资金明细支付记录页面

2. 选择订单的支付方式

（1）在与客户进行交易前，查询客户的资信情况，以了解其公司实力和规模。商家可以通过调查公司信用报告、查询商业数据库或与其他供应商进行交流来获取相关信息。

（2）查询其在国际交易平台上的交易记录、站内行为表现、买家交易等级等来评估其信用状况和合作可靠性。

（3）在确定贸易术语时，需要考虑合同的交易金额。对于金额较大的订单，建议选择安全可靠的支付方式，如信用证或先收款后发货的 T/T。对于金额较小的订单，可以灵活选择其他支付方式。

（4）如果客户不同意采用建议的支付方式，可以进行进一步的协商，双方可以共同探讨其他合适的国际支付方式，以达成双方都能接受的支付安排。在选择支付方式时，仍然要综合考虑客户信用、交易风险和自身能力，并确保所选方式能够满足双方的需求和利益。

任务 9.2　在线交易收款

【任务描述】

经过多天的沟通，你和澳大利亚客户确认了 20 万美元的宠物用品订单的各项细节，包括支付方式、出货时间、产品内容等。现在请你通过 T/T 收款的方式，完成这笔订单的线上收款。

【任务分析】

在进行线上收款之前，首先要了解国际站在线交易支持的收款方式有哪些，以及支付方式手续费、到账时间及支持币种。其次要掌握在线收款的完整流程，同时要了解收款时需要注意的事项，避免在收款过程中出现问题。

【知识储备】

9.2.1　在线交易收款方式与流程

课件

1. 在线交易收款方式

信保目前仅支持以下多种支付方式：T/T（电汇）；信用卡（含借记卡）；PayPal；Online Transfer（电子 TT，包含英国欧洲地区、日本 Pay-easy、马来 molpay、泰国 molpay、菲律宾 DragonPay、印尼 DOKU）；Apple Pay；Googel Pay（目前支付限额：0.30~12,000 USD，支付限额含：订单金额（含 VAT/GST，如有）+手续费+不超过 12 000 美金）；Afterpay/Clearpay 支付；Boleto（限巴西买家，且 APP 端不支持 Boleto 支付）；西联（目前仅对美国客户开放，具体是否支持西联付款，系统会根据注册地或收货地进行判断）。

由于不同国家买家可能支持的支付方式有所不同，在起草订单页面时查询客户可使用的支付方式，里面包含该支付方式手续费、到账时间及支持币种，如图 9-2-1 所示。当商家委托一达通出口报关后，可以通过 T/T、信用证、托收、支票等国际结算方式完成付款。

Payment Method Intro View all payment methods Pay from United States of America ∨

If inconsistencies occur, the payment methods and fees displayed on the Checkout page shall prevail.

Payment method	Currency & Limit	Transaction fee	Processing time
Credit/debit card VISA	多币种 最高 USD 12 000	付款金额的2.99%	1 - 2 小时
Apple Pay VISA	多币种 最高 USD 12 000	付款金额的2.99%	1 - 2 小时
Google Pay VISA	多币种 最高 USD 12,000	付款金额的2.99%	1 - 2 小时
PayPal PayPal	多币种 最高 USD 12 000	付款金额的2.99%	1 - 2 小时
Wire transfer (T/T) Domestic	本地币种 最高 USD 1 000 000	低至 1 单位本地币种 由汇款银行收取	1 - 2 工作日
Afterpay afterpay	本地币种 最高 USD 2000	付款金额的3.50%	1 - 2 小时
Western Union WesternUnion WU	仅限美元 最高 USD 2500	USD 4.90 - 45 取决于付款金额	1 工作日

图 9-2-1　查询不同国家支持的支付方式

2. 在线交易收款流程

在线交易的本质是信保订单的交易。信保订单收款的步骤依次是：起草信保订单、选择线上收款方式、填写买家信息和产品信息、填写运输信息、选择出口方式、确认支付条款并提交订单、最后给买家发送付款链接，提醒买家付款。

 前沿视角

跨境出口额保持高增速，我国电商企业成功出海

近年来，国内电商企业出海的动作越发频繁，互联网公司布局海外业务明显加速。在国内互联网流量红利逐渐消退的背景下，海外市场被视为中国电商的下一个增长点，出口跨境电商市场前景广阔已成为普遍共识。

当前全球发展趋势正在经历巨变，形成了一种内在张力：一方面，随着国际分工的调整，新的互联网技术的涌现以及跨国资本的流动，经济全球化的步伐进一步加快；另一方面，国际贸易争端频发，贸易保护主义抬头，经济全球化出现逆流。与此同时，疫情蔓延、贸易摩擦、单边政治等因素导致部分企业停工、供应链断链。

随着国内电商竞争日趋激烈，市场将从蓝海转向红海并逐渐步入存量博弈。海外市场对中国电商来说属于增量，国内成功的商业模式已经过市场检验并可在海外复制，再加之"中国制造"实力的不断蓄积，中国电商出海已成势在必行之选。不过，也应看到，中国品牌在

产业链条上仍处弱势，国际竞争力仍有待提高，国际市场仍对其存在"低产品附加价值"等认知。从这个意义上来说，品牌出海才应是我国电商出海甚至是整个国际贸易行业企业出海的考验和目标所在。

值得指出的是，中国电商出海初期，性价比路线或是最优选，即依托"中国制造"的能力来占据市场份额。不过在未来，中国电商要逐渐从以性价比为核心的模式中走出来，转向品牌差异化的打法，重视品牌建设，不断完善售后服务，向中高端攀爬。

3. T/T 收款注意事项

当客户需要通过 T/T 支付时，商家需要向客户提供 T/T 付款信息，T/T 支付账号是在信保订单起草提交后自动生成的。正常情况下，同一对买家和卖家信用保障订单的 T/T 收款账户是唯一的，假设同一主账号下，两个子账号 A/B 都在与同一个客户进行交易，那么生成的 T/T 上的收款账户是一致的。

目前美国、加拿大、英国、欧元区国家、澳洲各国已经上线了本地 T/T 账号，到账时间为 1~2 个工作日，符合条件的买家在信保订单中会生成普通 T/T 账号（1029 或 103 开头的 T/T 账号）和本地 T/T 账号两种账号，买家付款时可以自由选择付款账号，商家必须要引导买家打款到信保订单页面显示的 T/T 账号。

【任务实施】

9.2.2　信保订单 T/T 在线收款

（1）进入国际站后台"交易管理"板块的"起草信用保障订单"页面。选择结算方式与币种，填写买家信息，如图 9-2-2 所示。

图 9-2-2　交易设置与买家信息

（2）添加订单产品，并设置每个产品的规格，数量，单价等信息，如图 9-2-3 所示。

（3）设置运输方式，设置发货时间和贸易术语，填写运费金额，如图 9-2-4 所示。

（4）选择出口方式交易保障服务，设置买家的预付款金额，核对订单信息无误后提交订单，如图 9-2-5 所示。

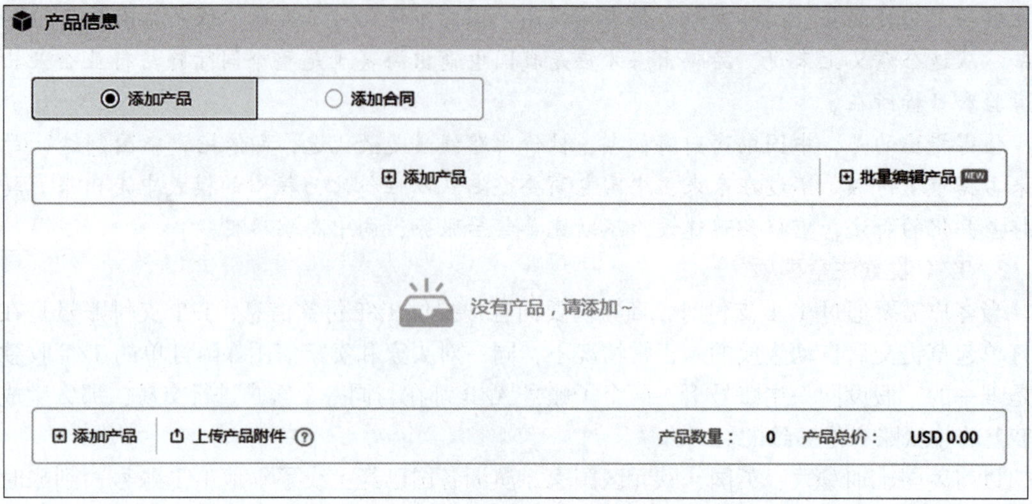

图 9-2-3 添加订单产品信息

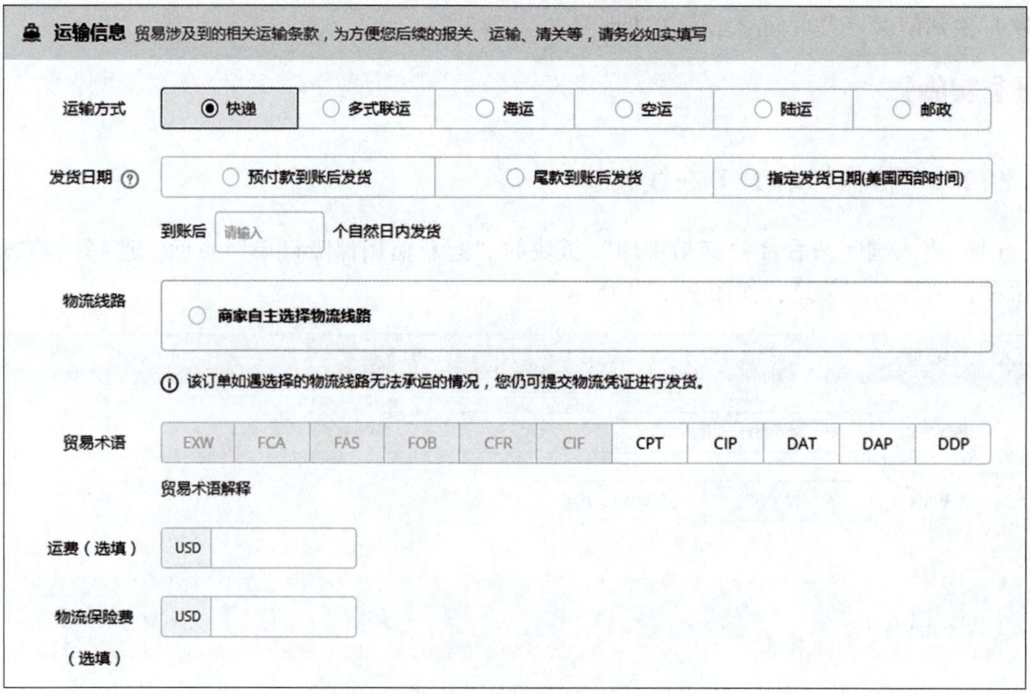

图 9-2-4 设置运输信息

（5）提醒买家付款。

信保订单起草成功后，系统会发送提醒邮件通知买家付款。商家可以复制订单支付链接，通过询盘或者在线聊天的方式提醒买家付款，如图 9-2-6 所示；也可以通过发送具体的 T/T 收款账号给买家，引导买家打款。T/T 收款账号可在订单页面资金信息页面中查看，如图 9-2-7 所示。

（6）查看订单付款状态。

在"交易管理"板块的"所有订单"页面中，商家可以查看每个订单的付款状态，如图 9-2-8 所示。

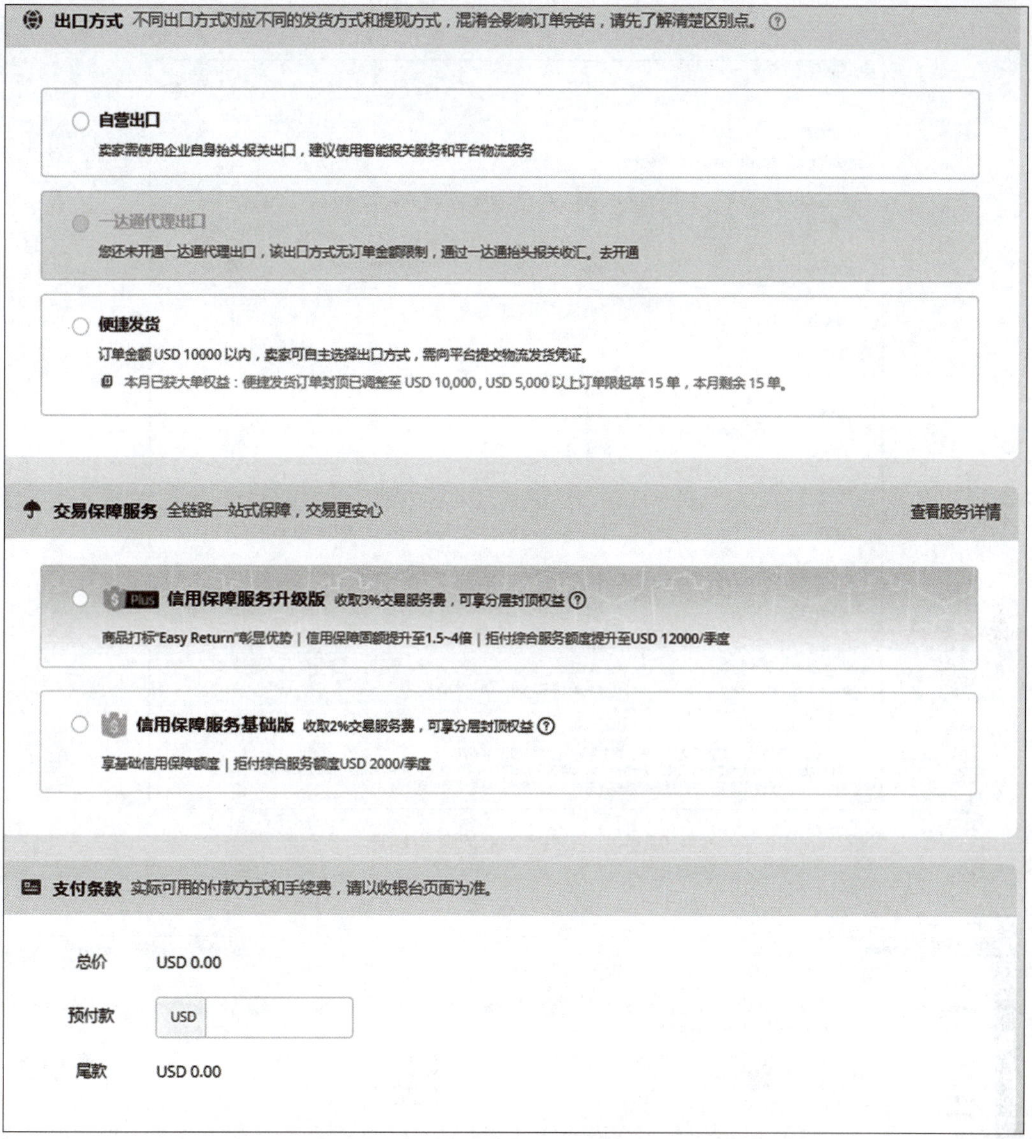

图 9-2-5　设置出口方式、信保服务与支付条款

图 9-2-6　复制订单支付链接

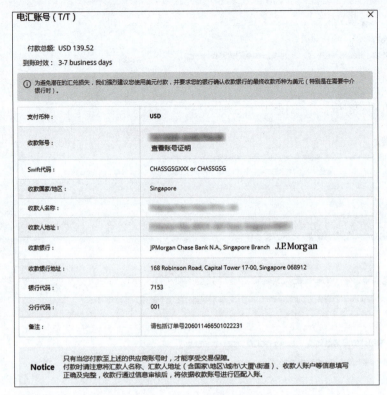

图 9-2-7 T/T 收款账户信息

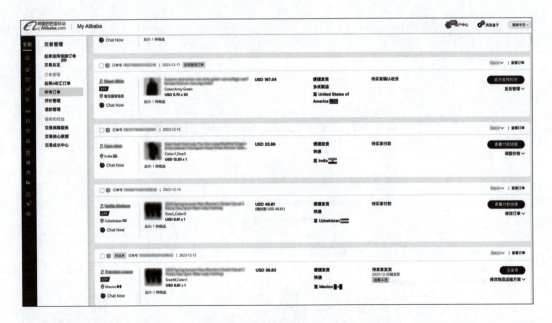

图 9-2-8 查看订单付款状态

任务 9.3　结汇与提现

【任务描述】

宠乐公司的国际站资金账户上目前有 50 万美金，近期美元的汇率趋势走强，美金汇率为 7.1，因此公司决定将这笔钱结汇成人民币，并提现到公司账户上，作为电商部经理的你，需要独立完成这些操作。

【任务分析】

在完成任务之前，首先需要了解什么是结汇与提现，包括结汇时间、汇率计算规则、资金提现规则等内容，其次再掌握资金结汇与提现的具体实际操作，最终能够做到独立完成资金的结汇与提现的操作任务。

【知识储备】

9.3.1　资金结汇与提现

课件

1. 资金结汇

结汇指按照汇率将买进外汇和卖出外汇进行结清的行为。外贸公司根据进口业务需要，以本国的货币按照国家公布的外汇牌价，向外汇专业银行购买外币汇往国外，或将出口所得外币，按照牌价售与外汇银行而折合成本国货币，在对外贸易中，均称为结汇。

结汇有强制结汇、意愿结汇、限额结汇等多种形式：

（1）强制结汇：所有外汇收入必须卖给外汇指定银行，不允许保留外汇。

（2）意愿结汇：外汇收入可以卖给外汇指定银行，也可以开外汇账户保留，是否结汇由外汇收入所有者自己来决定。

（3）限额结汇：外汇收入在国家核定的数额内可不结汇，超过限额的部分必须卖给外汇指定银行。

阿里巴巴国际站的结汇分为三种方式，即自主结汇、即期结汇、提前结汇：

（1）自主结汇：外汇到账做完贸易背景申报后，不立即结汇，商家可根据需求自主提交结汇申请；根据申请时间，系统将在对应结汇时间点结汇。该申请未结汇前可取消，但结汇时间点前 15 min 无法取消。自主结汇的时间如表 9-3-1 所示。

表 9-3-1　自主结汇时间

提交自主结汇时间	系统结汇时间	结汇汇率
前一日 15:15:00—当日 10:14:59	当日 10:30	10:30 中国银行挂牌现汇买入价，入账当日（节假日顺延）
当日 10:15:00—当日 15:14:59	当日 15:30	15:30 中国银行挂牌现汇买入价，入账当日（节假日顺延）

（2）即期结汇（自动结汇）：外汇到账做完贸易背景申报后，无需商家手动操作结汇，到了结汇时间点，银行自动汇总所有到汇，调整至待结汇状态；一达通准时发送结汇指令至银行，银行根据指令一笔结汇所有到汇及预估到汇为人民币。

一达通的结汇频率为法定工作日（不包括调休的工作日）上午、下午各一次，时间段内到的外汇按结汇时间点的中行即时挂牌现汇买入价汇率即时结汇结算，如表 9-3-2 所示。

表 9-3-2　即期结汇时间

外汇入账—达通出口账户时间，即您做完贸易背景申报后登录 MA 平台后对账单—账目流水中显示的交易时间	系统结汇时间	结汇汇率
0:00—12:00	当日 12:00AM 之前	10:30 中国银行挂牌现汇买入价，入账当日（节假日顺延）
12:00—24:00	当日 12:00AM 之后	15:30 中国银行挂牌现汇买入价，入账当日（节假日顺延）

（3）提前结汇：是指在未到结汇对应时间段，汇率未出来之前，商家想先行结汇，可以在系统开启前提前结汇。提前结汇的金额＝外汇金额×前一时段汇率×0.95（前一时段的汇率：指前一个 10:30 或 15:30 生效的汇率）。若设置"提前结汇"，当外汇入账一达通出口账户后，立即按提前结汇的金额（CNY）进行结汇。正式汇率生效后，按照实际结汇金额（CNY）多退少补。

2. 结汇汇率规则

（1）参考汇率取中国银行官网最近一次更新的现汇买入价，此价格仅供实时汇率参考，不作为自主结汇最终的价格。

（2）普通自主结汇汇率选取规则：前一日 15:15:00—当日 10:14:59 之间发起的结汇申请，按照当日 10:30 的中国银行挂牌现汇买入价结汇；当日 10:15:00—当日 15:14:59 之间发起的结汇申请，按照当日 15:30 的中国银行挂牌现汇买入价结汇（如遇节假日自动顺延）。

3. 资金提现

提现是指企业将自主出口资金或一达通委托出口资金提取到制定的银行账户中。阿里巴巴国际站的提现分为信用保障自主出口资金提现和一达通委托出口资金转款。

提现只能由主账号操作，在账户可提现金额大于 50 美元时才能操作提现。阿里巴巴国际站平台目前支持美元提现（即美元提现到美元银行账户）和人民币提现（即由平台合作银行将美元结汇为人民币提现到人民币账户），提现的笔数没有限制。

如果提现金额<5 万元人民币，在外汇市场交易日的 9:30—22:30 可以提交人民币提现，其他时间不能提现。如果提现金额>5 万元人民币，在外汇市场交易日的 9:30—17:00 或 21:00—23:30 可以提交人民币提现，其他时间不能提现。

周末操作对私提现时，系统自动取前一工作日的最后一个结汇汇率（但如碰到周末汇率波动较大情况下，银行会根据周末的实际参考牌价而非上一个工作日最后一个结汇汇率进行结汇业务办理），周末无法操作对公提现。

4. 信用保障订单款项提现

信用保障订单款项提现是指把自主出口账户中的资金提现至美元或人民币银行账户账号，在卖家完成收款后，在信用保障额度充足的情况下即可操作提现，无需等到买家确认收货。

美金提现的流程分为添加账号/设定密码、发起提现、收款银行入账、查看到账资金四个步骤。

人民币提现的流程分为添加账号/设定密码，发起提现、实时结汇、收款银行入账，查看到账资金五个步骤，如图 9-3-1 所示。

自主出口资金提现：添加账号/设定密码　发起提现　实时结汇并转款　收款银行入账　查看到账资金

图 9-3-1　信用保障订单资金提现流程

5. 一达通资金转款

一达通出口资金转款是指将一达通出口账户的人民币资金转款到企业账户或开票人企业账户或垫款人账户的操作，不同类型账户的转款额度不同。通过后台—资金管理—发起提现/转款这一路径进入转款页面，选择对应提现账户进行提现。只有结算权限的主账号才能查看到资金管理，才能操作转款。如果是首次操作转款，需要设置结算授权人签署转款确认函后才能转款。

一般情况下普通的资金转款，在每个工作日下午 4 点半之前提交的申请，一达通都会在当天完成审批或转款，每个工作日下午 4 点半之后提交的申请，一达通次个工作日上午会进行审批或转款，一达通出口资金转款流程分为结算权限设置、即期结汇/自助结汇、发起转账、收款银行入账、查看到账资金五个步骤，如图 9-3-2 所示。

一达通出口资金转款：结算权限设置　即期结汇/自主结汇　发起转款　收款银行入账　查看到账资金

图 9-3-2　一达通出口资金转款流程

【任务实施】

9.3.2　资金账户自主结汇

（1）设置结汇方式。

进入国际站后台"资金金融"板块的"结汇"功能页面，在"结汇方式调整"页面中，点击"变更结汇方式"，并选择"自主结汇"，提交变更，如图 9-3-3 所示。结汇方式变更后，T+1 工作日零点生效。

（2）自主结汇。

在"结汇"页面中输入结汇金额，点击"提交结汇"按钮，完成自主结汇，如图 9-3-4 所示。

（3）查看结汇记录。

在"结汇记录"页面中可以查看每笔结汇的信息，包括申请时间、结汇币种/金额、结汇收入、结汇汇率、汇率取值时间、汇率类型、交易状态等内容。可以通过筛选申请时间和交易状态来查找对应的结汇记录。商家还可通过季度美金结汇金额统计栏了解到每个季度的结汇总金额，如图 9-3-5 所示。

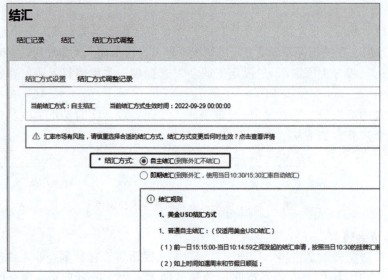

图 9-3-3　调整结汇方式

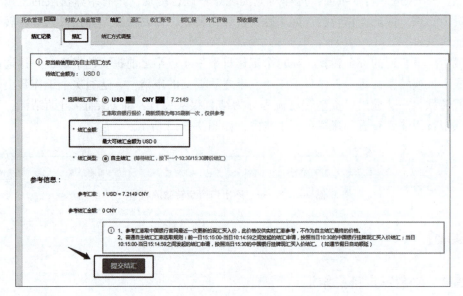

图 9-3-4　提交结汇

图 9-3-5　查看结汇记录

9.3.3　资金账户自主提现

（1）查看可提现余额。

进入国际站后台"资金金融"板块的"账户总览"页面，查看可提现资金总额。点击"去提款"按钮，进入发起提款页面，如图 9-3-6 所示。

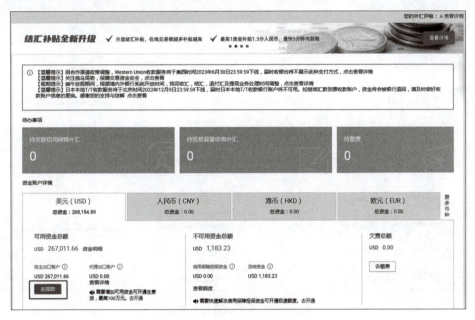

图 9-3-6　查看可提现金额

（2）设置资金转出信息与收款信息。

资金转出信息选择自主出口账户和币种，收款信息选择收款币种和收款类型账号，提现方式可选实时到账或普通到账，如图 9-3-7 所示。

图 9-3-7　设置资金转出信息和收款信息

（3）订单申报。

订单申报分为手动选择和智能选择两种形式，手动选择可以根据订单的类型来选择需要提款的订单，如图 9-3-8 所示；智能选择需要输入提现金额并确定，系统会自动勾选订单，如图 9-3-9 所示。

图 9-3-8　手动选择订单申报

图 9-3-9　智能选择订单申报

（4）验证身份。

选择身份验证方式，输入密码或接收短信验证码。验证完成后，确认提款信息无误后，点击确定，完成提现，如图 9-3-10 所示。

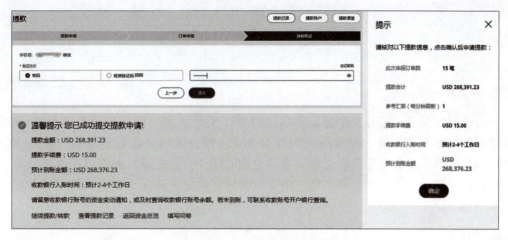

图 9-3-10　身份验证并完成提现

（5）查看提现结果。

提交提现申请后，可在提款记录里查看提现状态，如图 9-3-11 所示。

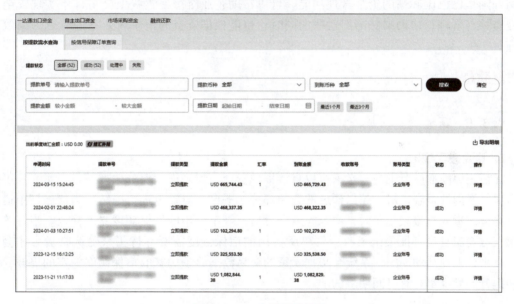

图 9-3-11　查看提现结果

 知识小窍门

美金对公账户提现注意事项：

（1）根据国家相关规定，国际贸易货款按"美元币种"收款至"企业对公银行账号"时，对应货物需已报关出口或计划报关出口。

（2）请先和银行账号的开户银行确认是否支持"美元币种"收款入账后再操作资金提款，避免因开户银行退票而产生提款手续费损失。

（3）如使用实时到账提款，请务必确保提款账户为一般结算户，且收款行加入境内外币系统（请尽量勿选择农村信用社、农商行类账户，避免提款失败）。

任务 9.4 其他资金管理

【任务描述】

宠乐公司接到了一笔 4 500 美金的信保订单，平台目前可用的信保额度为 2 600 元。订单通过第三方物流发货，发货时间为 9 月 1 日，预计客户确认收货时间为 9 月 20 日，请估算该笔订单的最后实际到账金额以及可提现时间。另外公司财务部门正在进行第三季度的经营状况统计，请你配合财务部整理平台上的订单交易情况，提供一份第三季度的资金流水明细。

【任务分析】

在完成估算资金任务前，首先要学习资金的提现规则、信保额度的释放规则、订单服务费的扣款规则等内容，熟悉这些规则后才能合理计算出资金到账金额与可提现的时间。利用好阿里巴巴国际站的资金管理功能，可以帮助企业对每一笔线上交易订单实现资金的全程监控与管理，协助财务部门对账的同时，也能根据资金的记录对业务进行更为细致的管理。

【知识储备】

9.4.1 其他资金规则

1. 资金提现规则

在信用保障额度范围内，卖家可以直接提现资金。如果信用保障额度不足，卖家只可提现信保额度内的资金，对于超出额度的金额部分，平台会对资金进行冻结。当信保订单通过阿里物流发货或有报关纪录时，卖家完成发货后，订单占用的信保额度立即释放。当订单采用第三方物流且没有报关纪录时，订单所占用的信保额度需要等待买家确认收货后才会释放。在平台大促活动期间，系统会根据卖家的交易数据给予卖家的信保额度一定的提升，但这些提升的额度都是有时间期限的。

2. 资金到账规则

美金提现到对公账户有两种形式：一种是实时到账：由银行代理跨境美元申报，预计 4 小时到账，每笔提现手续费 15 美金；另一种是普通到账：自行去银行做跨境美元申报，预计 2~4 个工作日到账，每笔提现手续费 15 美金。

人民币提现有两种形式：一种是提现到对公账户：4 小时内到账；另一种是提现到法人私人账户：4 小时内。注意，申请当天、周末和法定节假日不计入工作日，到账时间顺延。

3. 信保额度释放规则

第一，报关订单

（1）订单申报金额≥订单合同金额的 80%，订单发货完成，释放订单全部额度。

（2）订单申报金额<订单合同金额的 80%，订单状态为"部分发货"，仅释放本次报关金额的额度，并需要继续新增发货批次。（当订单状态为部分发货时，买家无手动确认收货的按钮，请继续发货直到满足累计报关金额达到订单金额×80%）

第二，非报关的信保小单（≤5 000 美金，部分客户有大单权益的为≤10 000 美金，非一达通出口）

（1）使用阿里物流发货："已发货"释放全部额度。

（2）使用第三方物流发货："确认收货"释放全部额度。

4. 订单服务费扣款规则

信用保障基础版订单按订单实收金额 2% 收取交易服务费，同时结合客户当月评定星等级或截止上月月底的近 90 天交易规模两者取高，提供订单 \$100/ \$200/ \$300 的封顶权益。信用保障升级版订单，统一按订单实收金额 3% 收取交易服务费，同时结合客户当月评定星等级或截止上月月底的近 90 天交易规模两者取高，提供订单 \$150/ \$250/ \$350 的封顶权益，具体规则见图 9-4-1。

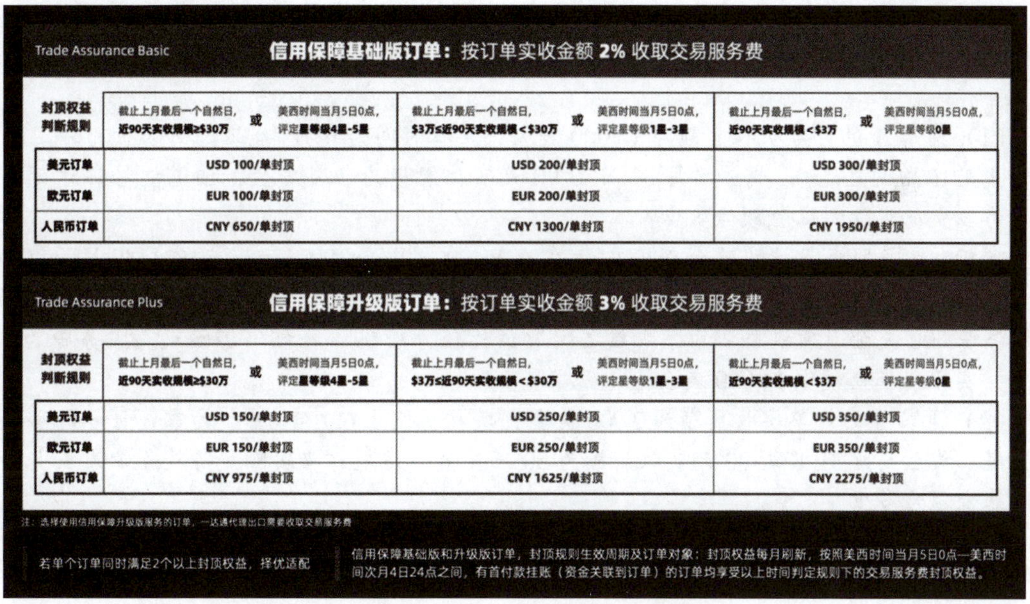

Trade Assurance Basic　信用保障基础版订单：按订单实收金额 2% 收取交易服务费

封顶权益判断规则	截止上月最后一个自然日，近90天实收规模≥\$30万 或 美西时间当月5日0点，评定星等级4星-5星	截止上月最后一个自然日，\$3万≤近90天实收规模＜\$30万 或 美西时间当月5日0点，评定星等级1星-3星	截止上月最后一个自然日，近90天实收规模＜\$3万 或 美西时间当月5日0点，评定星等级0星
美元订单	USD 100/单封顶	USD 200/单封顶	USD 300/单封顶
欧元订单	EUR 100/单封顶	EUR 200/单封顶	EUR 300/单封顶
人民币订单	CNY 650/单封顶	CNY 1300/单封顶	CNY 1950/单封顶

Trade Assurance Plus　信用保障升级版订单：按订单实收金额 3% 收取交易服务费

封顶权益判断规则	截止上月最后一个自然日，近90天实收规模≥\$30万 或 美西时间当月5日0点，评定星等级4星-5星	截止上月最后一个自然日，\$3万≤近90天实收规模＜\$30万 或 美西时间当月5日0点，评定星等级1星-3星	截止上月最后一个自然日，近90天实收规模＜\$3万 或 美西时间当月5日0点，评定星等级0星
美元订单	USD 150/单封顶	USD 250/单封顶	USD 350/单封顶
欧元订单	EUR 150/单封顶	EUR 250/单封顶	EUR 350/单封顶
人民币订单	CNY 975/单封顶	CNY 1625/单封顶	CNY 2275/单封顶

注：选择使用信用保障升级版服务的订单，一达通代理出口需要收取交易服务费

若单个订单同时满足2个以上封顶权益，择优适配

信用保障基础版和升级版订单，封顶规则生效周期及订单对象：封顶权益每月刷新，按照美西时间当月5日0点—美西时间次月4日24点之间，有首付款挂账（资金关联到订单）的订单均享受以上时间判定规则下的交易服务费封顶权益。

图 9-4-1　信保订单手续费收取规则

9.4.2　资金管理

1. 财务对账

资金管理中的资金明细包含了收款、冻结、放款、提款、退款、扣款、垫款等所有状态下的资金动向，完整记录了店铺资金流水，为财务对账工作提供极大便利。

2. 业务管理

国际站的 B2B 业务往往会涉及大额的资金支付，为了确保资金的安全问题，除了买卖双方，阿里巴巴国际站作为平台方也参与到了整个交易过程，会让资金管理变得较为复杂。在国际站中，一笔订单的关联资金记录会有多个状态，如收款、放款、退款、冻结等。其中冻结状态是由不同原因组成的，如押汇、远期外汇、LC 保证金、冻结余额、扣费预冻结、信保保费、信用保障资金、保单贷贷后、外汇改单冻结、函调异常冻结、催票、贸易背景申报、外汇冻结、付汇预缴款、退汇预缴款、融资预还款等原因。通过资金管理中的资金明细记录，可以协助企业更好地完成业务上的管理。

【任务实施】

9.4.3 估算资金到账金额与可提现时间

（1）根据订单的出口方式和商家的分层等级权益计算所需手续费，订单总金额扣除手续费后为实际收款进账金额。

（2）当平台的可用信保额度大于订单实收金额时，收款进账金额可全部提现。

（3）当平台的可用信保额度小于订单实收金额时，可提现金额为信保可用额度，剩余资金暂时被冻结，需要等待被占用的信保额度释放后才能提现。卖家可根据信保额度释放时间，估算出冻结资金的可提现时间。

练一练

（1）商家 A 的订单实收金额为 15 000 美金，实收时间为 6 月 10 日。商家 6 月评定星等级为 4 星（星级直达），截至 5 月 31 日近 90 天实收规模为 2 万美金，该笔订单实际交易服务费为多少？实际到账金额为多少？

解析：交易服务费按实收金额×2%计算为 15 000×2%＝300 美金，商家评定星等级为 4 星可享服务费 100 美金封顶权益，同时商家截至 5 月 31 日时的近 90 天实收规模为 2 万美金，享服务费 300 美金封顶权益，两个权益之间取最优值，所以该笔订单实际交易服务费为 100 美金，实际到账金额为 14 900 美金。

（2）商家 B 的订单实收金额为 2 000 美金，实收时间为 6 月 10 日。商家 6 月评定星等级为 5 星，截至 5 月 31 日近 90 天实收规模为 50 万美金，该笔订单实际交易服务费为多少？实际到账金额为多少？

解析：按实收金额×2%计算为 2 000×2%＝40 美金，同时客户评定星等级为 5 星可享服务费 100 美金封顶权益，同时商家截至 5 月 31 日时近 90 天实收规模为 50 万美金，享服务费 300 美金封顶权益，但由于该笔订单的交易服务费不涉及封顶，故按订单实收金额×2%收取，因此实际交易服务费为 40 美金，实际到账金额为 1 960 美金。

（3）商家 C 的订单实收金额为 8 000 美金，实收时间为 8 月 5 日。商家 8 月评定星等级为 5 星，截至 7 月 31 日近 90 天实收规模为 20 万美金，该笔订单实际到账金额为多少？商家可用信保额度为 4 000 美金，该笔订单采用阿里物流发货，客户预计收货时间为 8 月 30 日，订单资金什么时候可全部提现？

解析：按实收金额×2%计算为 8 000×2%＝160 美金，商家评定星等级为 5 星可享服务费 100 美金封顶权益，同时商家截至 7 月 31 日时的近 90 天实收规模为 20 万，享服务费 300 美金封顶权益，两个权益之间取最优值，所以该笔订单实际交易服务费为 100 美金，实际到账金额为 7 900 美金。由于商家可用信保额度为 4 000 美金，所以 8 月 5 日只有 4 000 美金可提现，剩余资金暂时被冻结。待 8 月 30 日商家完成发货释放信保额度后，剩余的 3 900 美金解冻，此时该订单的资金可全部提现。

9.4.4 资金对账

（1）核对资金总额。

进入国际站后台"资金金融"板块的"账户总览"页面，核对账户可用资金总额与不可用资金总额，如图 9-4-2 所示。

图 9-4-2　账户总览

（2）核对资金流水。

进入国际站后台"资金金融"板块的"资金明细"页面，可以通过交易账户、币种、交易类型、金额区间、信用保障订单号、交易时间等条件来筛选查看对应的资金明细，如图 9-4-3 所示。

图 9-4-3　资金明细

进入"资金冻结记录"页面，分为待释放记录与已释放记录，如图 9-4-4 所示。筛选不同的冻结类型可查看冻结金额、冻结时间、冻结详情以及对应的订单号。资金冻结的类型包括押汇、远期外汇、LC 保证金、冻结余额、扣费预冻结、信保保费、信保资金、保单贷贷后、外汇改单冻结、函调异常冻结、催票、贸易背景申报、外汇冻结、付汇预缴款、退汇预缴款、融资预还款以及其他等，如图 9-4-5 所示。

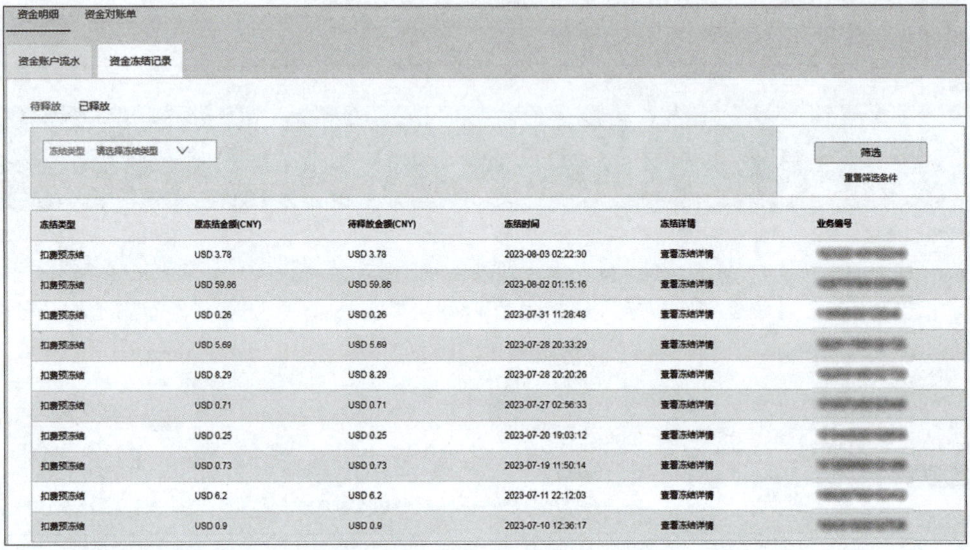

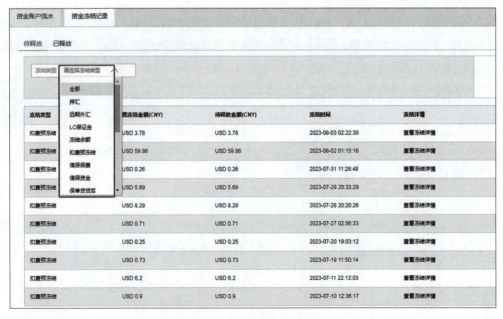

图 9-4-4　资金冻结记录

图 9-4-5　选择冻结类型

（3）导出资金流水明细表。

在资金账户流水页面中，商家可通过选择交易账户、币种、交易类型、交易时间等条件筛选出所需要的资金明细内容，点击"导出明细"按钮，即可下载 Excel 格式的资金流水明细表格，方便财务部门核对每一笔资金去向，如图9-4-6所示。

图 9-4-6 导出资金流水明细

【项目评价】

国际支付业务是外贸业务流程中最重要的一环，通过了解国际支付的主要方式和订单支付方式选择时需要注意的因素，在考虑客户的资信等级、货物供求状况、合同金额、运输方式、财务结算成本高低等因素的同时，灵活运用组合的、综合的支付方式来进行国际贸易的结算，以分散结算的风险。

熟悉国际站信保订单的线上收款每个流程，通过起草信保订单、选择线上收款方式、填写订单信息、提交订单、向买家发送付款链接，提醒买家付款一系列操作内容有效促成买卖双方的线上交易。

了解资金的结汇与提现规则和相关注意事项，掌握结汇和提现的操作流程，同时学习资金到账、信保额度释放的相关内容规则，学会估算订单的到账金额与时间，熟练运营资金对账功能的相关操作，从真正意义上掌握国际站订单的线上收款、资金结汇、资金提现和资金管理的一系列流程操作。

项目 9 习题

项目 9 答案

参考文献

［1］"跨境电商 B2B 数据运营" 1+X 职业技能等级证书配套教材编委会 . 跨境电商 B2B 店铺运营实战［M］. 北京：电子工业出版社，2019.

［2］刘春生 . 跨境电商实务［M］. 北京：中国人民大学出版社，2022.

［3］刘俊华，崔怡文 . 网店商品拍摄与图片处理［M］. 北京：人民邮电出版社，2019.

［4］陈冲，吴芳，裴昌达，等 . 产品摄影：电商产品拍摄、后期处理与视频剪辑一本通［M］. 北京：北京大学出版社，2022.

［5］李彦广，龚雨齐 . 电商视觉营销设计必修课（Photoshop 版）［M］. 北京：清华大学出版社，2021.

［6］盛意文化 . 电商逆袭：旺铺合理布局设计［M］. 北京：电子工业出版社，2016.

［7］宁静 . 电商实战营——电商数据分析［M］. 北京：人民邮电出版社，2022.

［8］刘振华 . 电商数据分析与数据化运营［M］. 北京：机械工业出版社，2018.

［9］郭萍，陈转青，聂志鹏 . 跨境电商 B2B 询盘业务宝典［M］. 北京：电子工业出版社，2019.

［10］许丽洁 . 外贸业务全过程从入门到精通［M］. 北京：人民邮电出版社，2020.

［11］史雁军 . 数字化客户管理：数据智能时代如何洞察、连接、转化和赢得价值客户［M］. 北京：清华大学出版社，2018.

［12］迅雷 . 网络营销与电商实战［M］. 北京：中国商业出版社，2020.

［13］李琦 . 跨境电商营销［M］. 北京：人民邮电出版社，2023.

［14］赵钢 . 电商运营营销一本通［M］. 北京：中国商业出版社，2018.

［15］农家庆 . 跨境电商：平台规则+采购物流+通关合规全案［M］. 北京：清华大学出版社，2020.

［16］朱秋城（Mr. Harris）. 跨境电商 3.0 时代 把握外贸转型时代风口［M］. 北京：中国海关出版社，2016.

［17］张志合 . 跨境电商 B2B 运营：阿里巴巴国际站运营实战 118 讲［M］. 北京：电子工业出版社，2022.